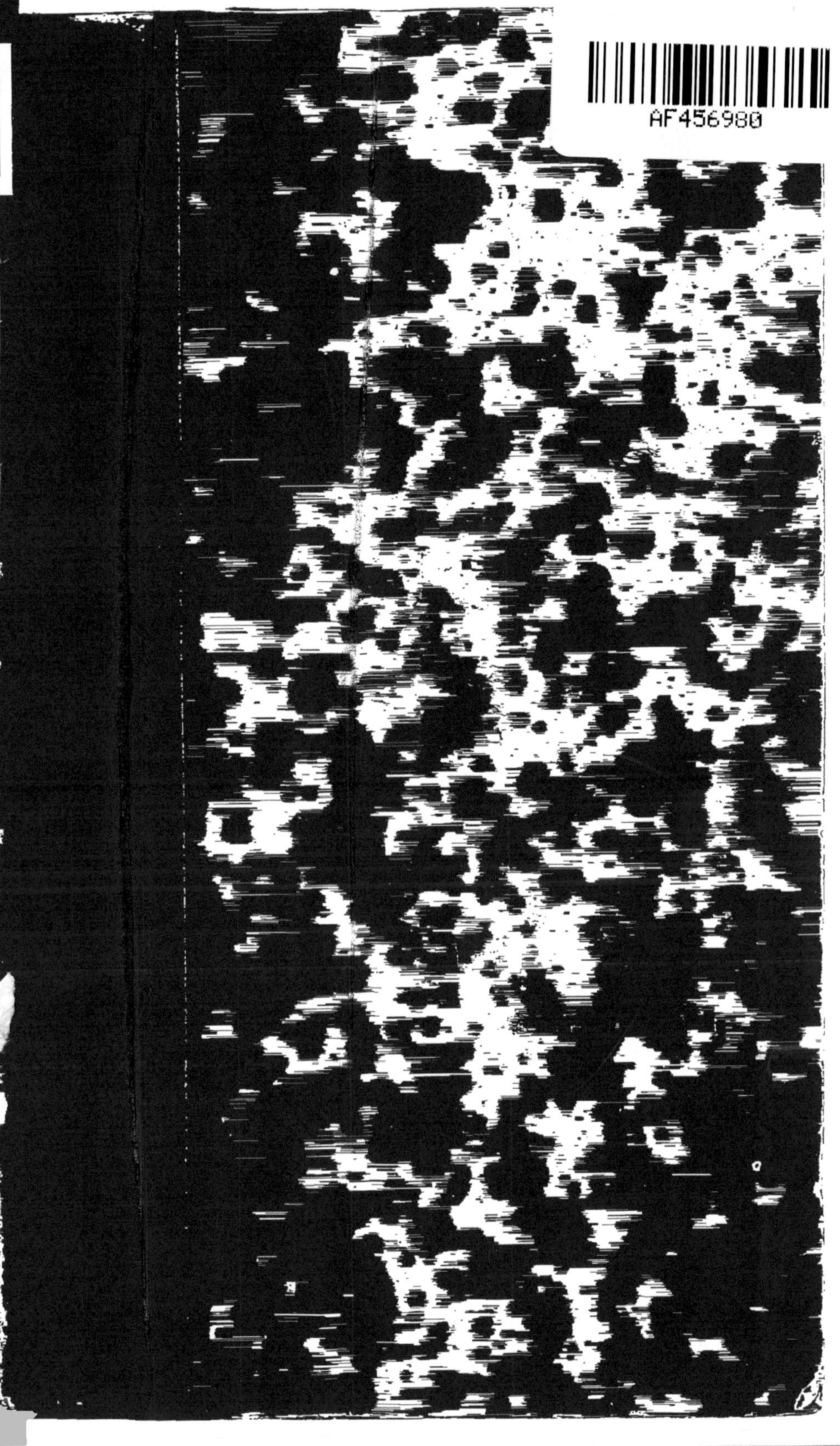

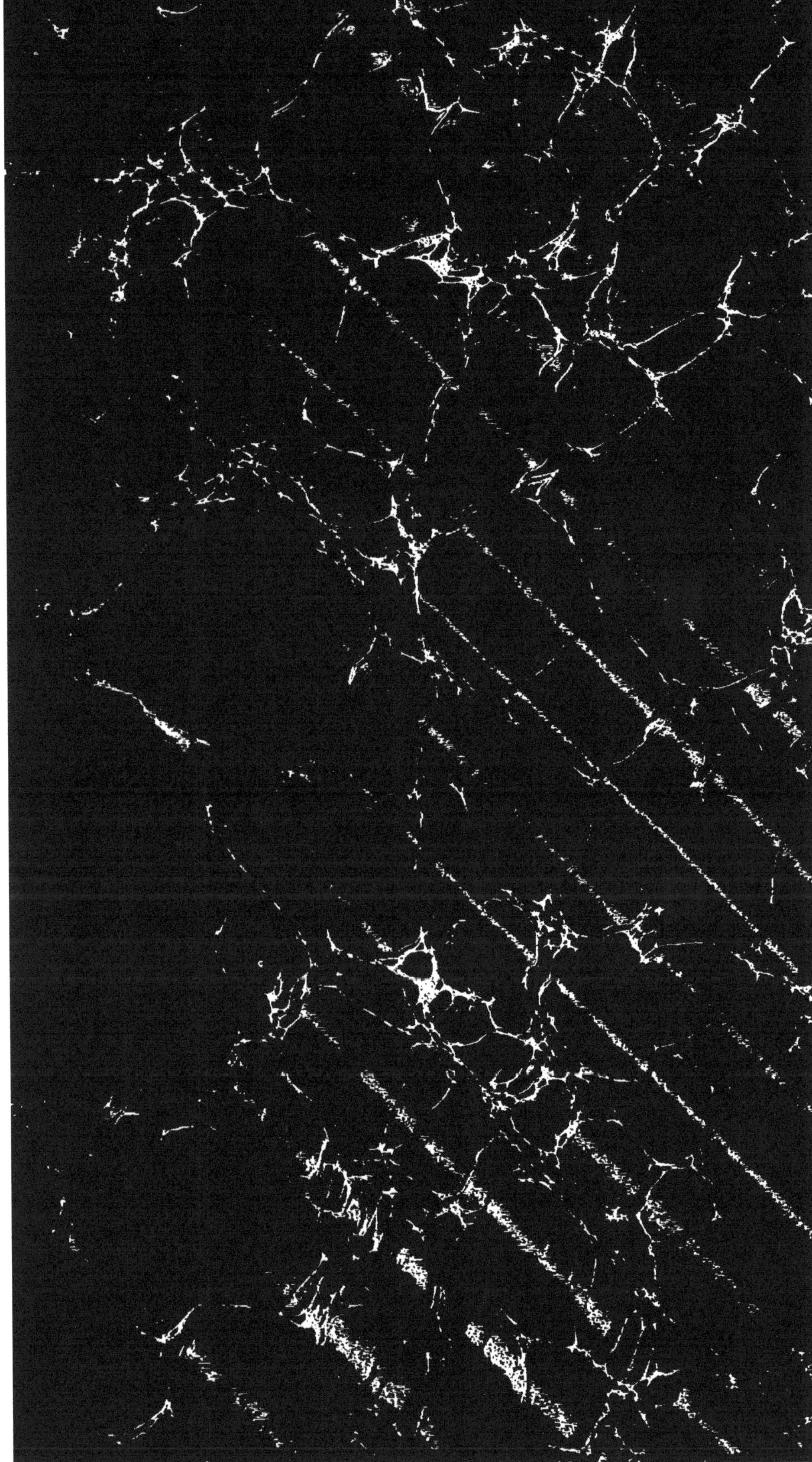

LES TROIS LIVRES

DE

PORISMES D'EUCLIDE.

Paris, — Imprimerie de MALLET-BACHELIER, rue de Seine-Saint-Germain, 10, près l'Institut.

LES TROIS LIVRES

DE

PORISMES D'EUCLIDE,

RÉTABLIS POUR LA PREMIÈRE FOIS,

D'APRÈS LA NOTICE ET LES LEMMES DE PAPPUS,

ET CONFORMÉMENT

AU SENTIMENT DE R. SIMSON

SUR LA FORME DES ÉNONCÉS DE CES PROPOSITIONS;

PAR M. CHASLES,

Membre de l'Institut; Professeur de Géométrie supérieure à la Faculté des Sciences de Paris; Membre de la Société royale de Londres; Associé de l'Académie royale des Sciences de Bruxelles; Correspondant des Académies royales de Berlin, Naples et Turin; de l'Académie pontificale des *Nuovi Lincei* de Rome.

PARIS,

MALLET-BACHELIER, IMPRIMEUR-LIBRAIRE

DU BUREAU DES LONGITUDES, DE L'ÉCOLE IMPÉRIALE POLYTECHNIQUE,

Quai des Augustins, 55.

1860.

TABLE DES MATIÈRES.

INTRODUCTION.

LES TROIS LIVRES DE PORISMES.

TABLE DES PORISMES

DANS LESQUELS ON FAIT USAGE DES XXXVIII LEMMES (1).

Lemmes.	Porismes.
I.	1, 8.
II.	2.
III.	3, 21, 25, 28, 30, 32, 106, 107, 110, 113, 114, 117, 119, 122, 124-128, 130, 131, 133-135, 162, 181, 189, 208, 209, 210, 211, 214.
IV.	4.
V.	5, 172, 177.
VI.	6.
VII.	7, 145.

(1) On n'a porté dans cette Table que les Porismes dans lesquels les Lemmes sont cités textuellement. Il sera facile de voir que les Lemmes sont utiles encore, quoique non explicitement, pour la démonstration de la plupart des autres Porismes, parce que cette démonstration s'appuie directement sur des Porismes déjà démontrés à l'aide des Lemmes.

Lemmes.	Porismes.
VIII.	17, 18.
IX.	19, 20.
X.	22, 24, 81.
XI.	11, 23, 34, 37, 40, 43, 51, 54, 73, 75, 76, 81-83, 89, 91, 92, 94, 96-98, 100, 110, 114, 119, 120-122, 138, 146, 158; 170, 171, 179, 189, 209, 211, 212.
XII.	24, 29.
XIII.	24, 29.
XIV.	51.
XV.	41.
XVI.	42, 43, 51, 83, 93, 113, 114, 178, 181.
XVII.	41.
XVIII.	44.
XIX.	102, 103, 171, 219.
XX.	144, 193, 207.
XXI.	193.
XXII.	136 bis.
XXIII.	137, 143, 187.
XXIV.	136 bis.
XXV.	137, 187.
XXVI.	204.
XXVII.	167, 204.
XXVIII.	160, 168, 172, 216.
XXIX.	148, 192.
XXX.	152, 166, 167, 168, 173.
XXXI.	174, 194.
XXXII.	207.
XXXIII.	161.
XXXIV.	160, 167, 169, 207, 216.
XXXV.	160, 168, 172.
XXXVI.	175, 196.
XXXVII.	143.
XXXVIII.	180.

TABLE DES PORISMES
QUI SE RAPPORTENT AUX XXIX GENRES.

Genres.	Porismes.
I.	11-13, 158, 159.
II.	1-10, 14-30, 102-109, 160-165, 218-220.
III.	31, 32, 110, 166-169.
IV.	33, 35.
V.	36-38, 111, 170-172, 212, 213.
VI.	39-44, 112-118, 173-183, 214.
VII.	45-48, 119, 184-186, 215.
VIII.	49, 50.
IX.	51-55, 120-122, 187-189, 216.
X.	56-58, 123, 190, 191.
XI.	Énoncé défectueux.
XII.	59-71, 192.
XIII.	72, 73.
XIV.	74, 75.
XV.	76, 77, 193-198.
XVI.	78-81, 199.
XVII.	82-84, 200, 201.
XVIII.	85, 86.
XIX.	87.
XX.	88-92.
XXI.	93-101, 202-210.
XXII.	124-135, 211.
XXIII.	136, 136 bis, 137.
XXIV.	138-140.
XXV.	141-146.
XXVI.	147.
XXVII.	148-151.
XXVIII.	152-154.
XXIX.	155-157, 217.

LES TROIS LIVRES

DE

PORISMES D'EUCLIDE,

RÉTABLIS POUR LA PREMIÈRE FOIS, D'APRÈS LA NOTICE ET LES LEMMES DE PAPPUS, ET CONFORMÉMENT AU SENTIMENT DE R. SIMSON SUR LA FORME DES ÉNONCÉS DE CES PROPOSITIONS.

INTRODUCTION.

§ I. — Exposé historique. —Premiers essais de divination de la doctrine des Porismes. — Ouvrage de R. Simson. — Questions non traitées dans cet ouvrage. — Ce qu'il reste à faire pour rétablir les trois Livres d'Euclide.

Parmi les ouvrages des mathématiciens grecs qui ne nous sont pas parvenus, aucun n'a plus excité les regrets et la curiosité des géomètres des siècles derniers que le *Traité des Porismes* d'Euclide.

Cet ouvrage ne nous est connu que par la Notice qu'en a donnée Pappus dans le VIIe Livre de ses *Collections mathématiques* (1), et par une très-courte mention de Proclus

(1) Pappus, mathématicien d'Alexandrie, florissait vers la fin du IVe siècle de notre ère. Ses *Collections mathématiques* en huit livres, dont malheureusement les deux premiers nous manquent, sont un ouvrage extrêmement précieux pour l'histoire des mathématiques. Pappus y fait connaître des recherches sur toutes les parties de la géométrie, et même sur les machines dans le VIIIe Livre, et fournit des notions sur beaucoup d'ouvrages dont

dans son Commentaire sur le Ier Livre des *Éléments* d'Euclide.

Mais ce qu'en dit le premier de ces auteurs, qui était lui-même un géomètre éminent et des plus compétents pour apprécier les œuvres de ses devanciers, a été bien propre, indépendamment du nom d'Euclide, à faire naître ces regrets des Modernes et leur désir de retrouver ou de parvenir à rétablir un ouvrage si précieux : car, selon Pappus, « cet ouvrage renfermait une ample collection de propositions d'une conception ingénieuse et d'un très-utile secours pour la résolution des problèmes les plus difficiles. »

Aussi Montucla, dont nous nous bornerons à citer ici le jugement, a-t-il pensé que ce *Traité des Porismes* était « le plus profond de tous les ouvrages d'Euclide et celui » qui lui ferait le plus d'honneur s'il nous était parvenu » (1).

La Notice de Pappus, un des fragments les plus intéressants qui nous soient restés des mathématiques grecques, renferme deux définitions de ce genre particulier de propositions appelées *Porismes* par Euclide, et une trentaine d'énoncés qui s'y rapportent; mais le tout en termes concis et obscurs, dont les géomètres, à diverses époques depuis

---

nous ignorerions, sans cela, même les titres et les noms des auteurs. On doit à Commandin (1509—1575), savant géomètre et commentateur intelligent, une traduction de ces *Collections mathématiques* qui parut après sa mort sous le titre : *Pappi Alexandrini Mathematicæ Collectiones a Federico Commandino Urbinate in Latinum conversæ, et Commentariis illustratæ.* Pisauri, 1588, in-folio. — Eædem. *In hac nostra editione ab innumeris, quibus scatebant mendis, et præcipuè in Græco contextu diligenter vindicatæ.* Bononiæ, 1660, in-folio.

Plusieurs géomètres s'étaient proposé, à diverses époques, d'éditer le texte même de cet ouvrage, un des plus importants, incontestablement, qui nous soit parvenu des Grecs. Il est bien à regretter que leurs projets aient échoué. Aucune entreprise ne saurait être plus digne des encouragements destinés aux publications scientifiques.

(1) *Histoire des Mathématiques*, t. I, p. 215.

la Renaissance, ont vainement cherché à pénétrer le sens.

Cependant Albert Girard, savant géomètre des premiers temps du XVIIe siècle, avait fait espérer qu'il rétablirait ces Porismes, dont il parle dans deux endroits différents de ses œuvres (1); mais ce travail n'a peut-être pas été terminé; du moins il ne nous est pas parvenu, et l'on ne peut préjuger jusqu'à quel point l'auteur avait entrevu la pensée d'Euclide.

Vers le même temps Fermat s'est occupé du même sujet, bien digne de fixer l'attention d'un esprit aussi pénétrant. Dans un écrit très-succinct, intitulé : *Porismatum Euclidæorum Renovata Doctrina et sub forma isagoges recentioribus Geometris exhibita,* il dit que si plusieurs auteurs,

---

(1) Voici quels sont ces deux passages d'Albert Girard : 1° Dans son petit *Traité de Trigonométrie* se trouve un chapitre des *polygones rectilignes*, où l'auteur, après avoir énuméré les formes différentes que peut avoir un quadrangle, un pentagone, un hexagone, ajoute : « Le tout, quand il n'y a » que deux lignes qui passent par un poinct, comme jadis estoyent les Po» rismes d'Euclides, qui sont perduz, lesquelz j'espere de mettre bien tost en » lumiere, les ayant restituez il y a quelques années en ça. » (*Tables des sinus, tangentes et secantes, selon le Raid de* 100000 *parties. Avec un traicté succinct de la Trigonométrie tant des triangles plans, que sphéricques,* etc., par Albert Girard, samielois. La Haye, 1626, in-24); 2° Dans le *Traité de l'art pondéraire ou de la statique* de Stevin, à la suite de la proposition relative au centre de gravité du triangle, dans laquelle l'auteur fait usage du théorème de Ptolémée sur le triangle coupé par une transversale, Albert Girard ajoute ce qui suit : « Celuy qui n'entend pas ceste maniere de de» monstration doit recourir premierement au lieu cité de *Ptolemée*, puis à » l'Arithmetique du present autheur vers la fin touchant l'addition et sous» traction des raisons. Les Anciens, comme *Archimedes, Euclides, Appollone* » *Pergée, Eutocius Ascalonite, Pappus Alexandrin, etc.*, ont leurs livres rem» plis de l'égalité d'une raison a deux autres, excepté que ce qu'en a » escrit *Euclides* ès Elemens vulgaires est assez rare, comme en la 23 » proposition du sixiesme livre, et en la 5 proposition du huitiesme » livre. Mais *il est à estimer qu'il en a plus escrit en ses trois livres de Poris» mes qui sont perdus, lesquels, Dieu aidant, j'espere de mettre en lumiere, les » ayant inventez de nouveau.* » (V. *Les Œuvres mathématiques de Simon Stevin de Bruges,* etc. *Le tout reveu, corrigé et augmenté par* ALBERT GIRARD, *samielois, Mathematicien.* Leyde, 1634, in-folio.)

Viète notamment, « ce géomètre plein de génie et qui n'a pas encore été assez loué », ont rétabli avec succès quelques ouvrages des Anciens, néanmoins on ignore encore et l'on n'a pas même soupçonné ce qu'étaient les Porismes. Il donne ensuite cinq exemples de *Porismes*, et il exprime sa pensée sur le genre des propositions ainsi nommées par Euclide, qu'il croit avoir été des propositions de *Lieux* (1). Il ajoute que, si cet aperçu est goûté des savants, il rétablira un jour les trois livres perdus; qu'il ira même au delà du géomètre grec, et fera connaître dans les sections coniques et dans quelques autres courbes, des Porismes admirables et pourtant encore ignorés. Ailleurs il semble dire qu'il a rétabli l'ouvrage d'Euclide. Toutefois, sans examiner ici les propositions données par Fermat comme exemples de Porismes, lesquelles ne paraissent pas présenter un caractère spécial bien déterminé qui les distingue nettement des propositions *locales* ordinaires, il faut remarquer que, hormis une ou deux peut-être, elles ne peuvent se rapporter aux propositions d'Euclide indiquées par Pappus (l'une d'elles même concerne la parabole). On peut inférer de là que c'était seulement sur la nature et l'objet du livre d'Euclide, c'est-à-dire sur la doctrine même des Porismes, que Fermat était parvenu à fixer ses idées, à un certain point de vue, mais qu'il n'avait pas rétabli les propositions que peuvent comporter les énoncés de Pappus.

Quelque temps après, Boulliau (2) et Renaldini (3) paraissent avoir aussi entrepris cette divination. Mais ils se

---

(1) « Cum autem ut jam diximus Porismata ipsa sint loci... » (*Varia opera mathematica, etc.*, p. 119.)

(2) *Exercitationes geometricæ tres : 1° circa demonstrationes per inscriptas et circumscriptas figuras ; 2° circa conicarum sectionum quasdam propositiones; 3° de Porismatibus*. Parisiis, 1657 ; in-4°.

(3) *De resolutione et compositione mathematica, libri duo*. Patavii, 1668; in-fol.

sont bornés à de simples réflexions qui n'ont répandu aucune lumière sur la question elle-même.

Il y a lieu de penser que la plupart des géomètres qui ont rétabli quelques-uns des autres ouvrages grecs sur lesquels Pappus a laissé des Lemmes, que Snellius et Viète (1) notamment, n'avaient point négligé de porter leur attention sur le Traité des Porismes, de préférence même à tout autre, à raison de la grande supériorité de cet ouvrage, proclamée par Pappus, et des secours qu'il devait procurer dans toutes les investigations géométriques.

Le célèbre astronome Halley, très-versé dans la connaissance de la geométrie des Grecs, traduisit de l'arabe, comme on sait, le Traité de la *Section de raison*, et rétablit celui de la *Section de l'espace* et le VIIIe livre des *Coniques* d'Apollonius. L'énigme des Porismes devait naturellement lui offrir de l'attrait. On lui doit d'avoir mis au jour le texte grec qui s'y rapporte, resté jusqu'alors manuscrit comme tout l'ouvrage de Pappus, au grand regret des géomètres, qui n'en connaissaient que la version latine de Commandin. Halley a joint à ce texte, inséré dans son édition de la *Section de raison* et de la *Section de l'espace*, une traduction latine ; mais sans commentaire ni aucun éclaircissement; car il confesse ne rien comprendre à ce texte des Porismes, « rendu inintelligible, tant par la perte » d'une figure à laquelle Pappus renvoie, que par quelques » omissions ou autres altérations qui affectent une certaine » proposition générale ; d'autant plus, ajoute-t-il, que » le style de l'auteur, outre ces défauts, a celui d'être

(1) Viète a rétabli sous le titre d'*Apollonius Gallus* le *Traité des contacts des cercles* d'Apollonius, et Snellius le traité de la *Section déterminée* sous le titre d'*Apollonius Batavus* (Lugodini, 1608, in-4°), et les deux traités de la *Section de raison* et de la *Section de l'espace* (*ibid.*, 1607). Pascal avait été au delà de Viète dans un ouvrage qu'il intitulait: *Promotus Apollonius Gallus*, qui ne nous est pas parvenu.

» beaucoup trop serré pour un sujet aussi difficile » (1).

Il était réservé à son savant compatriote R. Simson, professeur de mathématiques à l'Académie de Glasgow, de pénétrer ce mystère qui résistait à tant d'efforts. Les premiers essais heureux de ce géomètre, après de longues et persévérantes tentatives, datent de 1720. C'était l'explication de trois propositions, les seules, parmi une trentaine d'énoncés divers, que Pappus ait décrites en termes suffisamment complets. La première concerne un système de quatre droites; la seconde, qui est la même, étendue à un nombre quelconque de droites, est la proposition générale dont parle Halley ; et la troisième, relative encore à des droites, est d'un genre différent.

Maintenant que le sens précis des trois propositions nous est connu, le texte de Pappus peut paraître suffisamment explicite, nonobstant sa concision ; mais assurément il présentait alors de grandes difficultés.

Aussi l'explication de Simson fut une découverte inattendue. Communiquée par l'auteur à Maclaurin et bientôt après à la Société Royale de Londres, et insérée dans les *Transactions philosophiques* de mai 1723 (2), elle attira l'attention des géomètres et par sa nouveauté et par son importance.

Les efforts persévérants de Simson lui ayant fait faire de

---

(1) « Hactenus Porismatum descriptio nec mihi nec lectori profutura, » neque aliter fieri potuit : tam ob defectum schematis cujus fit mentio ; » unde rectæ satis multæ, de quibus hic agitur, absque notis alphabeticis, » ullove alio distinctionis charactere inter se confunduntur : quam ob » omissa quædam et transposita, vel aliter vitiata, in propositionis genera- » lis expositione ; unde quid sibi velit Pappus haud mihi datum est conji- » cere. Hisce adde dictionis modum nimis contractum, ac in re difficili, » qualis hæc est, minime usurpandum. » (*Apollonii Pergæi de Sectione rationis*,... p. XXXVII.)

(2) Pappi Alexandrini Propositiones duæ generales, quibus plura ex Euclidis Porismatis complexus est, Restitutæ à Viro Doctissimo Rob. Simson, Math. Prof. Glasc.

nouveaux pas dans la voie qu'il ouvrait si heureusement par un résultat partiel, mais incontesté et d'autant plus précieux, il parvint à fixer son opinion sur la doctrine des Porismes, et il la développa dans l'ouvrage intitulé: *De Porismatibus tractatus; quo doctrinam Porismatum satis explicatam, et in posterum ab oblivione tutam fore sperat Auctor*. Mais cet ouvrage ne parut que beaucoup plus tard, en 1776, huit ans après la mort de l'auteur. Il fait partie d'un volume publié aux frais de lord Stanhope et par les soins de J. Clow, professeur de philosophie à l'Académie de Glasgow, à qui Simson avait légué ses papiers, volume dans lequel se trouvent aussi la divination des deux livres de la *Section déterminée* d'Apollonius, et quelques autres ouvrages de Simson restés jusqu'alors inédits comme celui des Porismes (1). Le traité de *Lieux plans* d'Apollonius, rétabli aussi par cet habile interprète des Anciens, avait paru en 1749, du vivant de l'auteur (2).

C'est surtout la divination des Porismes qui a fait à juste titre la célébrité de Simson dans l'histoire des mathématiques.

Cependant, si l'on considère que le rétablissement de l'ouvrage d'Euclide embrassait deux questions différentes; qu'il s'agissait de découvrir, premièrement ce qu'était cette doctrine des Porismes ignorée des Modernes, et secondement ce qu'étaient ces propositions si nombreuses (*cent*

---

(1) *Roberti Simson, matheseos nuper in Academia Glasguensi professoris, Opera quædam reliqua*. Glasguæ, 1776; in-4°.

(2) *Apollonii Pergæi Locorum planorum libri II, restituti a Roberto Simson*. Glasguæ, 1749; in-4°.

On sait que Fermat et Schooten avaient déjà rétabli ce *Traité des Lieux plans*, ou du moins démontré, le premier par la simple géométrie, et le second par le calcul algébrique de Descartes, les nombreuses propositions de Lieux rapportées par Pappus. Simson s'est proposé, en revenant sur ce sujet, d'imiter dans ses démonstrations le style géométrique des Anciens, négligé par Schooten surtout.

soixante et onze), qui formaient les trois livres de Porismes d'Euclide, il faut reconnaître que c'est la première seulement de ces deux questions que Simson a résolue, mais qu'il n'a pas été beaucoup au delà, et qu'il a laissé à d'autres le soin de rétablir l'ouvrage d'Euclide. Car sur vingt-neuf énoncés transmis par Pappus dans un style concis et énigmatique, et qui résument les nombreuses propositions d'Euclide, Simson n'a donné que dix Porismes répondant à sept seulement de ces énoncés. Il a donc laissé intacts vingt-deux énoncés, en exprimant même la pensée qu'il serait fort difficile de les rétablir (1).

Ces dix propositions, dont six concernent des figures rectilignes et les quatre autres le cercle, ne pouvaient suffire pour faire connaître le caractère général des Porismes d'Euclide.

En outre, R. Simson n'a pas recherché quelle avait pu être la pensée qui a dirigé le géomètre grec dans sa conception originale; il n'a pas fait voir non plus comment cette doctrine des Porismes devait être si utile, nécessaire même pour la résolution des problèmes, comme le dit Pappus, et quels rapports elle pouvait avoir avec les propositions et les méthodes modernes, qui, ainsi que je le dirai plus tard, l'ont suppléée à notre insu.

Depuis, bien que la plupart des géomètres qui ont écrit sur les Porismes aient approuvé la divination de Simson, en y reconnaissant la pensée d'Euclide sur la forme propre à ce genre de propositions (2), néanmoins ils ne l'ont pas

---

(1) « I mean those of the first book, for as to those of the two others, » excepting what may be included in the second of the above-mentioned » Propositions, *I believe it will be extremely difficult for any body to restore* » *them.* » (Lettre adressée au docteur Jurin, secrétaire de la Société Royale, le 1er février 1723. V. *Account of the Life and Writings of R. Simson*, by the Rev. William Trail, 1812; in-4°, p. 21.)

(2) Mathieu Stewart, Hutton, Playfair, Wallace, mylord Brougham, Lhuillier, J. Leslie, Davies, etc.—Outre le Mémoire inséré dans le volume de 1798

complétée, ou plutôt on ne voit point qu'ils y aient fait de nouveaux pas, ni en produisant quelques Porismes qui répondissent à d'autres énoncés de Pappus, ni en émettant quelques vues, soit sur le caractère général des propositions qui ont dû entrer dans le Traité d'Euclide, soit sur le genre d'utilité de cet ouvrage et les points de contact qu'il aurait avec nos théories et nos méthodes actuelles.

R. Simson et ses successeurs (1) sont donc loin d'avoir

---

des *Philosophical Transactions* de la Société Royale de Londres, sous le titre: *General Theorems, chiefly Porisms, in the higher Geometry,* par lord Brougham, on peut consulter surtout les développements sur la Géométrie des Grecs et en particulier sur la doctrine des Porismes, dans lesquels l'illustre savant est entré en faisant la biographie de Simson (V. *Lives of Philosophers of the time of George III.* By Henry, Lord Brougham, F. R. S., member of the Institute of France, etc.)

(1) Nous n'entendons parler ici que des ouvrages antérieurs à 1835, époque à laquelle nous étions fixé sur cette question des Porismes et nous avions préparé le présent travail, comme on le voit dans une Note de l'*Aperçu historique*, qui en contient une analyse (p. 274-284). Nous ne faisons donc aucunement allusion à divers écrits qui ont paru dans ces dernières années, à ceux notamment qui ont donné lieu à une polémique qui se continue encore.

D'ailleurs, en parlant des successeurs de Simson, nous n'entendons que ceux qui ont embrassé ses vues et sa doctrine, et il arrive, si je ne me trompe, que les auteurs des recherches les plus récentes, quoique différant entre eux de sentiment sur la question, se sont accordés à se prononcer contre le système de Simson.

Ces recherches, quels que soient le mérite et l'utilité qui s'y rattachent, n'ont pas pour objet, en fait du moins, de rétablir l'ouvrage d'Euclide: leurs auteurs paraissent s'y être proposé principalement de parvenir à une traduction du texte de Pappus plus satisfaisante que celles de Commandin, de Halley et de R. Simson, pour en tirer la signification du mot *Porisme* et le caractère propre des propositions ainsi nommées par Euclide.

Mais on ne peut se dissimuler que ce travail n'est qu'une partie de celui que comporte et exige le rétablissement de l'ouvrage même d'Euclide, et qu'il demande à être complété par de nombreux exemples de Porismes et par un ensemble de propositions répondant aux énoncés de Pappus.

Or c'est précisément ce recueil de propositions qui a toujours fait les difficultés du sujet depuis la divination de Simson. Cependant ce travail est nécessaire, on peut dire indispensable, non pas seulement aux yeux des géomètres qui se proposeraient le rétablissement des trois livres de Porismes dissipé toute l'obscurité qui enveloppait cette grande énigme. Peut-être pourrons-nous dire plus loin la nature des difficultés qui s'opposaient à l'intelligence des énoncés de Pappus et au rétablissement des propositions d'Euclide.

§ II. — Recherches consignées dans l'*Aperçu historique*. — Rétablissement des Porismes que comportent les énoncés de Pappus. — Caractère général de ces propositions. — Leur analogie avec les théories qui forment les bases de la Géométrie moderne.

Ayant dû présenter une analyse de l'ouvrage de Pappus, surtout des nombreux Lemmes relatifs aux Porismes d'Euclide, dans l'*Aperçu historique*, où je traitais *de l'origine et du développement des Méthodes en Géométrie*, j'ai été conduit à m'occuper, après tant d'autres géomètres, de la question des Porismes. L'intérêt du sujet m'a entraîné souvent dans des recherches plus prolongées que je ne l'aurais voulu, excité par le désir de parvenir à porter un jugement sur le travail de Simson, et même à donner suite, s'il m'était possible, à cette divination qui paraissait comporter plusieurs questions essentielles, indépen-

---

d'Euclide, comme on a rétabli plusieurs autres ouvrages de l'antiquité, mais même aussi au point de vue plus restreint de ceux qui s'attachent principalement à interpréter le texte de Pappus, et à y chercher le but et les bases de cette doctrine des Porismes.

Car, quel que soit le système que l'on adopte, on ne peut se dispenser, dans un travail de cette nature, d'en vérifier et d'en démontrer la justesse : ce qu'on ne fera qu'en soumettant ce système à l'expérience pratique. Et ici cette expérience consiste à former, comme nous venons de le dire, un ensemble systématique de propositions, distinctes à certains égards des théorèmes et des problèmes, et répondant aux énoncés énigmatiques de Pappus et aux paroles de ce géomètre sur l'importance et l'utilité de l'ouvrage d'Euclide.

Telle est la véritable question des Porismes. C'est pourquoi diverses tentatives qui ne se sont pas complétées, en quelque sorte pratiquement, comme celles de Boulliau, de Renaldini, etc., sont restées infructueuses et ont laissé la question dans le même état.

damment du rétablissement de l'ouvrage lui-même, comme je viens de le dire.

On avait remarqué dans les Lemmes de Pappus certaines traces de la *théorie des transversales*, telles que quelques propriétés relatives au rapport *harmonique* de quatre points et une relation d'involution dans le quadrilatère coupé par une droite (1).

Un nouvel examen de ces Lemmes m'y a fait reconnaître une autre proposition, plus humble en apparence peut-être, et qui, par cette raison sans doute, avait échappé aux investigations antérieures, quoique, en réalité, elle ait une bien plus grande importance que toutes les autres. Il s'agit, en effet, de la propriété projective du *rapport anharmonique* de quatre points, qui se trouve démontrée dans six Lemmes différents (2) et dont, en outre, Pappus fait usage pour la démonstration de plusieurs autres Lemmes.

Ces circonstances, bien propres à fixer toute mon attention, pouvaient m'autoriser à penser que les propositions d'Euclide étaient de celles auxquelles conduisent naturellement les développements et les applications de la notion du *rapport anharmonique*, devenue fondamentale dans la géométrie moderne (3).

Parmi ces développements se présente en première ligne la théorie des *divisions homographiques* formées sur deux droites ou sur une seule, dont le caractère propre consiste

---

(1) Poncelet, *Propriétés projectives des figures*; p. XXXVI, XLII; 17, 83, 92.

(2) Lemmes III, X, XI, XIV, XVI et XIX. (Propositions 129, 136, 137, 140, 142 et 145).—*Aperçu historique*, p. 33.—*Traité de Géométrie supérieure*, p. XXI.

(3) « Après avoir reconnu que la plupart des Lemmes de Pappus qui pa-
» raissent se rapporter au premier livre des Porismes d'Euclide pouvaient
» se déduire de la proposition....., nous avons pensé que cette proposition
» pourrait bien aussi être la clef de tout ce premier livre de Porismes et
» conduire à une interprétation des énoncés que Pappus nous a laissés. »
(*Aperçu historique*, p. 39.)

en ce que le *rapport anharmonique* de quatre points d'une division est égal à celui des quatre points correspondants de l'autre division : ce qu'on exprime par des équations à deux, à trois et à quatre termes (1).

Or, ces équations une fois connues, on ne pouvait manquer de s'apercevoir que la plupart des énoncés de Pappus constituent des relations de segments telles que celles qui se déduisent de ces équations mêmes. Remarque importante, car elle devait faire espérer que ce pourrait être cette théorie fort simple des *divisions homographiques* qui donnerait enfin la clef des nombreux Porismes énoncés par Pappus et dont la signification avait résisté aux efforts de tant de géomètres et de Simson lui-même.

Et en effet, ce point de départ dans mes essais de divination m'a conduit assez aisément au rétablissement de la plupart des énoncés de Pappus, c'est-à-dire, à des propositions, souvent très-multiples, qui satisfont aux conditions exprimées par ces énoncés concis et énigmatiques. J'ai pu annoncer ce résultat dans l'*Aperçu historique* (2), me bornant alors à faire connaître deux Porismes très-généraux, dont l'un notamment suffit pour embrasser dans ses nombreux corollaires une grande partie des énoncés en question (3).

Je reprends aujourd'hui ce travail. Le long retard qu'il

---

(1) *Géométrie supérieure*, p. 81-101. — *Aperçu hist.*, p. 281.

(2) « En prenant pour point de départ et pour base notre manière de con-
» cevoir la doctrine des Porismes, nous avons obtenu assez naturellement
» une interprétation des 24 énoncés de Porismes que n'a pas rétablis Simson. »
(*Aperçu hist.*, p. 279.)

(3) « Les limites dans lesquelles nous devons nous renfermer ne nous
» permettent pas d'énoncer ici les Porismes que nous avons trouvés comme
» répondant au texte de Pappus. Mais nous allons donner deux proposi-
» tions très-générales qui nous ont paru comprendre dans leurs nombreux co-
» rollaires les 15 énoncés de Pappus appartenant au premier livre des Po-
» rismes d'Euclide. (*Aperçu hist.*, p. 279.)

éprouve, dû principalement à d'autres occupations, s'explique encore par la nature même du sujet. Car il fallait donner d'abord aux trois théories du *rapport anharmonique*, des *divisions homographiques* et de l'*involution* les développements dont étaient susceptibles les germes qui s'en trouvent dans les Lemmes de Pappus. C'est ce que j'ai cherché à faire dans le *Traité de Géométrie supérieure*, ouvrage dont ces théories mêmes forment les bases.

On ne verra peut-être pas sans étonnement que l'ouvrage si célèbre d'Euclide, dont une si profonde obscurité cachait la forme, le contenu, le caractère général et le but, non moins que les points de contact qu'il pouvait avoir avec nos méthodes actuelles, renfermait précisément les germes de ces méthodes elles-mêmes et plusieurs des propositions qui en forment les applications les plus immédiates et les plus naturelles.

Il fallait, pour être à même de soupçonner ce caractère spécial de l'ouvrage grec et rétablir les nombreuses propositions qu'il renfermait, connaître préalablement toutes les conséquences de la notion du *rapport anharmonique* et les équations diverses qui servent à les exprimer, comme je l'ai dit dans l'*Aperçu historique* (1).

C'est ce qui explique, je crois, comment il a paru toujours si difficile jusqu'à ces derniers temps, je pourrais dire presque impossible, de donner une interprétation de la plus grande partie des énoncés de Porismes laissés par Pappus, puisque la plupart des propositions qui satisfont à ces énoncés se rapportent à un genre de relations qui, sauf quelques cas les plus simples, n'étaient pas encore entrées dans la géométrie moderne, et qui chez les Anciens ne se

(1) « Chacune de ces équations peut se transformer de différentes manières en d'autres qui auront deux, trois ou quatre termes. Plusieurs de ces transformations sont nécessaires pour donner l'interprétation des Porismes du premier livre d'Euclide. » (*Aperçu hist.*, p. 281.)

sont peut-être rencontrées que dans l'ouvrage perdu d'Euclide.

Ce caractère du Traité des Porismes semble bien propre à justifier pleinement les paroles de Pappus qui proclame le mérite éminent de cet ouvrage, recueil ingénieux de propositions fécondes, indispensable à tous ceux qui veulent se livrer aux recherches mathématiques.

On reconnaît encore combien les géomètres, sur la foi de Pappus, ont eu raison de déplorer la perte de cet ouvrage, et combien cette perte a été préjudiciable aux progrès des mathématiques. Car si ce livre des Porismes nous fût parvenu, il eût donné lieu depuis longtemps à la conception et au développement des théories élémentaires du *rapport anharmonique*, des *divisions homographiques* et de l'*involution*, et l'on ne doutera pas que ces théories ne fussent entrées sans hésitation ni objections, avec l'autorité due au nom d'Euclide, dans les ouvrages destinés à l'enseignement, comme formant les bases naturelles de la géométrie générale.

§ III. — Texte de Pappus relatif aux Porismes.

« Après les *Contacts* sont les Porismes d'Euclide, en trois livres, collection ingénieuse d'une foule de choses qui servent à la solution des problèmes les plus difficiles, et que la nature fournit avec une inépuisable variété.

» Il n'a rien été ajouté à cet ouvrage d'Euclide, si ce n'est que depuis quelques géomètres peu expérimentés ont donné de nouvelles rédactions de quelques-uns de ces Porismes. Bien que chacune de ces propositions soit susceptible d'un certain nombre de démonstrations, comme nous le faisons voir, Euclide n'en donne qu'une, qui est toujours la plus claire.

» Les Porismes renferment une doctrine subtile, mais

naturelle et nécessaire, surtout très-générale et d'une étude très-agréable à ceux qui savent voir et trouver.

» Les diverses espèces de ces Porismes ne sont, ni des théorèmes, ni des problèmes, mais sont, en quelque sorte, d'une forme intermédiaire ; de façon qu'on peut les présenter comme des théorèmes ou comme des problèmes.

» Il est résulté de là que, parmi beaucoup de géomètres, les uns les regardent comme des théorèmes, et d'autres comme des problèmes, n'ayant égard qu'à la forme des énoncés.

» Mais les définitions données par les Anciens prouvent qu'ils ont mieux compris les différences qui existent entre ces trois genres de propositions. Ils disaient, en effet, que :

» Le Théorème est une proposition où l'on demande de démontrer ce qui est proposé.

» Le Problème est une proposition où l'on demande de construire ce qui est proposé.

» Le Porisme est une proposition où l'on demande de trouver ce qui est proposé (1).

» Cette définition des Porismes a été changée par des géomètres modernes qui, ne pouvant pas tout trouver, mais conservant les éléments de cette doctrine, se contentèrent

---

(1) Nous exprimerons les termes πορισμος et ποριζω dont Pappus fait usage par le mot *trouver*, parce que ce mot, que nous aurons à employer fort souvent, est consacré presque exclusivement dans les recherches mathématiques, quelles que puissent être les nuances qui aient lieu dans la nature des questions. Toutefois les expressions *acquérir*, *se procurer* rendraient mieux ici l'intention précise de Pappus. En effet, il ne s'agit pas dans les Porismes de trouver une chose absolument inconnue comme dans les problèmes en général : ce qu'il s'agit de trouver, c'est une partie seulement d'une chose connue et désignée dans l'énoncé, mais incomplétement ; c'est, par exemple, la grandeur ou la position de cette chose. Question, comme on voit, qui présente une nuance avec le problème proprement dit. Voilà dans quel sens nous nous servons ici du mot *trouver*. On verra plus loin les considérations sur lesquelles se fonde notre manière d'envisager la doctrine des Porismes et comment elles permettent, si nous ne nous trompons, de lever les difficultés du sujet.

de prouver que la chose cherchée existe, sans la déterminer

» Et quoiqu'ils fussent condamnés, tant par la définition que par les propositions mêmes, ces géomètres donnèrent du Porisme, d'après une considération particulière, cette définition : *ce qui constitue le Porisme est ce qui manque à l'hypothèse d'un théorème local* » (en d'autres termes, le Porisme est inférieur, par l'hypothèse, au théorème local; c'est-à-dire que quand quelques parties d'une proposition locale n'ont pas dans l'énoncé la détermination qui leur est propre, cette proposition cesse d'être regardée comme un *théorème* et devient un *Porisme*).

» Les *lieux géométriques* sont une espèce de ces Porismes : ils abondent dans les livres du *lieu résolu*. Séparés des Porismes proprement dits, on les a réunis sous des titres particuliers, et on en a formé des traités distincts, parce que cette espèce est bien plus nombreuse que les autres; car les *lieux* sont *plans*, *solides* ou *linéaires* : il y a aussi les lieux aux *moyennes*.

» Il arrive encore aux Porismes de présenter des énoncés très-raccourcis, parce que beaucoup de choses y sont sous-entendues. Il est résulté de là que beaucoup de géomètres, ne les considérant que sous une partie de leurs faces, en ont ignoré des points des plus importants.

» Il est difficile de réunir plusieurs de ces Porismes sous un même énoncé, parce qu'Euclide n'en a pas donné beaucoup de chaque espèce, mais seulement un ou quelques-uns comme exemples. Cependant il en a placé, au commencement de son Ier livre, dix qui sont analogues entre eux; ils appartiennent à cette espèce des *lieux* la plus abondante de toutes. Nous avons reconnu que ces dix propositions peuvent être renfermées dans un seul énoncé, savoir : *Étant données quatre droites se coupant deux à deux, si trois des points d'intersection situés sur l'une d'elles, ou deux seulement dans le cas du parallélisme, sont donnés* (c'est-à-dire restent fixes), *et que des trois autres deux soient assujettis à rester chacun sur une droite donnée, le dernier sera situé aussi sur une droite donnée de position.*

» Il s'agit ici de quatre droites seulement, dont pas plus de deux ne passent par un même point. Mais on ignore que la proposition est vraie pour un nombre quelconque de droites. La voici : *Si plusieurs droites, en nombre quelconque, se rencontrent, mais pas plus de deux en un même point; que tous les points situés sur une d'elles soient donnés, et que chacun de ceux qui appartiennent à une autre se trouve sur* (décrive) *une droite donnée de position; ou plus généralement, si plusieurs droites, en nombre quelconque, se rencontrent, mais pas plus de deux en un même point; que tous les points situés sur une de ces droites soient donnés, et que parmi les points d'intersection des autres, lesquels forment un nombre triangulaire, il s'en trouve autant qu'il y a d'unités dans le côté de ce nombre triangulaire, assujettis à rester situés chacun sur une droite donnée de position, pourvu que de ces points il n'y en ait pas trois qui soient les sommets d'un triangle* (formé par les droites mêmes dont ces points sont les intersections), *chacun des autres points restera situé aussi sur* (décrira) *une droite donnée de position.*

» Il n'est pas vraisemblable que l'auteur des *Éléments* ait ignoré cette extension; mais il aura voulu seulement en poser le principe. Car il paraît, dans tous ses Porismes, n'avoir eu en vue que de répandre des principes et le germe d'une foule de choses importantes.

» Ce n'est pas par les différences des hypothèses qu'il faut distinguer les Porismes, mais par les différences des résultats ou des choses cherchées. Les hypothèses, en effet, sont toutes différentes et constituent des spécialités; mais des résultats ou des choses cherchées, chacun se trouve être identique ou unique dans beaucoup d'hypothèses différentes (1).

Ier Livre des Porismes.

» Voici donc comment il faut classer les choses cherchées dans les propositions du Ier Livre. La figure est au commencement du VIIe..... (2).

I. » *Si de deux points donnés on mène deux droites se coupant sur une droite donnée de position, dont l'une intercepte sur une droite donnée de position un segment compté à partir d'un point donné, l'autre formera aussi sur une autre droite un segment ayant avec le premier une raison donnée.*

» Et dans les autres :

II. Que tel point est situé sur une droite donnée de position.

III. Que le rapport de telle droite à telle autre droite est donné.

IV. Que le rapport de telle droite à telle abscisse est donné.

V. Que telle droite est donnée de position.

VI. Que telle droite passe par un point donné.

VII. Que telle droite a un rapport donné avec le segment compris entre tel point et un point donné.

VIII. Que telle droite a un rapport donné avec telle autre droite menée de tel point.

---

(1) C'est-à-dire que dans beaucoup de questions différentes on arrive à une même conclusion, par exemple, que le lieu d'un certain point est une ligne droite déterminée de position ; que certaine droite passe toujours par un point déterminé de position ; qu'un certain rectangle dont les côtés sont variables, a une surface donnée de grandeur ; etc. C'est ainsi que l'a entendu R. Simson. « (Multa sunt Porismata quæ diversas hypotheses habent, sed quæ omnia concludunt punctum aliquod tangere rectam positione datam ; vel rectam aliquam vergere ad punctum datum, etc. » (R. Simson, p. 349.)

(2) Ici se trouve une lacune dans les manuscrits.

IX. Que tel rectangle a un rapport donné avec le rectangle construit sur telle droite et une droite donnée.

X. Que tel rectangle équivaut à un rectangle donné plus le rectangle formé sur telle abscisse et sur une droite donnée.

XI. Que tel rectangle, pris seul ou avec un certain espace donné, est..... (1), l'autre a un rapport donné avec telle abscisse.

XII. Que telle droite, plus une autre avec laquelle telle autre droite est dans une raison donnée, a un rapport donné avec un segment formé par tel point à partir d'un point donné.

XIII. Que le triangle qui a pour sommet un point donné et pour base telle droite est équivalent au triangle qui a pour sommet un point donné et pour base le segment compris entre tel point et un point donné.

XIV. Qu'une droite, plus telle autre droite, a un rapport donné avec tel segment compris entre un point donné et tel point.

XV. Que telle droite forme sur deux autres droites données de position des segments dont le rectangle est donné.

IIe Livre des Porismes.

» Dans le IIe Livre les hypothèses sont différentes, mais les choses cherchées sont pour la plupart les mêmes que dans le Ier Livre.

» Il y a en outre celles-ci :

XVI. Que tel rectangle seul, ou tel rectangle plus un certain espace donné, est dans une raison donnée avec une certaine abscisse.

XVII. Que le rectangle compris sous telle droite et telle

(1) Lacune dans le texte.

autre droite est dans une raison donnée avec une certaine abscisse.

XVIII. Que le rectangle qui a pour côtés la somme de deux droites et la somme de deux autres droites, a un rapport donné avec tel segment.

XIX. Qu'un rectangle qui a pour côtés telle droite et une autre droite augmentée d'une seconde qui a un rapport donné avec telle autre droite, et le rectangle construit sur telle droite et telle autre qui a un rapport donné avec telle droite, ont leur somme dans un rapport donné avec une certaine abscisse.

XX. Que la somme de ces deux rectangles est dans un rapport donné avec le segment compris entre tel point et un point donné.

XXI. Que le rectangle compris sous telle droite et telle autre est donné.

IIIe Livre des Porismes.

» Dans le IIIe Livre, le plus grand nombre des hypothèses concernent le demi-cercle; quelques-unes le cercle et les segments. Pour les choses cherchées, la plupart ressemblent aux précédentes.

» Il y a en outre celles-ci :

XXII. Que le rectangle de telles droites est au rectangle de telles autres dans un rapport donné.

XXIII. Que le carré construit sur telle droite est à une certaine abscisse dans un rapport donné.

XXIV. Que le rectangle construit sur telles droites est égal au rectangle qui a pour côtés une droite donnée et le segment formé par tel point à partir d'un point donné.

XXV. Que le carré construit sur telle droite est égal au rectangle qui a pour côtés une droite donnée et le segment formé par une perpendiculaire, à partir d'un point donné.

XXVI. Que le rectangle qui a pour côtés la somme de deux droites et une droite en rapport donné avec telle autre droite, est dans un rapport donné avec telle abscisse.

XXVII. Qu'il existe un point tel, que des droites menées de ce point comprennent un triangle donné d'espèce.

XXVIII. Qu'il existe un point tel, que des droites menées de ce point retranchent des arcs égaux.

XXIX. Que telle droite est parallèle à une certaine droite, ou fait avec une droite passant par un point donné un angle de grandeur donnée.

» Il y a XXXVIII Lemmes pour les trois livres de Porismes : ceux-ci renferment 171 théorèmes. »

Ici se termine le passage du VIIe Livre des Collections mathématiques de Pappus qui concerne les Porismes.

§ IV. — Explication de la proposition des quatre droites, de la proposition générale de Pappus et du Porisme complet du Ier Livre. — Observation relative aux deux définitions des Porismes.

Pappus dit que l'ouvrage d'Euclide renferme presque toujours un seul Porisme ou un petit nombre de chaque espèce; que néanmoins on trouve au commencement du 1er livre dix propositions qui peuvent se résumer en une seule. Pappus énonce cette proposition. Elle est relative à quatre droites. Il dit ensuite qu'elle n'est elle-même qu'un cas particulier d'un énoncé plus général concernant un nombre quelconque de droites; il décrit cette proposition, et il ajoute avec un sentiment de justice qui fait honneur à son caractère, que sans doute cette généralisation n'a point échappé à Euclide, mais que, se bornant à répandre dans ses trois livres de Porismes des germes de propositions fécondes, il n'aura pas jugé qu'il fût nécessaire d'en faire mention.

Cette belle proposition, celle des quatre droites, et une

autre, donnée comme exemple des Porismes du Ier livre d'Euclide, sont les trois seules que Pappus cite en termes complets, c'est-à-dire dans lesquelles il fasse connaître les hypothèses auxquelles se rapportent les conséquences énoncées. Toutes ses autres propositions (au nombre de 28), expriment certains résultats (qui sont pour la plupart des relations de segments), sans qu'on y trouve aucune trace de l'hypothèse ou des conditions qui donnaient lieu à ces relations dans l'ouvrage d'Euclide.

Les trois propositions décrites d'une manière complète sont celles sur lesquelles Simson a concentré pendant longtemps tous ses efforts et qui l'ont conduit, après qu'il fut parvenu à en pénétrer le sens, à la conception de la doctrine des Porismes.

Pour ceux qui connaissent maintenant ces propositions, le texte de Pappus peut paraître se prêter assez aisément à une traduction qui permette d'y voir un énoncé exact et à peu près complet. Aussi tous les géomètres, quel qu'ait été leur sentiment ultérieur sur la doctrine des Porismes, ont-ils adhéré unanimement à cette partie de la divination, disons à cette découverte de Simson. Mais on ne peut méconnaître qu'avant que le savant interprète fût parvenu à découvrir le sens de ces propositions, elles présentaient de très-grandes difficultés, puisque les plus habiles géomètres du XVIe et du XVIIe siècle, comme nous l'avons dit ci-dessus, tels que Fermat et Halley, à qui pourtant la langue grecque était familière, avaient échoué dans leurs tentatives (1).

La proposition des quatre droites signifie, en langage moderne, que :

---

(1) Simson observe avec raison que Fermat n'a pas même deviné le Porisme du Ier Livre énoncé par Pappus en termes complets : « At Fermatius ne vel primum primi libri enucleavit, quod unicum integrum servavit Pappus. » (*Opera quædam reliqua, etc.*, p. 318.)

Étant données quatre droites, dont trois tournent autour des points dans lesquels elles rencontrent la quatrième, de manière que deux des points d'intersection de ces droites glissent sur deux droites données de position, le point d'intersection restant décrit une nouvelle droite.

En d'autres termes : *Si l'on déforme un triangle en faisant tourner ses trois côtés autour de trois points fixes pris en ligne droite, et en faisant glisser deux de ses sommets sur deux droites fixes, prises arbitrairement, le troisième sommet décrit une troisième droite.*

La proposition générale de Pappus concerne un nombre quelconque de droites, disons $(n+1)$ droites, dont n peuvent tourner autour d'autant de points fixes situés tous sur la $(n+1)^{ième}$. Ces n droites se coupent deux à deux en $\frac{n(n-1)}{2}$ points, nombre triangulaire dont le côté est $(n-1)$; et on les fait tourner autour de leurs n points fixes, de manière que $(n-1)$ quelconques de leurs $\frac{n(n-1)}{2}$ points d'intersection glissent sur $(n-1)$ droites fixes données : alors *chacun des autres points d'intersection* $\left(\text{en nombre } \frac{(n-1)(n-2)}{2}\right)$ *décrit une droite.*

Tel est le sens de la proposition de Pappus. L'auteur dit que des $(n-1)$ points d'intersection des droites mobiles qui sont assujettis à glisser sur des droites données, il ne doit pas y en avoir trois qui soient les sommets d'un triangle. Cela s'entend du triangle formé par trois droites mobiles. Et en effet, d'après la proposition des quatre droites, deux seulement des trois points d'intersection de trois droites mobiles peuvent être assujettis à glisser sur des droites données, puisqu'il s'ensuit que le troisième décrit alors une droite déterminée, ou donnée virtuellement, et qui par conséquent ne peut pas être donnée de fait ou à priori.

C'est Simson qui a découvert la signification de cette condition qui complique l'énoncé. Et pour compléter l'intention de Pappus, il ajoute que quatre points d'intersection ne peuvent pas appartenir à quatre droites formant un quadrilatère; cinq à cinq droites formant un pentagone, etc.

Des $\frac{n(n-1)}{2}$ points d'intersection des n droites mobiles, les $(n-1)$ qu'on assujettit à glisser sur autant de droites fixes peuvent appartenir à une même droite; c'est la première hypothèse de Pappus, qu'il a généralisée aussitôt. Ces $(n-1)$ points peuvent aussi être les sommets consécutifs, moins un, d'un des polygones de n côtés formés par les n droites. Dans ce cas le théorème prend cet énoncé :

Si l'on a un polygone d'un nombre quelconque de côtés, et qu'on le déforme en faisant tourner tous ses côtés autour d'autant de points fixes pris arbitrairement en ligne droite, et en faisant glisser tous ses sommets moins un sur autant de droites données de position, le dernier sommet décrit lui-même une droite déterminée de position; et en outre, le point d'intersection de deux côtés quelconques du polygone décrit aussi une ligne droite.

Porisme complet du Ier Livre d'Euclide.

L'énoncé de Pappus exprime que :

Si autour de deux points fixes P, Q, *on fait tourner deux droites qui se coupent sur une droite donnée* L, *et que l'une fasse sur une droite fixe* AX *donnée de position un segment* Am *compté à partir d'un point* A *donné sur cette droite : on pourra déterminer une autre droite fixe* BY *et un point fixe* B *sur cette droite, tels, que le segment* Bm' *fait par la seconde droite tournante, sur cette seconde droite fixe, à partir du point* B, *soit au premier segment* Am *dans une raison donnée* λ.

Nous donnerons, dans le Ier Livre des Porismes, la démonstration de cette proposition, de celle des quatre droites et de la proposition générale de Pappus.

Observation relative aux deux définitions des Porismes.

Pappus, ainsi qu'on l'a vu ci-dessus (§ III), donne deux définitions des Porismes, l'une des Anciens, et l'autre qui a été introduite par des géomètres modernes. Il condamne celle-ci, parce qu'elle repose sur une circonstance accidentelle. Elle ne s'applique, en effet, comme nous le verrons, qu'à une classe particulière de Porismes.

Nous reviendrons plus loin (§ VI, III) sur ces deux définitions, pour en expliquer le sens, et nous ferons voir qu'elles n'ont rien de contradictoire, du moins dans les limites que comporte la seconde.

§ V. — Indication succincte des matières contenues dans le Traité des Porismes de Simson. — Définition des Porismes. — Opinion de Playfair.

I. — Ouvrage de Simson.

Simson commence son Traité *De Porismatibus* par les définitions du *Théorème*, du *Problème*, du *Donné*, du *Porisme* et du *Lieu*; définitions qu'il éclaircit par des exemples. Puis il fait connaître la Notice de Pappus sur les Porismes, dont il donne une version latine. Après cette Notice, viennent les propositions qui forment le Traité des Porismes.

Ces propositions, au nombre de 93, comprennent les 38 Lemmes de Pappus relatifs aux Porismes; 10 cas de la proposition des quatre droites; 29 Porismes; 2 problèmes destinés à montrer l'usage des Porismes; et quelques propositions qui servent pour la démonstration des Lemmes et des Porismes.

Des 29 Porismes, 6 (propositions 23, 34, 41, 50, 53 et 57) sont présentés comme répondant à 6 des genres décrits par Pappus (les Ier, VIe, XVe, XXVIIe, XXVIIIe et XXIXe); et 15 (propositions 1-6, 38, 40, 47, 48, 66, 67, et 74 qui renferme 3 Porismes) comme se rattachant aux Lemmes et au texte de Pappus. Des 8 autres, 4 sont des Porismes de Fermat, présentés sous la forme adoptée par Simson, et les 4 derniers sont empruntés de Mathieu Stewart.

II. — Définition des Porismes.

Simson dit que « la définition de Pappus étant trop générale, il la remplacera par une autre. » Il ne dit pas de laquelle des deux définitions il veut parler. Mais nous pensons que c'est de celle des Anciens. Dans cette opinion, que nous justifierons plus loin, nous mettrons d'abord sous les yeux du lecteur cette définition telle que Simson nous paraît l'entendre dans sa version du texte de Pappus :

« *Le Porisme est une proposition dans laquelle on a à chercher la chose proposée* (1). »

Cette chose, que l'on a à chercher, Simson l'appelle *donnée,* comme Pappus et Euclide.

Cela posé, voici sa propre définition du Porisme :

« Porisma est Propositio in qua proponitur demonstrare
» rem aliquam, vel plures datas esse, cui, vel quibus, ut et
» cuilibet ex rebus innumeris, non quidem datis, sed quæ
» ad ea quæ data sunt eandem habent rationem, convenire
» ostendendum est affectionem quandam communem in
» Propositione descriptam. »

Nous dirons, en cherchant à exprimer la pensée de l'auteur :

---

(1) « Dixerunt (Veteres), Theorema esse quo aliquid propositum est demonstrandum ; Problema vero, quo aliquid propositum est construendum ; *Porisma vero esse quo aliquid propositum est investigandum.* » (*De Porismatibus, etc.*, p. 347.)

Le Porisme est une proposition dans laquelle on demande de démontrer qu'une chose ou plusieurs sont données, *qui, ainsi que l'une quelconque d'une infinité d'autres choses non données, mais dont chacune est avec les choses données dans une même relation, ont une certaine propriété commune, décrite dans la proposition.*

La chose ou les choses qui sont *données*, c'est-à-dire qui sont des conséquences de l'hypothèse, peuvent être des grandeurs ou quantités, comme des lignes ou des nombres, ou bien ce peut être la position d'une ligne considérée comme *lieu*, ou bien encore la position d'un point par lequel passent une infinité de droites qui sont les choses variables, ou la position d'une courbe à laquelle sont tangentes toutes ces droites.

Cette définition de Simson comporte naturellement une forme d'énoncés particulière aux Porismes et qui caractérise ces propositions.

Cette forme technique, dont nous allons donner des exemples, est précisément celle des deux Porismes d'Euclide que Pappus nous a transmis complets.

III. — Exemples de Porismes conformes à la définition précédente.

I. Le Porisme complet cité par Pappus satisfait, dans son énoncé original, à la définition de Simson, puisqu'il s'agit de déterminer la position d'une droite et d'un point dont l'existence est annoncée.

II. Il en est de même du Porisme des quatre droites, et de la proposition générale de Pappus, puisque Simson admet que la chose à déterminer dans un Porisme peut être la position d'un *lieu* dont la nature est connue et annoncée dans l'hypothèse.

III. *Trois droites étant données de position, si de chaque point de l'une on abaisse des perpendiculaires* p, q, *sur les deux autres, on pourra trouver une ligne* a *et une raison* λ *telles, que la perpendiculaire* p *plus la ligne* a *sera à la perpendiculaire* q *dans la raison* λ.

C'est-à-dire qu'on aura toujours

$$\frac{p+a}{q}=\lambda.$$

IV. *Une droite étant donnée de position, et un cercle étant donné de grandeur et de position, il existe un point tel, que toute droite menée par ce point rencontre la droite et le cercle en deux points dont le produit des distances au point en question sera* donné.

V. *Si par deux points donnés on mène à un autre point deux droites telles, que leurs longueurs soient entre elles dans une raison donnée, ce point est situé sur une circonférence de cercle* donnée *de grandeur et de position.*

En d'autres termes, le lieu d'un point dont les distances à deux points fixes sont entre elles dans une raison donnée, est une circonférence de cercle.

Cette proposition est un *lieu*, conséquemment un *Porisme* (1).

VI. *Deux droites parallèles étant données de position, et sur ces droites deux points* A, B, *si l'on mène une troisième droite qui rencontre ces deux premières en deux points* m, m', *tels, que le segment* Am, *plus une ligne donnée* a, *soit au segment* Bm' *dans une raison donnée* λ, *c'est-à-dire que l'on ait* $\frac{Am+a}{Bm'}=\lambda$, *la droite* mm' *passera par un point* donné.

VII. *Deux couples de points* a, a' *et* b, b' *étant donnés sur une droite, il existe un autre point* O *sur cette droite et*

---

(1) Cette proposition se trouve parmi celles des lieux plans d'Apollonius, citées par Pappus. Eutocius la donne aussi comme exemple d'une proposition de *lieu* dans son Commentaire sur les *Coniques* d'Apollonius.

une ligne μ, *tels, que, quel que soit le point* m *que l'on prenne sur la même droite, la somme ou la différence des deux rectangles* ma.ma′, mb.mb′ *sera toujours égale au rectangle* μ.mO (1).

Dans chacune de ces propositions il faut *trouver* ce qui est annoncé ou *proposé;* ce sont donc des *Porismes*, conformément à la définition que Pappus attribue aux Anciens.

Ainsi nous avons pu dire que c'est cette définition que Simson a eue en vue et qu'il a prise pour base de sa doctrine des Porismes. Une autre raison suffirait encore pour montrer que telle a été l'intention de Simson : c'est qu'il approuve Pappus d'avoir censuré la définition des Modernes, comme nous le dirons dans le paragraphe suivant.

IV. — Opinion de Playfair sur les Porismes.

Playfair, professeur de Mathématiques à l'université d'Édimbourg, a traité la question des Porismes dans un Mémoire intitulé *On the origin and investigation of Porisms* (2), qu'on peut considérer comme faisant suite à l'ouvrage de Simson. Mais l'auteur s'y est proposé principalement de rechercher l'origine probable des Porismes, c'est-à-dire les vues qui ont pu conduire les anciens géomètres à ce genre de propositions. Il pense que, de même

---

(1) Dans la géométrie moderne où l'on donne des signes aux segments, ce Porisme s'exprime, d'une manière générale, par l'équation

$$ma.ma' - mb.mb' + \mu.mo = 0.$$

(V. *Géom. sup.* p. 153.)

Cette proposition a été connue des Anciens; on la trouve dans les Lemmes de Pappus sur le second livre de la *Section déterminée,* où elle est démontrée dans douze Lemmes (Propositions 45 à 56) à raison des différents cas auxquels donnent lieu les positions relatives des différents points de la figure.

(2) Lu à la Société royale d'Édimbourg, le 2 avril 1792, et inséré dans les Transactions de cette Société.

que ce sont les cas d'impossibilité ou de limitation des solutions, dans les problèmes, qui ont donné lieu aux questions de *maxima* ou *minima*, de même ce sont les cas où les problèmes deviennent indéterminés ou susceptibles d'un nombre infini de solutions, qui ont conduit à la doctrine des Porismes.

D'après cette idée, et trouvant la définition des Porismes de Simson fort obscure, il donne celle-ci :

Un Porisme est une proposition qui affirme la possibilité de trouver des conditions qui rendent un certain problème indéterminé ou susceptible d'un nombre illimité de solutions (1).

Il ajoute que cette théorie sur l'origine des Porismes, ou du moins la justesse des notions qui en dérivent, sont confirmées par les propres vues de Dugald Stewart : « Ce savant professeur, dit-il, dans un Essai sur le même sujet, lu devant la *Philosophical Society* il y a quelques années, définit le Porisme : *Une proposition affirmant la possibilité de trouver une ou plusieurs des conditions qui rendent un théorème indéterminé.* Il faut entendre par théorème indéterminé, un théorème qui exprime une relation entre certaines quantités déterminées et certaines autres qui sont indéterminées en grandeur et en nombre. »

Cette manière de considérer les Porismes, connue exclusivement sous le nom de Playfair, quoique, comme on voit, le célèbre philosophe écossais Dugald Stewart, alors professeur de Mathématiques (2), en ait eu le premier l'idée,

---

(1) From this account of the origin of Porisms, it follows, that a Porism may be defined, *A proposition affirming the possibility of finding such conditions as will render a certain problem indeterminate, or capable of innumerable solutions.*

(2) Dugald Stewart, nommé d'abord suppléant, en 1772, de Matthew Stewart, son père, dans la chaire de mathématiques d'Édimbourg, réunit à cet enseignement, en 1778, la suppléance d'Adam Ferguson dans la chaire de Philosophie morale. Il lui arrivait dans le même temps de joindre bénévo-

a été adoptée par la plupart des géomètres qui ont adhéré à la divination de Simson sur la forme des énoncés des Porismes. Ainsi J. Leslie, dans sa *Geometrical Analysis*, dit : « *Le Porisme a pour objet de démontrer qu'on peut trouver une ou plusieurs choses telles, qu'une certaine relation déterminée ait lieu entre ces choses et une infinité d'autres assujetties à une loi donnée.*

» *La nature du Porisme consiste à affirmer la possibilité de trouver des conditions qui rendent un problème indéterminé, c'est-à-dire susceptible d'une infinité de solutions* (1). »

Disons tout de suite ici que, malgré l'assentiment assez général qu'a obtenu l'idée de Playfair, elle ne nous paraît pas fondée.

En effet, la recherche des conditions qui rendent un problème indéterminé conduit à certaines relations entre les données de la question, et il peut résulter de là un théorème : mais c'est un théorème ordinaire, c'est-à-dire dans l'énoncé duquel il ne reste rien d'inconnu. Ce théorème peut sans doute, comme tout autre, être transformé en un Porisme, ainsi que nous l'expliquons plus loin (§ VI, 11) :

---

lement à ces doubles fonctions l'enseignement de l'astronomie, et même de la langue grecque et des belles-lettres, par obligeance pour ses collègues. Devenu professeur titulaire de Mathématiques, en 1785, à la mort de son père, il ne tarda pas à échanger cette chaire contre celle de Philosophie que résignait Ferguson, et qui convenait mieux à ses admirables et rares talents de parole. Dès lors, il ne remplit plus qu'une chaire et il se livra exclusivement à l'étude des questions de philosophie, dans lesquelles il devait apporter avec tant de succès et d'éclat, les procédés de raisonnement des sciences mathématiques.

(1) A *Porism* proposes to demonstrate that one or more things may be found, between which and innumerable other objects assumed after some given law, a certain specified relation is to be shown to exist.

The nature of a Porism consists in affirming the possibility of finding such conditions, as will render a problem indeterminate, or capable of innumerable solutions.

mais il est à croire, il nous paraît même certain, que le théorème s'est présenté à l'esprit du géomètre avant le Porisme qui n'en est qu'un corollaire ou une expression différente.

En d'autres termes, la forme d'énoncé qui caractérise le Porisme n'est pas la conséquence immédiate ni nécessaire de la discussion d'un problème.

Il semble donc que la manière de concevoir l'origine du Porisme proposée par Playfair n'est pas fondée.

Assurément Euclide n'a pas eu besoin de résoudre des problèmes pour former ses 171 Porismes; il lui a suffi de prendre des théorèmes et d'en changer la forme. Ce qu'il a fait dans une vue tout autre que celle d'exprimer les conditions qui rendent un problème indéterminé.

Il faut observer d'ailleurs que non-seulement la recherche des conditions qui rendent un problème indéterminé ne conduit pas immédiatement ni nécessairement à un Porisme, mais qu'en outre on n'aperçoit point, en général, dans un Porisme le problème qui aurait donné lieu, par cette recherche des conditions d'indétermination, à ce Porisme.

§ VI. — Réflexions sur quelques passages de Pappus. — Éclaircissements sur la nature et l'origine des Lieux et des Porismes. — Différence et point de contact entre les Porismes et les Corollaires. — Accord des deux définitions des Porismes, sauf l'insuffisance de la seconde.

I. — Différences entre le *théorème local*, le *lieu* et le *problème local*. — Origine des *Lieux*.

Pappus, comme nous l'avons vu (§ III), dit que les *Lieux* sont des *Porismes*. Or à l'égard des *Lieux* il n'y a pas de mystère; la forme de leurs énoncés nous est parfaitement connue par les nombreuses propositions des *Lieux plans* d'Apollonius que Pappus nous a transmises.

Les *Lieux* doivent donc nous offrir les moyens de vérifier la définition donnée précédemment des Porismes et de rechercher, jusqu'à un certain point, la nature de ces propositions. Pour cela nous allons préciser les différences et les points de contact qui nous paraissent exister entre le *théorème local*, *le lieu* et *le problème local*.

Le *théorème local* est une proposition qui exprime une propriété commune à tous les points d'une même ligne, droite ou courbe, complétement définie. Exemple :

Étant pris sur le diamètre AB *d'un cercle deux points* C, D *tels, que l'on ait la relation* $\frac{CA}{CB} = \frac{DA}{BD}$, *les distances de chaque point* m *de la circonférence à ces deux points sont entre elles dans le rapport constant* $\frac{CA}{DA}$.

Le *lieu* est une proposition dans laquelle on dit que tels points soumis à une même loi connue, sont sur une ligne (droite, circulaire ou autre) dont on énonce la nature, et dont il reste à trouver la grandeur et la position. Exemple :

Deux points étant donnés, ainsi qu'une raison, le lieu d'un point dont les distances à ces deux points sont entre elles dans cette raison, est une circonférence de cercle donnée de grandeur et de position.

Enfin dans le *problème local* ou question de *lieu*, on demande de trouver la nature, la grandeur et la position d'un *lieu*, c'est-à-dire la courbe, lieu commun d'une infinité de points soumis à une loi commune. Exemple :

Deux points étant donnés, ainsi qu'une raison λ, *quel est le lieu d'un point dont les distances à ces deux points sont entre elles dans la raison* λ ?

La solution, ou réponse à la question, constitue une vérité complète, c'est-à-dire un théorème, qui est ici le théorème *local* que nous venons de citer.

Ces exemples suffisent pour établir la distinction précise

et les points de contact qui existent entre les trois propositions qui se rapportent aux *lieux :* le *théorème local,* le *lieu* proprement dit, et le *problème local.*

Le *lieu* est différent du *théorème local* et du *problème local;* mais il participe de l'un et de l'autre, puisqu'on s'y propose de démontrer une vérité énoncée, savoir que tel point soumis à une loi connue est, par exemple, sur un cercle, ce qui constitue un *théorème,* et qu'il faut en outre déterminer la grandeur et la position de ce cercle, ce qui touche au *problème.*

Origine des Lieux. — Un théorème provient toujours de plusieurs autres propositions dont il est une déduction, mais avec lesquelles il n'a pas en général de ressemblance ou de connexion apparente.

La solution d'un problème résulte, comme la connaissance d'un théorème, de raisonnements formés sur plusieurs vérités connues; et cette solution constitue, au fond, un théorème.

Une proposition appelée *lieu* résulte, en général, soit d'un théorème connu avec lequel ce *lieu* a des rapports manifestes, soit de la solution d'un problème, solution qui, comme nous venons de le dire, équivaut à un théorème.

Le *lieu* exprime donc la même chose que le théorème, mais d'une manière moins explicite et qui laisse quelque chose à compléter.

Telle nous paraît être la seule origine que nous puissions attribuer aux propositions qui par leur forme sont des *lieux.*

II. — Différences entre les *Porismes,* les *Théorèmes* et les *Problèmes.* — Comment les *Lieux* sont des *Porismes.* — Origine des *Porismes.* — De la signification qu'Euclide a voulu attribuer au terme *Porisme.* — Rapprochement entre les *Porismes* et les *Corollaires.*

Pappus dit que les Porismes ne sont, quant à la forme, ni des théorèmes, ni des problèmes; qu'ils constituent un genre intermédiaire; mais que parmi beaucoup de géomètres, les uns les regardent comme des théorèmes et d'autres comme des problèmes.

On conclut de là que les Porismes devaient participer tout à la fois des théorèmes et des problèmes, puisque beaucoup de géomètres s'y méprenaient, ou du moins se croyaient en droit de ne pas les distinguer de ces deux sortes de propositions.

Or les Porismes, entendus selon la définition de Simson, dont nous avons donné ci-dessus des exemples (§ V, III), satisfont à cette condition, c'est-à-dire qu'ils ont le double caractère des théorèmes et des problèmes.

En effet, les théorèmes sont des propositions où l'on doit démontrer une vérité connue et énoncée.

Les problèmes sont des propositions où l'on a à découvrir une chose inconnue.

Et les Porismes sont des propositions où l'on a tout à la fois à *démontrer* une vérité énoncée et à *trouver* la qualité ou la manière d'être, comme la grandeur ou la position, de certaines choses mentionnées dans l'énoncé de cette vérité.

D'après cette manière de concevoir le Porisme, qui est le commentaire rigoureux de la définition de Simson, on peut dire que le Porisme participe du théorème et du problème. Ce qui s'accorde avec ce que rapporte Pappus des opinions différentes des géomètres de son temps.

A notre sens, le Porisme se rapproche plus du théorème que du problème; car il faut, comme dans le théorème, *démontrer* une vérité énoncée; et quant à la chose à *trouver*, elle n'est pas absolument inconnue comme dans le problème proprement dit; elle se rapporte à la vérité énoncée, elle en est une conséquence qui le plus souvent résulte de la démonstration même, sans exiger aucune recherche.

Comment les Lieux sont des Porismes. — Le double caractère du *Porisme*, de participer du théorème et du problème, c'est-à-dire d'avoir *à démontrer* et *à trouver*, est précisément aussi le caractère des *Lieux*, comme nous l'avons vu ci-dessus. Nous sommes donc amené à conclure que les *Lieux* sont des *Porismes*, lors même que nous ne saurions pas que Pappus le dit formellement.

Origine des Porismes. — Il y a encore sur un autre point une identité parfaite entre les *Porismes* et les *Lieux* : nous voulons parler de l'origine même des uns et des autres. En effet, ce que nous avons dit précédemment de l'origine des *Lieux* s'applique de soi-même aux Porismes. Un Porisme est la conséquence d'un théorème ou de la solution d'un problème, qui elle-même constitue un théorème. Le Porisme exprime la même chose que le théorème dont il se déduit, mais sous une autre forme et d'une façon moins complète et qui laisse quelque chose à déterminer.

L'exemple que nous avons donné d'un *lieu* comparé au *théorème local* auquel il se rapporte, s'applique aux Porismes de même qu'aux Lieux. Ainsi nous conclurons que l'origine d'un Porisme est un théorème proprement dit.

La transformation des théorèmes en Porismes tendait à simplifier les énoncés des propositions en les débarrassant de certaines déterminations complémentaires qui n'étaient pas toujours nécessaires. On reconnaîtra, je pense, dans cette conception la sagacité d'Euclide et sa profonde intelligence des besoins de la science, quand nous aurons dit, dans un des paragraphes suivants, combien ses Porismes touchent de près, par leur forme même, à celle de la plupart des propositions de la géométrie moderne.

De la signification qu'Euclide a voulu attribuer au terme Porisme. — *Rapprochement entre les* Porismes *et les* Corollaires. — Euclide exprime par le même mot πορισμα les *corollaires* des Eléments et les propositions de ses trois livres de Porismes. Pour les *corollaires*, le terme grec, dont la signification d'après Proclus serait ici *gain*, *acquisition* (V. ci-dessous § VII, VI), est bien choisi. Mais pour les propositions dont il s'agit, le sens qu'il faut attribuer à ce terme πορισμα a toujours été une énigme; parce que n'ayant pas une idée précise de la nature intime des Porismes, on ignorait surtout l'origine de ces propositions.

Il nous semble que les considérations précédentes jettent enfin du jour sur cette question; car elles conduisent à un rapprochement naturel entre les Porismes et les corollaires, ces propositions si différentes au fond.

En effet, d'une part, les *corollaires* sont des propositions qui se concluent immédiatement soit de l'énoncé d'un théorème, soit d'un passage de la démonstration de ce théorème, soit d'un raisonnement qui a conduit à la solution d'un problème. Mais, en général, ces corollaires constituent des propositions différentes des théorèmes d'où on les conclut, et dont ils ne sont pas la reproduction sous une autre forme, comme on le voit, par exemple, dans les *Éléments* d'Euclide (1).

D'autre part, les Porismes prennent leur origine dans des théorèmes déjà connus, mais dont on change la forme pour en faire des Porismes; de sorte qu'on peut dire que les Porismes sont des conséquences immédiates de théorèmes; qu'ils en sont une sorte de corollaires.

Telle a pu être la raison qui a porté Euclide à donner

---

(1) *Exemples.* Euclide, après avoir démontré que la perpendiculaire menée du sommet de l'angle droit d'un triangle rectangle sur l'hypoténuse divise le triangle en deux triangles semblables, ajoute, sous le titre de *corollaire*. « Il suit de là que dans un triangle rectangle la perpendiculaire menée de » l'angle droit sur la base est moyenne proportionnelle entre les segments » de la base, et que chaque côté de l'angle droit est moyen proportionnel » entre la base et le segment qui lui est contigu. » (Liv. VI, prop. 8.)

A la suite de ce problème : « Trouver le centre d'un cercle », qui forme la 1re proposition du Livre III, on trouve ce corollaire : « De là il suit évi- » demment que si, dans un cercle, une corde en coupe une autre en deux » parties égales, en faisant avec elle deux angles droits, le centre du cercle » est placé sur la corde sécante. »

à ce nouveau genre de propositions qu'il introduisait dans la Géométrie, le nom même des corollaires de ses Éléments.

Mais en constatant cette analogie partielle et secondaire entre les Porismes et les corollaires, répétons qu'il existe entre les deux genres de propositions une différence fondamentale. Les corollaires, qui sont, comme le dit Proclus, un gain trouvé en passant et dont profite le géomètre, diffèrent, en général, des théorèmes qui ont procuré ce gain, et sont des propositions de même forme; tandis que les Porismes, sous une autre forme qui leur est propre, ne sont que les théorèmes qui les ont produits. Ce sont, si l'on veut, des corollaires, mais d'un autre ordre que les corollaires proprement dits.

III. — Explication de la seconde définition des Porismes. — Accord des deux définitions. — Dans quel sens il faut entendre le blâme de Pappus à l'égard de la seconde. — Origine de cette définition.

Pappus, après avoir donné la définition des Porismes des Anciens, en fait connaître une seconde introduite plus tard.

Il dit que des géomètres modernes, nonobstant la définition ancienne et les propositions mêmes, donnèrent des Porismes, d'après une circonstance particulière, cette définition : *Ce qui constitue le Porisme est ce qui manque à l'hypothèse d'un théorème local*; en d'autres termes : *le Porisme est inférieur, par l'hypothèse, au théorème local.*

Cette brève définition, à laquelle Pappus n'ajoute aucun développement, paraît signifier que : Quand quelques parties d'une proposition *locale* n'ont pas dans l'énoncé de la proposition la détermination, de grandeur ou de position, qui leur est propre et qui se trouverait dans l'énoncé d'un théorème local proprement dit, cette proposition n'est pas regardée comme un *théorème* et devient un *Porisme.*

Prenons pour exemple ce *théorème local* déjà cité :

Un point C *étant donné sur le diamètre* AB *d'un cercle, si l'on prend un second point* D *tel, que l'on ait* $\frac{CA}{CB}=\frac{DA}{DB}$, *les distances de chaque point de la circonférence à ces deux points seront entre elles dans le rapport* $\frac{CA}{DA}$.

Que l'on n'indique pas la position du point D, ni la valeur du rapport des distances de chaque point de la circonférence aux deux points C et D, on pourra encore exprimer la même proposition, mais sous un énoncé très-différent qui en change le caractère, savoir :

Un point C *étant donné sur le diamètre* AB *d'un cercle, on pourra trouver un second point* D *et une raison* λ *tels, que le rapport des distances de chaque point de la circonférence au point* C *et à ce point* D *sera égal à la raison* λ.

C'est là un *Porisme* conforme à la définition des Anciens, puisqu'il faut *trouver* ce qui est annoncé comme conséquence de l'hypothèse, savoir la position du point D et la valeur de la raison λ.

Ce *Porisme* diffère du *théorème local* en ce que ces deux choses qu'il faut trouver sont déterminées de position et de grandeur dans le théorème.

Il satisfait donc à la seconde définition des Porismes. De sorte que les deux définitions n'ont rien de contradictoire.

Cependant Pappus semble dire que « les géomètres modernes qui ont introduit dans la géométrie leur définition auraient dû être arrêtés par la définition ancienne et par les propositions mêmes. »

On est induit à conclure de ces paroles que la définition moderne impliquait quelque idée ou quelque condition que ne comportait pas la première. Et, en effet, Pappus ajoute que « cette définition est fondée sur une circonstance accidentelle » ; ce qui signifie qu'elle ne s'applique qu'à une classe de Porismes.

On reconnaît sans difficulté cette circonstance : c'est que la définition implique l'idée ou la condition d'une proposition *locale;* de sorte qu'elle ne s'applique qu'aux Porismes qui se rapportent à de telles propositions, comme les Porismes I, II, III, IV, V précédents (§ V), et qu'elle exclut conséquemment un grand nombre d'autres Porismes, comme les VIe et VIIe.

C'est ainsi que Simson a entendu le blâme de Pappus et le défaut de la définition des Modernes; blâme qu'il approuve(1).

Les deux définitions des Anciens et des Modernes ne sont donc point contradictoires, à part le défaut de généralité de la seconde.

Cet accord devait se présumer. Car Pappus ne dit pas que la nouvelle définition fût la base d'une nouvelle sorte ou d'un nouveau genre de Porismes, loin de là : il dit formellement, au commencement de sa Notice, qu'on n'a pas ajouté de Porismes nouveaux à ceux d'Euclide. La définition des Modernes se rapportait donc à une classe des Porismes d'Euclide, et, dans cette limite, ne pouvait avoir rien d'inexact et devait s'accorder avec l'ancienne.

Une raison bien simple a pu donner lieu à la nouvelle définition. Quelques géomètres, voulant traiter succinctement, soit dans leurs leçons, soit dans leurs livres, de la doctrine des Porismes, auront fait un choix de propositions appropriées à leur enseignement et les auront prises dans l'ouvrage d'Euclide parmi celles qui se rapportaient aux *lieux,* parce que les *lieux plans* (*lieux* à la droite et au cercle) formaient les premières matières cultivées à la suite des *Éléments* proprement dits. Dès lors ces géomètres ont

---

(1) Ex his exemplis manifestum est multa esse Porismata quæ a Theoremate Locali hypothesi deficiunt, alia autem quæ ex Locis nullatenus pendent. Merito igitur juniores Pappus reprehendit, quod Porisma ex accidente definiverunt, ex quadam sc. re quæ quibusdam quidem non omnibus Porismatibus inest. » (*Opera quædam, etc.*, p. 344.)

dû approprier la définition des Porismes d'une manière précise mais restreinte, à cette classe particulière de Porismes qui se rapportent aux *Lieux*, sans être nécessairement eux-mêmes des *Lieux*. Telle nous paraît être l'origine de cette définition dont Pappus a fait mention pour en signaler l'insuffisance.

§ VII. — Analogie entre les *Porismes* et les *Données* d'Euclide. — Identité d'origine de ces deux classes de Propositions. — Traité des Connues géométriques du géomètre arabe Hassan ben Haithem. — Notice de Proclus sur les Porismes. — Passages de Diophante.

I. — Analogie entre les Porismes et les Données.

Il existe entre les *Porismes* et les *Données* une analogie profonde, à laquelle il ne paraît pas que l'on ait fait attention, et dont cependant il nous semble qu'il faut se pénétrer pour entendre dans son sens primordial et le plus intime la doctrine des Porismes.

Nous trouvons cette analogie sous toutes les faces que présente la question. Elle existe non-seulement dans la pensée d'où dérivent les deux classes de propositions, mais aussi dans leur but commun, dans les définitions qui leur sont propres et dans la forme même de leurs énoncés (1). Quelques éclaircissements vont nous en convaincre.

Les *Données* sont des propositions dans lesquelles une ou plusieurs des choses dont il est question n'ont pas, dans

---

(1) Il m'a paru, depuis longtemps, que c'était là le véritable point de vue sous lequel il fallait considérer les Porismes. Cette opinion se trouve dans l'*Aperçu historique*, en ces termes : « La conception des *Porismes* nous paraît dériver de celle des *Données* : telle a été, selon nous, son origine dans » l'esprit d'Euclide. — Les *Porismes* étaient, par rapport aux propositions » *locales*, ce que les *Données* étaient par rapport aux simples théorèmes des » *Éléments*. De sorte que les *Porismes* formaient avec les *Données* un *complément* des *Éléments* de Géométrie, propre à faciliter les usages de ces » Éléments pour la résolution des problèmes. » (*Aperçu, etc.*, p. 275.)

l'énoncé de la proposition, la détermination, de grandeur ou de position, qui leur est propre en vertu de l'hypothèse, détermination qui se trouverait dans l'énoncé d'un théorème proprement dit.

La proposition consiste à affirmer que cette détermination est comprise implicitement dans l'hypothèse, qu'elle en est une conséquence nécessaire et qu'on peut l'effectuer. C'est ce qu'Euclide exprime en disant que la chose annoncée est *donnée ;* il faut entendre *est donnée virtuellement*, c'est-à-dire est comprise implicitement dans l'hypothèse et peut s'en déduire.

Par exemple, prenons la proposition 6 du livre des *Données*, que nous exprimerons ainsi en langage moderne :

Si deux grandeurs a *et* b *ont entre elles une raison donnée* λ, *la grandeur composée des deux aura avec chacune d'elles une raison* donnée.

Si Euclide eût voulu faire de cette proposition un *théorème* proprement dit, il aurait indiqué dans l'énoncé la valeur de la raison de la somme $(a+b)$ à chacune des deux grandeurs a et b, savoir : $\frac{\lambda+1}{\lambda}$ pour $\frac{a+b}{a}$, et $(\lambda+1)$ pour $\frac{a+b}{b}$.

D'après ces remarques, on peut dire que les propositions appelées *Données* par Euclide étaient des théorèmes *non complets*, en ce qu'il y manquait la détermination, en grandeur ou en position, de certaines choses annoncées comme conséquence de l'hypothèse.

Ce caractère spécial des *Données* est accusé par la forme même de leurs énoncés qui se terminent toujours, comme dans l'exemple ci-dessus, par cette affirmation, que *telle chose est donnée*.

Les Porismes peuvent aussi être considérés comme des théorèmes *non complets*. Car la détermination des choses qu'on demande de trouver complétera le théorème, c'est-à-dire qu'on obtiendra une proposition dans laquelle toutes choses auront la détermination, de grandeur et de position, qui leur appartient.

Les *Porismes* ont encore avec les *Données* une autre analogie manifeste. C'est la forme de leurs énoncés, où il est toujours dit que *telles choses sont données de grandeur ou de position.*

Cette forme se trouve dans les *Lieux plans* d'Apollonius dont Pappus nous a conservé les énoncés et qui sont des Porismes, comme il le dit expressément : elle se trouve dans le Porisme complet, énoncé le premier de ceux qui se rapportent au Ier livre d'Euclide, lequel n'est pas un *lieu*, et semble présenter, à beaucoup d'égards, le type général des Porismes. On reconnaît la même forme technique dans tous les autres énoncés de Porismes donnés par Pappus, bien que ces énoncés concis n'expriment que les conséquences d'hypothèses sous-entendues (1).

Ainsi il ne peut exister aucun doute sur l'identité de contexture des énoncés tant des *Porismes* que des *Données.*

Enfin la définition ancienne des *Porismes* convient aux *Données*, puisque dans celles-ci, comme dans les Porismes, l'objet de la proposition est de *trouver ce qui est annoncé.*

Ces considérations concourent toutes à nous autoriser à regarder les Porismes comme dérivant, dans l'esprit d'Euclide, de la conception même des *Données.*

Ce genre de théorèmes *non complets*, comme nous l'avons dit, n'est appliqué dans le livre des *Données* qu'aux théorèmes ordinaires tels que ceux des *Éléments.* Euclide a voulu l'étendre, dans les *Porismes*, aux propositions *locales*, et plus généralement aux propositions où l'on considère

---

(1) On trouve les mêmes formes d'énoncés dans des propositions de nombres appelées *Porismes* par Diophante, comme nous le dirons plus loin.

des choses variables suivant une même loi, comme, par exemple, des droites qui passent par un même point, ou qui enveloppent un cercle ou une autre courbe.

II. — Traité des Connues géométriques d'Hassan ben Haithem.

Les mathématiques arabes nous offrent à ce sujet un document d'un grand intérêt, qui prouve qu'en effet à une certaine époque on a considéré les *Données*, les *Lieux* et les *Porismes* comme formant un même genre de propositions qu'on pouvait réunir sous un même titre. Du moins, il existe un ouvrage arabe intitulé : *Traité des Connues géométriques*, qui est un recueil de propositions ayant toutes la même forme d'énoncés, et qui sont des *Données* proprement dites, des *Lieux* ou des *Porismes*. Seulement le terme *donné*, employé par les Grecs dans ces trois genres de propositions, est remplacé dans cet ouvrage par celui de *connu*.

Ainsi, l'on y lit que telle droite est *connue* de grandeur et de position; que tel point (variable) est sur un cercle *connu* de grandeur et de position ; que le rapport de telle droite (variable) à telle autre, ou de tel rectangle (variable) à tel carré, est un rapport *connu*, etc.; propositions qui manifestement sont ou des *données* comme celles d'Euclide, ou des *lieux* comme ceux d'Apollonius, ou des *Porismes* comme ceux d'Euclide d'après le sens que nous avons attribué à la Notice de Pappus, conformément au sentiment de Simson (1).

Le titre unique de *Connues géométriques* appliqué par l'auteur à ces trois classes de propositions que les Grecs distinguaient sous les trois noms différents de *Données*, *Lieux* et *Porismes*, prouve qu'il les considérait toutes trois

(1) Nous donnons plus loin les énoncés mêmes de quatre propositions du Livre des *Connues géométriques*, dans lesquelles nous reconnaissons des Porismes.

comme étant du même genre ou dérivant d'une même idée (1).

Cet ouvrage arabe, dont on doit la connaissance et la traduction au savant orientaliste M. L. A. Sédillot, est du géomètre et astronome Hassan ben Haithem, qui florissait vers l'an 1009 et mourut au Caire en 1038 (2).

III. — Définition des Porismes tirée de Proclus.

Deux autres faits qui ont de l'analogie avec celui que vient de nous offrir le *Traité des Connues géométriques*, et que nous puisons chez les Grecs mêmes, dans Diophante et dans Proclus, contribueront encore à corroborer notre sentiment sur l'origine des Porismes et leur analogie avec les Données.

Citons d'abord Proclus, dont le texte que nous avons à invoquer est bien connu, mais a toujours paru fort obscur et n'a pas été entendu dans le sens que nous devons lui donner.

Il s'agit de la Notice sur les *Porismes* d'Euclide, que le célèbre philosophe platonicien a insérée dans son commentaire sur le Ier Livre des *Éléments*. Il dit que ces Porismes sont un genre de propositions où il y a quelque chose à trouver, et qui n'ont pas pour objet, cependant, ni une simple construction, ni une simple démonstration.

---

(1) Il est permis d'espérer que si enfin l'on explorait les manuscrits arabes qui existent encore en grand nombre dans plusieurs grands dépôts, notamment dans la bibliothèque de l'Escurial, on trouverait dans d'autres ouvrages, comme dans celui de Hassan ben Haithem, des traces de la doctrine des Porismes qui seraient d'un véritable intérêt. On ne doutera pas, en effet, que les manuscrits sur lesquels Casiri a donné des notices précieuses dans son grand ouvrage (*Bibliotheca arabico-hispana Escurialensis*) ne puissent contenir souvent plusieurs autres pièces confondues sans titres distincts, et que ce savant auteur n'a pas décrites.

(2) V. *Nouveau journal asiatique*; mai 1834. Et *Matériaux pour servir à l'histoire comparée des sciences mathématiques chez les Grecs et les Orientaux*. Paris, 1845, t. Ier, p. 378-400.

Il revient plus loin sur la même idée en ajoutant que les Porismes tiennent, en quelque sorte, le milieu entre les problèmes et les théorèmes ; qu'en effet il ne s'agit pas, dans ces propositions, de choses que l'on ait à construire ou à considérer théoriquement, mais de choses qu'il faut prendre et montrer aux yeux ; c'est-à-dire dont il faut déterminer la manière d'être, telle que la position ou la grandeur.

On peut reconnaître, nonobstant la concision et l'obscurité de cette sorte de définition, qu'elle concorde avec celle des Anciens rapportée par Pappus et entendue dans le sens bien défini que nous lui avons donné. Cet accord forme déjà une présomption favorable à notre système sur la doctrine des Porismes.

Mais ce qui nous paraît surtout offrir de l'intérêt ici, c'est que Proclus cite, comme exemples de Porismes, deux propositions sous forme de problèmes, lesquelles ne sont que de simples *données*, car les voici : *Un cercle étant donné, trouver son centre. Deux grandeurs commensurables étant données, trouver leur plus grande commune mesure.*

Il est évident que dans chacune de ces questions, la chose demandée est une conséquence implicite de l'hypothèse ; ce qui est le caractère des *Données*. Or il n'y a rien de variable dans ces propositions ; elles sont donc de celles qui appartiennent à la classe des *Données* proprement dites. Ainsi quand Proclus les cite comme exemples des *Porismes* d'Euclide, on doit nécessairement en conclure qu'il a considéré ces *Porismes* comme des propositions du même genre que les *Données*, de même que l'a fait, 500 à 600 ans plus tard, le géomètre arabe Hassan ben Haithem.

C'est surtout le rapprochement entre ces deux faits qui nous a mis sur la voie de l'explication qui nous semble maintenant si naturelle, du passage de Proclus dont l'interprétation avait toujours paru fort difficile.

IV. — Porismes cités par Diophante.

Diophante ne parle pas expressément des Porismes, comme Proclus, et n'a pas à les définir. Mais il cite dans ses *Questions arithmétiques,* sous le titre de *Porismes*, des propositions extraites d'un ouvrage, apparemment d'un *Recueil de Porismes,* qui ne nous est pas parvenu.

Ces propositions, auxquelles je crois que l'on n'avait jamais fait attention, du moins à titre de *Porismes* dans le sens d'Euclide, avant que nous les eussions signalées dans l'*Aperçu historique,* se rapportent aux propriétés des nombres; et ce qui a de l'intérêt ici, c'est que, sous le nom de *Porismes,* elles ont dans leurs énoncés la forme des *Données,* la même que nous attribuons aux *Porismes.*

Faisons remarquer d'abord, d'une manière générale, qu'effectivement la plupart des propositions de la théorie des nombres peuvent être considérées comme des *Données.* Car elles expriment que telle fonction de tels nombres, ou telle relation entre tels nombres, donne lieu à telle autre relation; en d'autres termes, que telle relation est une conséquence implicite de telle autre.

Par exemple l'identité

$$(a^2 + b^2)(\alpha^2 + 6^2) = (a\alpha \pm b6)^2 + (a6 \mp b\alpha)^2;$$

si on l'énonce textuellement, sera un théorème proprement dit, ou théorème complet. Mais si, sans préciser la composition des deux carrés qui forment le second membre, on dit simplement que : *Le produit de la somme de deux carrés par la somme de deux autres carrés s'exprime de deux manières par la somme de deux carrés,* cet énoncé aura une certaine analogie avec ceux des *Données.*

Il en est de même des propositions suivantes :

Le produit de deux nombres donnés s'exprime par la

différence des carrés de deux autres nombres, divisée par 4.

Tout nombre premier de la forme $4n+1$ *s'exprime par la somme de deux carrés.*

Le produit de la somme de quatre carrés par la somme de quatre autres carrés s'exprime par la somme de quatre carrés.

Etc., etc.

Toutes ces propositions sont des théorèmes non complets, dans le sens que nous entendons, de même que les Données et les Porismes.

Revenons aux Porismes cités par Diophante. Ils se trouvent dans les Questions III, V et XIX du Ve Livre.

On lit dans la Question III : « Puisqu'on a dans les » Porismes : *Si deux nombres sont tels, que chacun d'eux* » *augmenté d'un même nombre donné soit un carré et* » *que leur produit augmenté du même nombre soit aussi* » *un carré, ces nombres proviennent de deux carrés* » *consécutifs.* »

C'est-à-dire que G étant un nombre donné, si deux autres nombres A, B, sont tels, qu'on ait

$$A+G=\text{carré},$$
$$B+G=\text{carré};$$
$$AB+G=\text{carré},$$

les deux nombres A, B proviennent de deux carrés consécutifs.

En effet, prenant arbitrairement un nombre a tel, que a^2 soit $>G$, il suffit de prendre ensuite $A=a^2-G$ et $B=(a+1)^2-G$. Car il en résulte

$$A+G=a^2,\quad B+G=(a+1)^2,$$
$$AB+G=[a(a+1)-G]^2.$$

Tel est le sens que comporte l'énoncé de Diophante, qui

de nos jours peut paraître quelque peu obscur, puisqu'il n'y est pas dit comment les nombres proviennent ou sont formés de deux carrés consécutifs.

Si cet énoncé ne présente pas au premier aspect une analogie suffisante avec les *Données*, on voit aussitôt que la proposition, tout en restant la même, reçoit le caractère d'une *Donnée* ou d'un *Porisme*, en admettant l'énoncé suivant : *Deux carrés consécutifs étant donnés, ainsi qu'un nombre, on peut trouver deux autres nombres tels, que chacun d'eux et leur produit, augmentés du nombre donné, soient des carrés.*

Dans la Question V, Diophante dit : « On a encore dans » les Porismes : *Étant donnés deux nombres carrés con-* » *sécutifs, on peut trouver un troisième nombre égal au* » *double de la somme de ces deux premiers plus 2, tel,* » *que le produit de deux de ces nombres augmenté, soit de* » *la somme des deux mêmes, soit du troisième nombre,* » *fasse un carré.* »

C'est-à-dire que si A et B sont deux carrés consécutifs et qu'on forme le nombre $C = 2(A + B) + 2$, chacun des six autres nombres

$$[AB + (A + B)], \quad [AB + C],$$
$$[AC + (A + C)], \quad [AC + B],$$
$$[BC + (B + C)], \quad [BC + A],$$

sera un carré.

Cet énoncé constitue un théorème *non complet*, puisqu'on n'y donne pas la forme des six carrés dont on annonce l'existence.

Cette proposition a donc de l'analogie avec les *Données* et les *Porismes*, comme les précédentes.

Il en est de même encore de la proposition suivante, qu'on trouve dans la Question XIX : « Nous avons dans les Po-

» rismes : *La différence de deux cubes est égale à la » somme de deux autres cubes.* »

Ces propositions ne sont pas les seules de leur genre que renferme l'ouvrage de Diophante ; on en trouve de semblables dans diverses autres Questions, sans que l'auteur annonce qu'elles soient prises du Recueil des *Porismes*.

Par exemple :

« Le produit des carrés de deux nombres consécutifs, » plus la somme de ces deux carrés, fait un nombre carré » (Question XVII du Livre III). C'est le premier cas de la proposition citée comme *Porisme* dans la Question V.

» Si un nombre est le quadruple moins 1 d'un autre, » celui-ci, plus le produit des deux nombres, fait un carré » (Question XX du même Livre).

» Le carré de la différence de deux nombres, plus le qua- » druple de leur produit, est un carré (Question XX du » Livre IV).

» Tout nombre triangulaire multiplié par 8 et augmenté » de l'unité fait un carré (Question XLIV du même Livre).

» Deux nombres dont l'un est double de l'autre étant » donnés, le double de leur produit est un carré, et ce dou- » ble produit moins la différence des carrés des deux nom- » bres forme aussi un carré (Question XII du Livre VI). »

Ainsi, nous pouvons dire qu'il existait au temps de Diophante, outre ses célèbres *Questions arithmétiques,* dont il ne nous reste que six livres sur douze, un autre ouvrage sur le même sujet, recueil de propositions sur la théorie des nombres, que Diophante appelle *Porismes;* que ces propositions étaient des théorèmes non complets, dans lesquels il restait à trouver l'expression ou la valeur des choses annoncées, comme dans les Données; que, puisque Diophante les appelle *Porismes,* on est induit à penser que, sans être les mêmes que les Porismes géométriques d'Euclide, ils appartenaient au même genre de propositions, ayant les uns et les autres le même caractère propre; que les Porismes d'Euclide étaient donc aussi des théorèmes non complets et semblables dans leur forme aux Données, ainsi que nous pensons l'avoir déjà prouvé par d'autres considérations.

En résumé, les passages de Diophante nous paraissent fournir un nouvel argument en faveur de notre système sur la doctrine des Porismes (1).

V. — Propositions du *Traité des Connues géométriques* de Hassan ben Haithem conformes aux Porismes.

Proposition XVIII. *Lorsque deux cercles connus de grandeur et de position sont tangents, et que l'un est dans l'intérieur de l'autre, si l'on mène une droite qui coupe les deux cercles d'une manière quelconque, le produit des segments faits par un point du petit cercle sur la partie de cette droite comprise dans le grand cercle est au carré de la droite menée du point du petit cercle au point de tangence des deux cercles, dans un rapport* connu.

Proposition XIX. *Lorsque deux cercles connus sont tangents et que l'un est dans l'intérieur de l'autre, si l'on mène au petit cercle une tangente dont l'extrémité (autre que le point de tangence) soit à la circonférence du grand cercle, et qu'on joigne par une ligne droite cette extrémité au point de tangence des deux cercles, le rap-*

(1) On sait que les Arabes ont travaillé sur l'analyse indéterminée d'après Diophante, dont ils ont traduit et commenté les *Questions arithmétiques*. On doit croire qu'ils ont aussi connu le Recueil de Porismes, qu'il fût de Diophante lui-même ou d'un autre auteur grec. Il est donc permis de penser qu'on pourra retrouver un jour quelques traces de cet ouvrage. Nous serions heureux que l'espoir d'une découverte aussi précieuse, aussi importante pour l'histoire des mathématiques, pût faire entreprendre quelques recherches dans les manuscrits arabes, recherches qui, du reste, conduiraient infailliblement à beaucoup d'autres découvertes.

port de cette dernière ligne à la tangente est un rapport connu.

Proposition XXI. *Lorsque deux cercles connus sont tangents et que l'un des deux est dans l'intérieur de l'autre, si l'on mène du point de tangence le diamètre commun aux deux cercles, et que par le point où ce diamètre coupe le petit on mène une droite qui coupe le petit cercle en un second point, cette droite (terminée au grand cercle) sera divisée, en ce point, en deux parties telles, que le produit de ces deux parties plus un carré* (connu) *sera au carré de la partie comprise dans le petit cercle, dans un rapport* connu.

Proposition XXII. *Lorsque dans un cercle connu de grandeur et de position on mène un diamètre connu de position et que sur ce diamètre on prend deux points également éloignés du centre, si de ces points on mène deux lignes qui se rencontrent en un point de la circonférence du cercle, la somme des carrés de ces deux lignes sera* connue.

VI. — Passages de Proclus relatifs aux Porismes.

Extrait du Commentaire relatif à la Ire Proposition des Éléments *d'Euclide.*

« *Porisme* se dit de certains problèmes comme les *Po-*
» *rismes* d'Euclide. Mais il se dit plus particulièrement,
» lorsque, des choses qui viennent d'être démontrées, surgit
» quelque théorème que nous n'avions point eu en vue, et
» que pour cela on a appelé *Porisme*, comme une sorte de
» gain qui s'ajoute à ce que l'on s'était proposé de démon-
» trer. »

Extrait du Commentaire relatif à la Proposition XV d'Euclide.

» *Porisme* est un des termes de la géométrie : mais il a
» deux significations. Car on appelle *Porismes* les théorè-

» mes qui résultent de la démonstration d'autres théorèmes
» comme un gain inattendu et dont profite le géomètre : et
» on appelle aussi *Porismes* des propositions *qui n'ont pas*
» *pour objet ni une simple construction, ni une simple*
» *démonstration, mais où il faut trouver quelque chose.*

» Qu'on démontre que dans les triangles isocèles les
» angles à la base sont égaux, on acquerra la connaissance
» de ce qui est.

» Qu'on divise un angle en deux parties égales, ou qu'on
» construise un triangle, ou qu'on ajoute ou retranche une
» ligne, tout cela demande une construction.

» Mais qu'il s'agisse de trouver le centre d'un cercle
» donné, ou la plus grande mesure commune à deux gran-
» deurs commensurables données, *toutes les questions de*
» *ce genre tiennent en quelque sorte le milieu entre les*
» *Problèmes et les Théorèmes. En effet, il ne s'agit pas*
» *là de la construction, ni de la considération purement*
» *théorique de choses cherchées, mais de leur acquisition :*
» car il faut les présenter à la vue, les mettre sous les
» yeux. Tels sont les *Porismes* composés par Euclide et
» qu'il a réunis dans ses Livres de *Porismes*. Mais nous ne
» dirons rien ici des *Porismes* de cette espèce.

» Quant aux Porismes qui se trouvent dans les *Éléments*
» d'Euclide, ils se présentent comme conséquences des
» démonstrations d'autres théorèmes, quoiqu'ils n'aient pas
» été le sujet de ces démonstrations..... »

Ce qui suit se rapporte aux *corollaires* des *Éléments* d'Euclide.

§ VIII. — Nouvelle définition des Porismes. — Identité de ces propositions, quant à leur forme, avec la plupart des propositions de la Géométrie moderne.

I.

D'après ce qui précède (§ VII, 1), les Porismes sont des

Données qui se rapportent à des propositions où l'on considère une infinité de choses variables suivant une certaine loi, comme dans les propositions locales.

Mais les *Données*, n'étant plus en usage sous leur propre nom, demanderaient elles-mêmes une définition. Il sera donc plus simple et plus conforme à l'essence des choses de définir directement les *Porismes*, d'après leur caractère propre et abstraction faite de l'idée primitive de *Donnée*.

Nous reportant au sens bien défini que nous avons attribué à l'expression de *théorème non complet*, nous dirons que :

Les Porismes sont des théorèmes non complets, *exprimant certaines relations entre des choses variables suivant une loi commune;* relations indiquées dans l'énoncé du Porisme, mais qu'il faut compléter par la détermination, de grandeur ou de position, de certaines choses qui sont la conséquence de l'hypothèse, et qui seraient déterminées dans l'énoncé d'un théorème proprement dit ou *théorème complet*.

S'il ne fallait pas introduire dans la définition des Porismes, pour les distinguer des *Données*, la condition d'une infinité de choses variables, comme dans les *Lieux*, on pourrait dire simplement que : *Le Porisme est une proposition dans laquelle on énonce une vérité, en affirmant qu'on peut toujours trouver certaines choses qui la complètent.*

II.

On ne peut manquer de remarquer que cette forme de théorèmes *non complets* tend à devenir le caractère le plus général des propositions dans beaucoup de parties des Mathématiques actuelles; qu'il y a donc à cet égard une analogie incontestable, qu'on était loin de soupçonner, entre les *Porismes* d'Euclide et la plupart de nos propositions modernes. Quelques exemples vont mettre cette analogie en parfaite évidence.

Soit cette proposition : *Si l'on prend sur le diamètre d'un cercle deux points qui divisent ce diamètre harmoniquement, le rapport des distances de chaque point de la circonférence à ces deux points sera constant.*

Que l'on dise que ce rapport est *donné*, ce qui ici signifiera la même chose que *constant*, on énoncera un *Porisme* dans le style même d'Euclide.

Pour que la proposition fût un théorème proprement dit, comme ceux que l'on trouve dans les Eléments d'Euclide, dans les Coniques d'Apollonius et dans les ouvrages d'Archimède, il faudrait faire connaître dans l'énoncé même la valeur de ce rapport constant et dire qu'il est égal au rapport des distances des deux points à l'une des extrémités du diamètre sur lequel ces points sont situés (1).

Dans un cercle, l'angle sous lequel on voit, du centre, la partie de chaque tangente comprise entre deux tangentes fixes, est constant.

Qu'on dise est *donné*, ce sera un *Porisme*.

Mais que l'on dise que cet angle est égal à celui que le rayon mené au point de contact d'une des deux tangentes fixes fait avec la droite menée du centre au point de rencontre de ces deux tangentes, on énoncera un *théorème proprement dit* ou *complet*.

Dans l'hyperbole le produit des segments qu'une tangente fait sur les asymptotes est constant.

Qu'on dise est *donné*, on reconnaîtra aussitôt un *Porisme*. Mais que l'on dise que ce produit est égal à la somme des carrés des deux demi-axes de la courbe, on énoncera un *théorème*.

La Géométrie moderne offre une foule d'exemples sem-

(1) V. *Géométrie de Legendre*; Liv. III, prop. XXXIV.

blables de théorèmes *non complets,* qui sont de véritables *Porismes* selon la conception d'Euclide, sinon en apparence à cause des différences de style, du moins par la nature même de la proposition où *l'on a à démontrer l'existence d'une chose annoncée, et à trouver* (sans invention) *la manière d'être, telle que la grandeur ou la position, de cette chose* (1).

Ce qui précède nous paraît donner une idée bien nette de la doctrine des Porismes, et le véritable mot de cette énigme qui depuis si longtemps occupe les géomètres.

Nous y trouvons aussi l'explication d'un point assez embarrassant de l'histoire des Mathématiques : cet ouvrage qui, selon Pappus, renfermait une foule d'aperçus féconds, utiles et presque nécessaires pour la culture de la Géométrie, aurait disparu sans que rien en eût remplacé les théories dans la science, de sorte que de nos jours il y serait absolument étranger.

Bien loin de là : l'ouvrage d'Euclide n'est nullement étranger à nos Mathématiques. Au contraire il semble qu'elles en aient reçu l'influence, je ne dis pas quant à leur origine, le livre était perdu, mais quant à leur forme actuelle; et en réalité nous faisons journellement des Porismes, à notre insu.

Cette forme de nos propositions, que nous pouvons dire *non complètes,* eu égard aux théorèmes des Anciens, et qui se trouvent ainsi débarrassées de déterminations parfois compliquées et sans utilité, nous paraît être un progrès réel : car la science y trouve un degré de simplicité et d'abstraction qui facilite le raisonnement et la combinaison des vérités mathématiques entre elles.

III.

En constatant la distinction qu'Euclide avait établie entre

(1) Voir la note de la p. 15 ci-dessus.

les théorèmes proprement dits ou *théorèmes complets* d'une part, et les *Données* et les *Porismes*, d'autre part, nous n'entendons pas dire que dans une composition mathématique on ait toujours dû donner à chaque proposition le nom spécial qui lui était propre à ce point de vue. Nous croyons qu'au temps de Pappus les géomètres et Pappus lui-même négligeaient cette distinction de noms.

En effet, d'abord il est à remarquer que Pappus donne le nom commun de THÉORÈMES aux *Données*, aux *Porismes* et aux *Lieux*, dans ses *Notices* sur ces trois classes de propositions; car il dit que le livre des *Données* contient 90 THÉORÈMES, les trois livres de *Porismes* 171, et les deux livres des *Lieux plans* d'Apollonius 147.

Secondement, on ne trouve dans le recueil étendu des *Collections mathématiques* aucune proposition sous le titre de *Porisme*, et je crois même aucune sous celui de *Donnée*, quoique plusieurs propositions aient pu être regardées les unes comme des *Porismes*, les autres comme des *Données*.

Ainsi dans le livre IV, la proposition VII ainsi énoncée : *Si les quatre côtés d'un quadrilatère ABCD sont donnés, et si l'angle B est droit, la diagonale BD est* DONNÉE, est incontestablement une proposition appartenant à la classe des *Données*. Il en est de même des deux propositions VIII et IX du même livre.

Dans le livre VII, la proposition CCXXVIII (qui est un des lemmes relatifs aux septième et huitième livres des Coniques d'Apollonius) appartient aussi à la classe des *Données*; car elle porte que : *Quand la somme des carrés de deux lignes et la différence des mêmes carrés sont données, les deux lignes sont* DONNÉES.

Les quatre propositions CCXXXV-CCXXXVIII du même livre VII (lemmes relatifs aux *Lieux à la surface* d'Euclide), sont tout à fait semblables, quant aux énoncés, aux *Lieux plans* d'Apollonius; elles expriment que le lieu de tel point variable est une section conique. Ce sont donc des *Lieux*, conséquemment aussi des *Porismes*. La dernière de ces propositions contient la propriété de la *Directrice* dans les sections coniques, en ces termes : *Le lieu d'un point dont les distances à une droite donnée de position et à un point fixe, sont entre elles dans une raison donnée, est une section conique : parabole si la raison est l'unité, ellipse si elle est plus grande que l'unité, et hyperbole si elle est plus petite.*

Ces exemples font voir, comme nous l'avons annoncé, que la distinction qu'Euclide avait établie entre les *théorèmes* d'une part, et les *Données* et les *Porismes* d'autre part, eût-elle été jamais observée dans la pratique, je veux dire dans la culture des Mathématiques, ne l'était plus au temps de Pappus, et que toutes ces propositions pouvaient être confondues indistinctement sous la seule dénomination de *théorèmes*.

§ IX. — De l'utilité des Porismes pour la résolution des problèmes.

Pappus dit que les Porismes d'Euclide étaient nécessaires pour la résolution des problèmes. Nous avons déjà vu (§ II) qu'à raison des matières qui formaient le sujet des trois livres de Porismes, cet ouvrage devait être extrêmement utile pour les progrès généraux de la Géométrie ; mais il s'agit ici d'une utilité spéciale pour la résolution des problèmes. Voici comment nous concevons cette utilité.

C'est que la recherche d'un lieu géométrique déterminé par certaines conditions exigeait le secours de quelque Porisme. Car il fallait conclure de ces conditions une autre expression du lieu qui fût déjà connue, et qui par conséquent fît connaître la nature du lieu, sujet de la question. Or c'est le passage d'une expression du lieu à une autre expression qui exigeait un Porisme.

Par exemple, demande-t-on *le lieu d'un point dont les distances à deux points fixes soient entre elles dans un rapport donné?* On démontrera qu'*il existe,* c'est-à-dire que l'on peut trouver, (sur la droite qui joint les deux points donnés), *deux autres points tels, que les droites menées de ces points à chaque point du lieu cherché font entre elles un angle droit.* Proposition qui constitue un Porisme, et de laquelle on conclut que le lieu est un cercle.

Souvent une question de *lieu* pourra se résoudre par plus d'un Porisme.

Ainsi, dans la question précédente on démontrera, l'hypothèse restant la même, qu'*il existe, ou qu'on peut trouver un certain point et une longueur de ligne tels, que la distance de chaque point du lieu à ce point sera égale à cette ligne.*

Ce sera là un Porisme. Et l'on en conclura la connaissance complète du lieu cherché.

On voit par cet exemple comment on peut concevoir que toute question de lieu, ou problème local, obligeait de passer par un Porisme.

Cette marche est dans la nature des choses et subsiste dans les Mathématiques modernes : quelque méthode que l'on emploie pour résoudre un problème de *lieu*, on peut toujours y apercevoir un Porisme.

Il en est ainsi notamment dans le procédé général de solution fondé sur l'analyse de Descartes, qui conduit à une équation finale entre les coordonnées x, y, d'où se conclut le lieu cherché. Car cette équation constitue un véritable Porisme.

En effet, que cette équation, rapportée à deux axes rectangulaires, soit, par exemple,

$$x^2 + ax + y^2 + by = c :$$

elle exprime qu'étant pris arbitrairement deux axes rectangulaires dans le plan de la figure, *on peut déterminer deux longueurs de lignes* a, b, *et un espace ou rectangle* c, *tels, que la somme des carrés des distances de chaque point du lieu aux deux axes, plus les produits de ces distances par les deux lignes* a *et* b, *forment une somme égale au rectangle* c.

Proposition qui constitue un Porisme à la manière d'Euclide, sauf les expressions modernes qui en abrégent l'énoncé.

Les Anciens n'avaient pas une pareille méthode générale à laquelle ils pussent ramener toutes les questions de Lieux. Par conséquent, on conçoit qu'ils ont dû nécessairement chercher à multiplier les expressions différentes de chaque lieu, c'est-à-dire de chaque courbe, y compris aussi les lieux à la droite, et chercher à passer d'une expression à chacune des autres. Ce qui se faisait toujours par un Porisme, comme nous l'avons dit.

Le Traité des Porismes d'Euclide était donc une collection de propositions servant à passer ainsi d'une expression connue d'un *lieu* à une autre expression du même *lieu*, et plus généralement servant à passer des conditions connues qui déterminent un système de choses variables assujetties à une loi commune, à d'autres conditions déterminant les mêmes choses variables.

Nous n'entendons pas dire d'une manière absolue que tel était l'objet de tous les théorèmes d'Euclide sans exception, mais seulement que tel était leur caractère général et le but qu'Euclide s'était proposé en ajoutant au Traité des *Données* celui des *Porismes*, comme second complément des *Éléments* et provision de *ressources* pour la culture de la Géométrie supérieure, et spécialement pour la résolution des problèmes.

Quant aux *lieux*, Euclide n'a traité, dans ses trois livres de Porismes, que de la droite et du cercle, ainsi que le dit Pappus, et comme le prouvent ses 38 Lemmes qui ne se rapportent qu'à des figures rectilignes et au cercle. Et quant à ceux des Porismes qui ne concernent pas des propositions *locales* proprement dites, on voit par plusieurs énoncés de Pappus, dont il suffit de citer celui-ci, du Ier Livre : « Telle droite passe par un point donné » et les trois derniers du IIIe Livre, qu'il y en avait, même de très-variés, dans l'ouvrage d'Euclide. Notre restitution de ces trois livres en comprend aussi un assez grand nombre.

§ X. — Observations et éclaircissements préliminaires au sujet des XXIX genres de Porismes décrits par Pappus. — Ordre qu'on suivra dans le rétablissement des trois Livres d'Euclide.

I.

L'ouvrage d'Euclide était en trois livres et contenait 171 théorèmes.

Pappus comprend ces 171 Porismes sous XXIX énoncés qu'il appelle *genres*, dont 15 appartiennent au Ier livre, 6 au IIe et 8 au IIIe. Il ajoute que les 15 genres du Ier livre se retrouvent dans le IIe avec les 6 propres à ce livre ; et de même, que ces 21 genres entrent dans le IIIe livre avec les 8 nouveaux. Il dit que la plupart des Porismes de ce IIIe livre se rapportent au demi-cercle, et quelques-uns au cercle et aux segments. Ce qui indique que les deux premiers livres ne roulent que sur les figures rectilignes.

Dans chacun des XXIX énoncés, hormis le premier qui forme une proposition complète, Pappus ne décrit que les choses cherchées, en omettant les hypothèses qui, dans l'ouvrage d'Euclide, donnaient lieu aux propositions. Ce sont ces choses cherchées qui constituent les *genres*. Ainsi il dit : « Voici les genres des choses cherchées dans les pro-» positions du Ier livre. »

Il a dit plus haut : « Ce n'est pas par les différences des » hypothèses qu'il faut distinguer les Porismes, mais par

» les différences des résultats ou des choses cherchées. » De sorte que chaque *genre* s'applique à des hypothèses qui peuvent être très-variées. C'est ainsi que les XXIX genres résument les 171 théorèmes que contenait le traité des Porismes.

Il est à remarquer que Pappus a fait du livre des *Données* d'Euclide une analyse assez semblable, dans laquelle il décrit, en termes encore plus généraux que pour les Porismes, le caractère des différents groupes de propositions : il indique le nombre des propositions de chaque groupe, mais sans faire connaître aucune proposition en particulier. Cette analyse aurait pu servir à rétablir conjecturalement les quatre-vingt-dix propositions du livre des *Données*, si cet ouvrage ne nous était pas parvenu. Il est à regretter que Pappus n'ait pas complété son analyse des Porismes en y ajoutant, comme pour les Données, le nombre des propositions de chaque genre.

Les Porismes, dont nous rappelons ici le caractère essentiel, sont des propositions dans lesquelles il y a certaines choses variables, comme dans les propositions *locales ;* et c'est une relation entre ces choses variables (points, lignes, segments, etc.) et les choses constantes qui constitue les propositions.

Prenons quelques exemples des genres décrits par Pappus.

Tel point est situé sur une droite donnée de position.

Cela signifie qu'un point variable a pour lieu géométrique une droite dont la position est déterminée en vertu de l'hypothèse ou des données de la question.

On peut croire que cet énoncé comprend toutes les propositions de *lieux* qui se trouvaient dans les trois livres d'Euclide ; car ces lieux ne pouvaient être qu'*à la droite* et *au cercle ;* et l'on ne trouve pas dans les huit genres spéciaux au IIIe livre ni dans aucun de ceux qui les précèdent, un seul énoncé qui exprime un *lieu au cercle*, tel que le *lieu à la droite* ci-dessus. Il faut en conclure que les Porismes relatifs au cercle dans l'ouvrage d'Euclide exprimaient des propriétés communes à tous les points de la circonférence, sans avoir la forme d'énoncé d'un *lieu* proprement dit.

Nous devrons nous conformer à cette indication.

Telle droite passe par un point donné.

Il s'agit d'un système de droites assujetties à une même loi et qui passent toutes par un même point donné virtuellement, c'est-à-dire dont la position est une conséquence des conditions de la question.

Ce genre comprendra un assez grand nombre de Porismes différents, qui se trouveront indistinctement dans les trois livres.

Telle droite est donnée de position.

Il s'agit d'une droite qui n'est pas considérée comme *lieu* d'un point, et qui satisfait à certaines conditions concernant des choses variables. Par exemple, ce sera une droite sur laquelle certains angles intercepteront des segments égaux, ou une droite avec laquelle coïncideront les diagonales de certaines figures, etc.

Ces *genres* de Porismes, que nous venons de citer, sont très-simples, et les choses cherchées y sont indiquées explicitement. Mais dans d'autres questions les choses cherchées sont multiples et peuvent n'être pas toutes indiquées explicitement, quelques-unes restant sous-entendues. Alors il peut y avoir incertitude et l'énoncé pourra s'entendre de plusieurs manières.

Prenons celui-ci, qui forme le XVe genre :

Telle droite fait sur deux autres droites données de position des segments dont le rectangle est donné.

Il s'agit d'une droite variable de position qui forme sur deux droites fixes deux segments dont le rectangle est constant; la valeur de ce rectangle est donnée virtuellement, c'est-à-dire qu'elle est une conséquence de l'hypothèse, qu'il faut déterminer.

L'énoncé est susceptible d'un autre sens. On peut supposer que les origines des deux segments sont deux points donnés de fait, et que les données virtuelles, c'est-à-dire les choses que l'on a à trouver, sont les directions des deux droites fixes menées par ces points, et la valeur du rectangle constant.

On voit par cet exemple comment un même énoncé pourra se prêter à plusieurs interprétations différentes qui produiront ainsi une sorte de subdivision des *genres* des Porismes.

II.

Nous grouperons ensemble, dans chaque livre, les Porismes d'un même genre, pour mettre un certain ordre dans un si grand nombre de propositions si diverses, et faciliter le jugement que l'on portera sur ce travail de rétablissement. Mais nous n'avons pas de raison de penser qu'Euclide se fût assujetti à cet ordre d'une manière rigoureuse, car il n'aurait pu l'observer tout au plus qu'à l'égard des propositions d'un même livre, puisque les genres du Ier Livre se retrouvent dans le IIe, et ceux du Ier et du IIe dans le IIIe.

Pour quelques propositions seulement nous nous sommes écarté de l'ordre que nous venons de tracer. Nous les avons placées à la fin du IIIe livre : ce qui simplifie la démonstration. Car elles sont ainsi précédées par certaines autres dont elles pouvaient se conclure aisément.

Nous nous renfermerons strictement dans les énoncés de Pappus, c'est-à-dire dans les XXIX genres qu'il a décrits. C'est pour cela qu'on ne trouvera pas dans notre restitution des trois livres d'Euclide de *lieux au cercle* qui pourraient pourtant se présenter en grand nombre dans un Traité des

Porismes. Toutefois, les propriétés du cercle, que dans d'autres circonstances on exprimerait par des propositions de *lieux* proprement dites, entreront sous des énoncés différents et toujours conformes aux genres décrits par Pappus, dans notre IIIe livre, où elles seront assez nombreuses.

Les dix Porismes qui forment les dix cas de la proposition des quatre droites sont du genre des *lieux à la droite :* cependant, comme Pappus dit qu'ils se trouvent au commencement du Ier Livre, et qu'il en parle d'une manière particulière, nous les avons placés les premiers et en quelque sorte hors ligne, sans les comprendre dans le genre des *lieux à la droite*, qui n'est décrit que le second.

Le genre décrit le premier par Pappus est le Porisme énoncé d'une manière complète, où il s'agit de trouver une droite et sur cette droite un point qui sera l'origine de segments en rapport donné avec d'autres segments.

On pourrait, à la rigueur, rattacher ce Porisme au Ve genre énoncé ainsi : *Telle droite est donnée de position*. La recherche du point fixe sur cette droite serait une condition implicite, comme nous l'avons dit ci-dessus. Mais sans nous arrêter à l'incertitude qui peut naître ici, et pour nous conformer strictement au texte de Pappus, nous regarderons le Porisme dont il s'agit, comme formant le Ier genre du Ier Livre. Pappus, en reproduisant par exception cet énoncé tout entier, peut avoir eu l'intention de donner un exemple tant de la forme la plus commune que du caractère et de la nature des Porismes. Car celui-ci nous paraît être, à certains égards, comme nous l'expliquerons tout à l'heure, une sorte de type de nombreuses propositions des trois Livres.

Simson a pensé que ce Porisme était le premier (1)

(1) Il l'intitule : Prop. XXIII. Quæ est Porisma I Lib. I Porismatum Euclidis. (*Opera quædam reliqua, etc.*, p. 400.)

du Ier Livre. Nous croyons, au contraire, que les premiers Porismes dans l'ouvrage d'Euclide étaient les dix cas de la proposition des quatre droites. Plusieurs raisons nous semblent l'indiquer. D'une part, Pappus dit, comme nous l'avons déjà fait observer plus haut, qu'Euclide a placé ces propositions « au commencement du Ier Livre ». Il est vrai que le premier des XV genres qui résument les nombreux Porismes de ce livre comporte des propositions différentes; mais Pappus ne dit pas que ce Ier genre renferme précisément le premier Porisme. De sorte que ce passage n'infirme pas celui qui le précède et qui serait formel, si le texte où se lit le mot « commencement » n'offrait une lacune.

Mais, d'autre part, et indépendamment de ce motif, une raison tirée des Lemmes de Pappus relatifs aux Porismes nous a paru tout à fait décisive.

Pappus présente le premier Lemme comme s'appliquant au premier Porisme, et le second Lemme au second Porisme, et il n'y a plus de mention semblable pour aucun des autres Lemmes. Or ces deux Lemmes conviennent si naturellement à deux cas de la proposition des quatre droites, qu'on peut dire qu'ils en sont l'expression immédiate. De plus, il en est de même des cinq Lemmes qui suivent les deux premiers : c'est-à-dire qu'on en conclut aussi immédiatement cinq autres cas de la même proposition. Les trois cas qui complètent les dix se démontrent sans le secours d'aucun Lemme avec une très grande facilité. Nous ajouterons que les Lemmes qui viennent après ces sept premiers trouvent leur emploi naturel pour la démonstration des Porismes appartenant aux genres successifs du Ier Livre; et enfin, que ces sept premiers Lemmes, desquels nous déduisons sept cas de la proposition des quatre droites, n'ont pour la plupart, les deux premiers notamment, aucun usage dans les démonstrations des autres Porismes.

Il semble donc résulter, avec quelque certitude, de ces

raisons toutes concordantes, que les dix cas de la proposition des quatre droites formaient les premiers Porismes dans l'ouvrage d'Euclide.

§ XI. — Analyse des XXIX genres de Porismes. — Expression algébrique des genres qui comportent des relations de segments. — Autres genres qui se rapportent aux mêmes matières.

I.

Le Porisme qui constitue le Ier genre, et dont la description est suffisamment complète, peut être regardé comme une espèce de type commun à nombre d'énoncés de Porismes. Mais c'est seulement à plusieurs égards, comme nous l'avons dit; et il ne s'agit que de certaines circonstances de l'hypothèse, qui peuvent se répéter dans différents genres. Il est en effet très-facile de voir qu'on satisfait à la plupart des genres par des propositions dont les hypothèses variées contiennent cependant des éléments semblables, savoir : *Deux droites qui tournent autour de deux points fixes en se coupant toujours sur une droite donnée de position, et qui font sur deux autres droites fixes, ou sur une seule, deux segments qui ont entre eux une certaine relation constante.*

Ce seront les différences entre ces relations constantes qui donneront lieu aux différents genres.

Mais le IIe Livre présente un caractère spécial : c'est que parmi les six genres qui s'y rapportent, il y en a quatre au moins dans lesquels les segments considérés sont nécessairement formés sur une seule droite : pour les deux autres genres ces segments peuvent être formés indifféremment sur une seule ou sur deux droites; tandis que dans les genres du Ier Livre, hormis deux ou trois peut-être, les segments paraissent être formés toujours sur deux droites.

Sans nul doute les relations générales entre les segments formés sur deux droites ont lieu de même sur une seule droite, puisqu'on peut supposer que les deux droites, qui d'ordinaire sont données à priori comme faisant partie de l'hypothèse, soient coïncidentes. Mais ce cas particulier donne lieu à de nouvelles relations, d'une autre forme, dans lesquelles entre le segment compris entre les deux points variables. Or ce sont ces relations spéciales qui nous paraissent faire le caractère propre de quatre des six genres attribués par Pappus au IIe Livre.

Dans le IIIe Livre on a encore à considérer, dans beaucoup de propositions, deux droites tournant autour de deux points fixes et formant, soit sur deux droites soit sur une seule, des segments entre lesquels il existe des relations semblables à celles des deux premiers Livres. Mais ces relations ont lieu dans le cercle : les deux points fixes sont pris sur la circonférence même, et les deux droites qui tournent autour de ces points se coupent sur cette circonférence, au lieu de se couper sur une droite, comme dans les deux premiers Livres. Il y a en outre, dans ce IIIe Livre, divers autres genres relatifs au cercle.

Presque toutes les relations de segments, sinon toutes, des deux premiers Livres, sont de celles qui expriment que deux points variables sur deux droites ou sur une seule forment deux *divisions homographiques*. Ces relations sont des équations à deux, à trois, à quatre ou à cinq termes.

II.

Pour qu'on en juge, nous allons présenter un tableau des XXIX genres décrits par Pappus, en fixant par une équation le sens que nous attribuons à chaque énoncé où entre une relation de segments.

Ier Livre.

Genres.

I. $\frac{\mathrm{A}m}{\mathrm{A}'m'} = \lambda$ (1).

(1) Les lettres m, m', m'', M, p, p' désignent dans les formules qui vont

Genres.

II. Tel point décrit une droite donnée de position.

III. $\frac{Am}{A'm'} = \lambda$; $\frac{Sm}{Sm'} = \lambda$.

IV. $\frac{Am}{mm'} = \lambda$.

V. Telle droite est donnée de position.

VI. Telle droite passe par un point donné.

VII. $\frac{Am}{A'm'} = \lambda$.

VIII. $\frac{Am}{Mm'} = \lambda$.

IX. $\frac{Am.J'm'}{a.A'm'} = \lambda$. Divisions homographiques sur deux droites.

X. $J'm.Im' = \nu + \mu.mm'$. Divisions homographiques sur une droite.

XI. Énoncé incomplet.

XII. $\frac{Am + \lambda.Bm}{Cm} = \mu$, $\frac{Am + \lambda.Bm}{C'm'} = \mu$,

$\frac{Am + \lambda.B'm'}{C'm'} = \mu$, $\frac{Am + \lambda.B'm'}{C''m''} = \mu$.

Divisions en parties proportionnelles sur deux ou sur trois droites.

XIII. $Am.Op = A'm'.O'p'$.

XIV. $\frac{Am + Bm}{C'm'} = \mu$. Divisions en parties proportionnelles sur deux droites.

XV. $Im.J'm' = \nu$. Divisions homographiques sur deux droites.

---

suivre des points variables. Ce sont, en général, les extrémités des segments entre lesquels ont lieu les relations qui nous paraissent répondre aux énoncés de Pappus. Les lettres A, B, ... désignent des points fixes, origines des segments; ces points sont donnés, de fait ou virtuellement. Enfin, λ, μ, ... représentent des lignes, des espaces, ou des rapports constants, qui sont aussi donnés, de fait ou virtuellement.

IIe Livre.

Genres.

XVI. $\frac{Am.B'm'+\nu}{mm'}=\mu$. Divisions homographiques sur une droite.

XVII. $\frac{Am.B'm'}{mm'}=\mu$. Divisions homographiques sur une droite.

XVIII. $\frac{(Am+Bm)(C'm'+D'm')}{mm'}=\mu$. Divisions homographiques sur une droite.

XIX. $\frac{Am(B'm'+\lambda.C'm')+Dm.\lambda_1.E'm'}{mm'}=\mu$. Divisions homographiques sur une droite.

XX. $\frac{Am.B'm'+Cm.D'm'}{Gm}=\mu$. Divisions homographiques sur deux droites.

XXI. $Im.J'm'=\nu$. Divisions homographiques sur deux droites.

IIIe Livre.

XXII. $\frac{Am.B'm'}{Cm.D'm'}=\lambda$. Divisions homographiques sur deux droites ou sur une seule.

XXIII. $\frac{\overline{Am}^2}{mm'}=\mu$.

XXIV. $Am.J'm'=\mu.A'm'$. Divisions homographiques sur deux droites ou sur une seule.

XXV. $\overline{Om}^2=\mu.Dp$.

XXVI. $\frac{(Am+Bm)\lambda.C'm'}{mm'}=\mu$. Divisions homographiques sur une droite.

XXVII. Un point duquel on peut mener deux droites (variables) qui comprennent un triangle donné d'espèce.

Genres.

XXVIII. Un point d'où partent deux droites (variables) qui interceptent des arcs égaux.

XXIX. Un point par où passe une droite faisant avec telle autre un angle donné.

On remarquera qu'indépendamment du Ier genre dont nous avons fait ressortir le caractère, quatre genres, III, IV, VII, VIII, semblent exprimer une même chose, savoir, que le rapport de deux lignes est constant. On pourrait donc croire au premier abord qu'il y a ici confusion, par suite de quelque erreur dans le texte. Mais il existe des différences notables dans les expressions de Pappus, et il a eu certainement en vue des propositions qui ne sont pas identiques, notamment quant aux choses que l'on cherche.

Ainsi nous pensons que, dans le IIIe genre, on considère des segments dont les origines sont connues, et que l'on a simplement à démontrer la constance du rapport entre les deux segments variables, et à trouver la valeur de ce rapport; que dans le VIIe, qui semble avoir la même équation, une seule origine est donnée, et que les choses cherchées sont la seconde origine et la valeur du rapport constant.

Le IVe genre diffère de ces deux-là, en ce qu'on n'y considère qu'un segment compté à partir d'un point fixe, et que l'autre segment est l'abscisse comprise entre les deux points variables.

Dans le VIIIe genre, l'une des deux droites variables dont le rapport est constant n'est pas un segment compté sur une droite fixe, mais bien une oblique ou une perpendiculaire abaissée d'un point variable sur une droite donnée de position.

Ces quatre genres sont donc différents. Ils embrassent, dans leurs applications, une foule de propositions relatives aux points homologues de deux droites divisées en parties proportionnelles. Ils donnent lieu aussi à différents autres

Porismes dans lesquels les deux lignes qui sont en rapport constant, partent de deux points ou d'un seul dans des directions variables : par exemple, ce seront, dans le IIIe Livre, deux droites qui aboutissent à chaque point d'une circonférence de cercle.

III. — Autres genres qui ne se trouvent pas dans les Porismes d'Euclide.

Nous venons de voir que la plupart des relations de segments qui font le sujet d'un grand nombre des Porismes d'Euclide expriment que deux séries de points sur deux droites, ou sur une seule, forment deux divisions homographiques.

Il existe plusieurs autres relations par lesquelles on représente les mêmes divisions et qui par conséquent auraient pu se trouver dans l'ouvrage grec.

D'abord l'équation

$$\frac{a + \lambda . \mathrm{A}m}{\mathrm{B}'m'} = \mu,$$

dans laquelle a est une ligne *donnée*, de fait ou virtuellement, exprime deux divisions en parties proportionnelles, sur deux droites ou sur une seule, et donne lieu à d'assez nombreux Porismes.

Ensuite quatre autres exprimeront chacune deux divisions homographiques générales, faites sur deux droites ou sur une seule :

$$\frac{(a + \lambda . \mathrm{A}m)\,\mathrm{B}'m' + \nu}{\mathrm{B}m} = \mu,$$

$$\frac{(a + \lambda . \mathrm{A}m)\,\mathrm{B}'m' + \nu}{\mathrm{A}m} = \mu,$$

$$\alpha . \mathrm{A}m . \mathrm{B}'m' + 6 . \mathrm{B}m . \mathrm{C}'m' = \mathrm{B}m . \mathrm{B}'m',$$

$$\frac{(\mathrm{A}m + \mathrm{B}m)\,\mathrm{C}'m'}{\mathrm{C}m} = \mu.$$

Les deux suivantes résultent de deux divisions faites sur

une même droite, comme l'indique le segment mm' :

$$\frac{(a + \lambda . Am) B'm' + Am}{mm'} = \mu,$$

$$\frac{(a + \lambda . Am) B'm'}{mm'} = \mu.$$

Ces diverses équations donneraient lieu, si l'on voulait, à des Porismes qui, par la nature des matières, feraient suite aux trois Livres d'Euclide.

Tous ces Porismes sont très-propres à faire le sujet d'exercices pour les jeunes géomètres, d'autant plus qu'ils appartiennent aux théories qui forment les bases de la géométrie moderne. Euclide n'a traité que de la ligne droite et du cercle ; mais la plupart de ses Porismes s'étendent avec la même facilité à la théorie des sections coniques (1) et à des spéculations ultérieures.

On ne peut se refuser, je crois, à reconnaître ici combien Pappus avait raison de dire que l'ouvrage d'Euclide renfermait les germes d'une foule de choses d'une invention ingénieuse et d'une étude agréable et nécessaire.

§ XII. — Analyse des XXXVIII Lemmes de Pappus relatifs aux Porismes (2). — Corollaires des Lemmes III et XI.

Les XXXVIII Lemmes de Pappus se peuvent classer en

(1) Après avoir donné, dans l'*Aperçu historique* (p. 279), deux Porismes généraux qui comprennent parmi leurs conséquences multiples un très-grand nombre de Porismes d'Euclide sur les figures rectilignes, j'ai fait voir qu'il existe aussi dans la théorie des coniques, et du cercle par suite, deux propositions toutes semblables, qui constituent les propriétés les plus fécondes de ces courbes. (*Aperçu*; Notes XV et XVI; p. 334-344.)

(2) Nous donnerons plus loin, dans le § XIV, les énoncés de ces Lemmes, que le lecteur aura souvent à consulter. Nous n'y joignons pas les démonstrations faciles de Pappus. On les trouvera, accompagnées des Commentaires de Commandin, dans ses deux éditions des *Collections mathématiques*. Simson les a aussi données, avec quelques éclaircissements, dans son *Traité des Porismes* : mais ce géomètre a placé les XXXVIII Lemmes dans un ordre tout différent de celui de Pappus, et sans s'astreindre toujours à reproduire le texte exact des énoncés originaux qu'il généralise parfois.

trois catégories : 23 sont relatifs à des figures rectilignes; 7 se rattachent au rapport harmonique de quatre points, et 8 concernent le cercle.

Des 23 Lemmes relatifs à des figures rectilignes, 6 ont pour objet le quadrilatère coupé par une transversale; 6 l'égalité des *rapports anharmoniques* de deux systèmes de quatre points qui proviennent des intersections de quatre droites issues d'un même point, par deux autres droites; 4 peuvent être considérés comme exprimant une propriété de l'hexagone inscrit à deux droites; 2 donnent le rapport des aires de deux triangles qui ont deux angles égaux ou supplémentaires; 4 autres se rapportent à certains systèmes de droites que nous définirons plus loin; et enfin le dernier est un cas du problème de la *section de l'espace*.

Nous allons essayer de faire connaître dans l'analyse suivante le caractère particulier de chacun de ces XXXVIII Lemmes, qui tous, plus ou moins, nous seront utiles.

Les Lemmes I, II, IV, V, VI et VII (propositions 127, 128, 130, 131, 132 et 133 du VIIe Livres des *Collections mathématiques* de Pappus), qui ont pour objet le quadrilatère coupé par une transversale, contiennent chacun une relation entre les segments que les quatre côtés et les deux diagonales du quadrilatère forment sur cette transversale considérée dans des positions différentes.

Dans le Lemme IV (proposition 130), la transversale

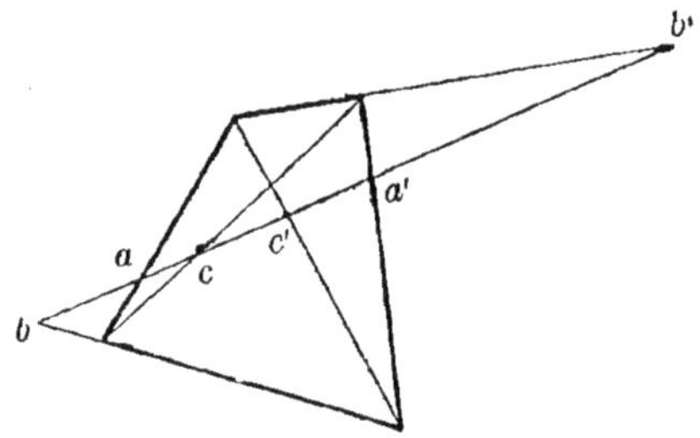

a une position quelconque, et la relation démontrée par

Pappus est une des équations à six segments par lesquelles on exprime l'involution de six points. Soient a, a' ; b, b' et c, c', les points dans lesquels la transversale rencontre les couples de côtés opposés et les diagonales du quadrilatère. La relation est

$$\frac{ab \cdot b'c}{a'b' \cdot bc'} = \frac{ca}{c'a'} \text{ (1).}$$

Les Lemmes I, II, V et VI sont des cas particuliers de cette proposition générale.

Dans le Ier et le IIe, la transversale est parallèle à un côté du quadrilatère.

Dans le Ve, la transversale passe par les points de concours des côtés opposés, et la proposition revient à celle-ci : les deux diagonales divisent en parties proportionnelles la droite qui joint les points de concours des côtés opposés.

Le Lemme VI peut être considéré comme un cas particulier du Ve, la droite qui joint les points de concours des côtés opposés est parallèle à une diagonale.

Enfin, dans le Lemme VII, la transversale passe par un seul point de concours des côtés opposés, et est parallèle à une diagonale. La relation démontrée est un cas particulier des relations d'involution à huit segments, savoir :

$$\overline{ca}^2 = cb \cdot cb'.$$

Les Lemmes III, X, XI, XIV, XVI et XIX (propositions 129, 136, 137, 140, 142, 145) sont ceux qui établissent l'égalité des *rapports anharmoniques* que quatre droites issues d'un même point déterminent sur deux droites transversales : mais il faut supposer que ces deux transversales partent d'un même point de l'une des quatre droites. En réalité, on considère trois droites concourantes en un même point, coupées en deux systèmes de trois points a, b, c,

(1) V. *Géom. sup.*, art. 184 et 339.

et a', b', c', par deux transversales menées d'un point quelconque P. Il existe entre les segments formés sur les deux transversales l'équation

$$\frac{Pa}{Pc} : \frac{ba}{bc} = \frac{Pa'}{Pc'} : \frac{b'a'}{b'c'} \quad \text{ou} \quad \frac{Pa.bc}{Pc.ab} = \frac{Pa'.b'c'}{Pc'.a'b'},$$

que Pappus énonce ainsi : Le rectangle $Pa.bc$ est au rec-

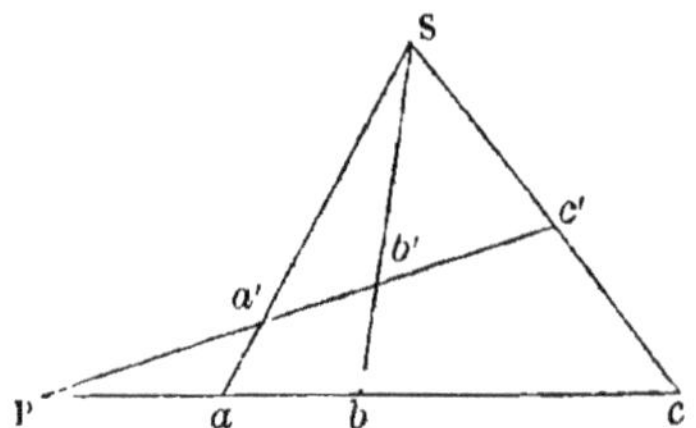

tangle $Pc.ab$, comme le rectangle $Pa'.b'c'$ est au rectangle $Pc'.a'b'$.

C'est là le Lemme III.

Le Lemme X (proposition 136) en est la réciproque. Il prouve que quand l'équation a lieu, les deux points c, c' sont en ligne droite avec le point de rencontre des deux droites aa', bb' ; ou que les trois droites aa', bb', cc' concourent en un même point.

Le Lemme XVI (proposition 142) est le même que le Xe, démontré différemment.

Le Lemme XI (proposition 137) est un cas particulier du

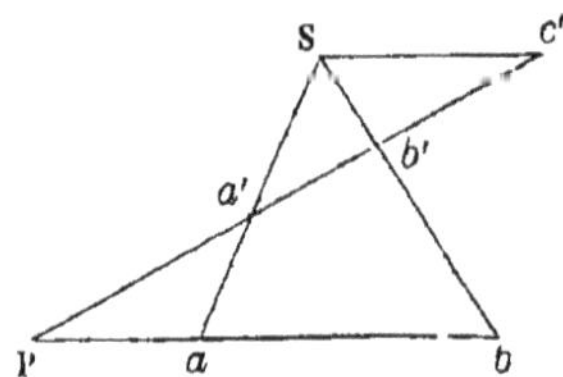

IIIe. L'une des transversales est parallèle à l'une des trois droites, et l'équation devient

$$\frac{Pa}{ba} = \frac{Pa'}{b'a'} : \frac{Pc'}{b'c'} \quad \text{ou} \quad \frac{Pa'.b'c'}{Pc'.b'a'} = \frac{Pa}{ba}.$$

Le Lemme XIV (proposition 140) est la réciproque de celui-là : il exprime que quand l'équation précédente a lieu, les deux droites aa', bb' et la parallèle à Pab, menée par le point c', concourent en un même point.

Enfin, le Lemme XIX (proposition 145) est encore un cas particulier du Lemme III. Quand trois droites issues d'un même point sont coupées par deux autres, menées par un point P, en a, b, c et a', b', c', si l'on a

$$\frac{Pa}{ba} = \frac{Pc}{bc},$$

il s'ensuit que $\frac{Pa'}{b'a'} = \frac{Pc'}{b'c'}$.

Les quatre Lemmes XII, XIII, XV et XVII (propositions 138, 139, 141, 143) peuvent être considérés comme exprimant la propriété de l'hexagone inscrit à deux droites, savoir que, quand les sommets d'un hexagone sont situés trois à trois sur deux droites, les points de concours des côtés opposés sont en ligne droite.

Dans les Lemmes XII et XV, les deux droites sont parallèles, et dans les Lemmes XIII et XVII elles ont une direction quelconque.

Il est à remarquer qu'ici, dans les démonstrations, Pappus se sert des Lemmes III, X, XI et XIV, c'est-à-dire de la proposition de l'égalité des rapports anharmoniques des deux systèmes de quatre points déterminés sur deux droites par trois autres droites issues d'un même point : savoir, des Lemmes XI et X pour le Lemme XII ; des Lemmes III et X pour le Lemme XIII ; des Lemmes XI, III et XIV pour le Lemme XV, et enfin des Lemmes III et XVI pour le Lemme XVII.

Les Lemmes XX et XXI (propositions 146 et 147) disent que quand deux triangles ont deux angles égaux ou supplémentaires, leurs surfaces sont dans le même rapport que les rectangles des côtés qui comprennent ces angles.

Le Lemme VIII (proposition 134) a un énoncé très-bref, qui en laisse difficilement apercevoir le sens; cependant on reconnaît qu'il peut signifier que :

Quand deux angles ont leurs côtés parallèles deux à deux, si par le sommet de chacun d'eux on mène une droite quelconque qui coupe les deux côtés de l'autre, les quatre points d'intersection sont deux à deux sur deux droites parallèles.

Cela est un cas particulier d'une propriété relative à deux angles quelconques, qu'on peut aussi envisager d'un autre point de vue, et énoncer de cette manière :

Si par les points de concours des côtés opposés d'un quadrilatère on mène deux droites quelconques qui rencontrent les quatre côtés en quatre points, ces points sont deux à deux sur quatre autres droites qui se coupent deux à deux sur les deux diagonales du quadrilatère (1).

Le Lemme IX (proposition 135) peut exprimer que :

Si par les sommets d'un trapèze on mène quatre droites concourantes en un même point, et par le point de rencontre S *des deux côtés non parallèles une transversale parallèle aux deux autres côtés, laquelle rencontre les quatre droites en quatre points, le produit des distances du point* S *à deux de ces points est égal au produit des distances du même point* S *aux deux autres points.*

C'est-à-dire que les quatre points déterminent une involution dont le point S est le point *central* (2).

Cette proposition est un cas particulier d'une propriété d'un quadrilatère quelconque, savoir, que :

Les trois couples de droites menées d'un même point aux sommets opposés et aux points de concours des côtés opposés d'un quadrilatère sont en involution (3).

---

(1) V. *Géom. sup.*, art. 404.

(2) *Ibid.*, p. 139.

(3) *Ibid.*, p. 249.

On peut voir dans le Lemme XVIII un *lieu à la droite*, construit dans un triangle. Pappus emploie dans la démonstration les Lemmes X, XI et XVI.

Le Lemme XXXII (proposition 158) concerne deux triangles qui ont un angle commun. Le côté de l'un, opposé à cet angle, fait sur le côté de l'autre, aussi opposé à l'angle commun, et sur la droite qui va du sommet au milieu de ce côté, des segments qui ont entre eux une certaine relation.

Le Lemme XXXVIII et dernier (proposition 164), qui est aussi le dernier des 23 Lemmes consacrés aux figures rectilignes, est un problème. Il s'agit, dans un parallélogramme, de mener par un point donné sur un côté une droite qui forme avec deux autres côtés un triangle de même surface que le parallélogramme.

Nous arrivons aux sept Lemmes XXII, XXIII, XXIV, XXV, XXVI, XXVII, XXXIV (propositions 148 à 157 et 160) qui se rattachent au rapport harmonique de quatre points. Ils ont pour but de déduire les unes des autres certaines relations qui appartiennent à ces quatre points situés sur une même droite. Une relation étant donnée, on en conclut une autre. Mais ces relations n'ont pas lieu précisément entre les quatre points, car, hormis une seule, il y entre toujours le point milieu de deux points conjugués, qui remplace l'un des deux points.

Ces sept Lemmes n'en font en réalité que quatre, parce que trois sont les mêmes que trois autres, n'en différant que par la position relative des points donnés.

Appelons a, a' et e, f les deux systèmes de points conjugués, qui sont en rapport harmonique, α le milieu du segment aa' et O le milieu de ef; nous exprimerons les sept Lemmes brièvement ainsi :

Lemmes XXII et XXIV. Si l'on a $\overline{ae}^2 = 2\,\mathrm{O}a.e\alpha$, il s'ensuit

$$\overline{\mathrm{O}\alpha}^2 = \overline{a\alpha}^2 + \overline{\mathrm{O}e}^2.$$

Lemmes XXIII et XXV. Si $Oa.Oa' = \overline{Oe}^2$, il s'ensuit

$$ea.ea' = 2eO.e\alpha,$$
$$\overline{ea'}^2 = Oa'.2e\alpha,$$
$$\overline{ea}^2 = Oa.2e\alpha.$$

Lemmes XXVI et XXVII. Si $\frac{Oa}{Oa'} = \frac{\overline{ae}^2}{\overline{a'e}^2}$, il s'ensuit

$$Oa.Oa' = \overline{Oe}^2.$$

Lemme XXXIV. Si $\frac{ea}{ea'} = \frac{fa}{fa'}$, il s'ensuit

$$\alpha e.\alpha f = \overline{\alpha a}^2,$$
$$ef.e\alpha = ea.ea',$$
$$fa.fa' = f\alpha.fe.$$

Enfin les huit Lemmes qui concernent le cercle sont les XXVIII, XXIX, XXX, XXXI, XXXIII, XXXV, XXXVI et XXXVII (propositions 154-157, 159 et 161-163).

Du Lemme XXVIII (proposition 154) il résulte que si d'un point P on mène deux tangentes à un cercle, et une transversale quelconque qui rencontre le cercle en deux points a, a' et la corde de contact en un point α, ce point et le point P divisent en parties proportionnelles le segment aa', c'est-à-dire que l'on a

$$\frac{Pa}{Pa'} = \frac{a\alpha}{\alpha a'}.$$

Dans le Lemme XXXV (proposition 161) le point P est intérieur au cercle; on démontre que le lieu du point α, déterminé par cette même proportion, est une droite.

Ces deux propositions, qui n'en font réellement qu'une, renferment, on le voit, la propriété principale de la théorie des pôles et polaires dans le cercle.

Le Lemme XXIX (proposition 155) est un problème. On demande d'inscrire dans un segment de cercle ACB deux cordes AC, CB qui soient dans un rapport donné $\frac{E}{F}$. La solution se réduit à faire voir que la tangente au point C rencontre la corde AB en un point D, pour lequel on a

$$\frac{DA}{DB}=\frac{\overline{CA}^2}{\overline{CB}^2}=\frac{E^2}{F^2}.$$

Le Lemme XXX (proposition 156) démontre que les droites menées des extrémités d'une corde à un point de la circonférence divisent harmoniquement le diamètre perpendiculaire à cette corde.

D'après le Lemme XXXI (proposition 157), si d'un point P donné sur le diamètre AB d'un cercle, on mène une droite à un point de la circonférence, et par ce point une corde perpendiculaire à cette droite, cette corde intercepte sur les tangentes aux extrémités du diamètre AB deux segments Am, Bm', dont le rectangle est égal au rectangle constant PA.PB.

Le Lemme XXXIII (proposition 159) exprime qu'un point P étant donné sur le diamètre AB d'un cercle, si l'on prend sur le prolongement du diamètre le point Q tel, qu'on ait $QA.QB=\overline{QP}^2$, et que par ce point on élève la perpendiculaire au diamètre, toute droite menée par le point P rencontre le cercle en deux points et la perpendiculaire en un troisième point tel, que le carré de sa distance au point P est égal au rectangle de ses distances aux deux points du cercle.

Le dernier de ces huit Lemmes relatifs au cercle, le Lemme XXXVI, n'a d'autre but que cette vérité élémentaire : Quand une corde d'un cercle est parallèle à un diamètre, les pieds des perpendiculaires abaissées des extrémités de la corde sur le diamètre sont à égale distance des extrémités du diamètre.

Corollaires des Lemmes III et XI.

Nous placerons ici trois corollaires immédiats des Lemmes III et XI. Formulés une fois pour toutes, ces corollaires évidents rendront inutile la répétition du court raisonnement qu'on pourrait faire directement sur les Lemmes. Nous les invoquerons sans autre explication, et nous abrégerons par là les démonstrations dans le cours de notre long travail.

Le Lemme III, dont le XIe n'est qu'un cas particulier, est certainement la proposition la plus importante de toute cette vaste théorie des Porismes d'Euclide, ainsi que nous avons eu occasion de le dire il y a longtemps, en présentant une courte analyse du VIIe Livre des *Collections mathématiques* de Pappus, dans l'*Aperçu historique* (1).

Corollaire I. *Quand quatre droites* A, B, C, D *concourantes en un même point* S *sont coupées par deux autres quelconques dans les deux séries de points* a, b, c, d *et* a', b', c', d', *on a l'équation*

$$\frac{ac}{ad} : \frac{bc}{bd} = \frac{a'c'}{a'd'} : \frac{b'c'}{b'd'}, \quad \text{ou} \quad \frac{ac.bd}{ad.bc} = \frac{a'c'.b'd'}{a'd'.b'c'}.$$

En effet, que par le point a on mène une parallèle à la droite $a'b'$; elle rencontre les droites B, C, D en b'', c'', d'', et l'on a, d'après le Lemme III,

$$\frac{ac.bd}{ad.bc} = \frac{ac''.b''d''}{ad''.b''c''}.$$

(1) *Aperçu, etc.*, p. 33-35 et 38-39. « Ici se présente naturellement une » observation qui pourra justifier l'importance que nous avons déjà cherché » à donner à la proposition 129 de Pappus et à la notion du *rapport anharmonique*..... En prenant la proposition dont il s'agit pour point de départ dans un essai de divination des *Porismes*, nous avons obtenu divers » théorèmes qui nous ont paru répondre aux énoncés en question. » — Voir aussi la note (3) de la page 11 ci-dessus.

Mais les segments ac'', $b''d''$,... sont proportionnels à $a'c'$, $b'd'$,..., à cause des parallèles ab'', $a'b'$; cette équa-

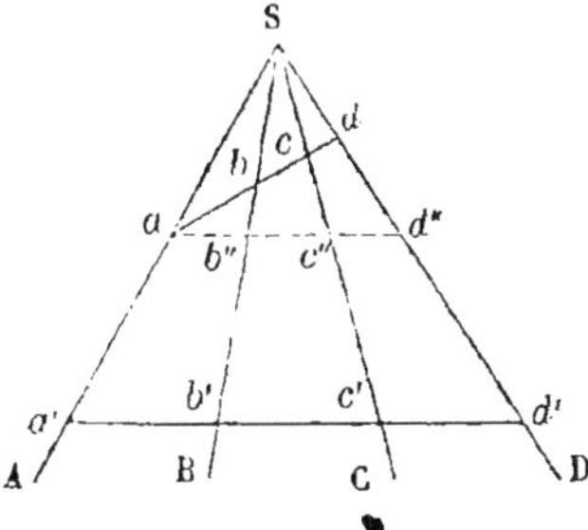

tion donne donc celle qu'il s'agit de démontrer.

Corollaire II. *Quand quatre droites* SA, SB, SC, SD *concourent en un même point* S, *si l'on mène une droite qui les rencontre en quatre points* a, b, c, d, *et une parallèle à* SD, *qui rencontre les trois autres en* a', b', c', *on*

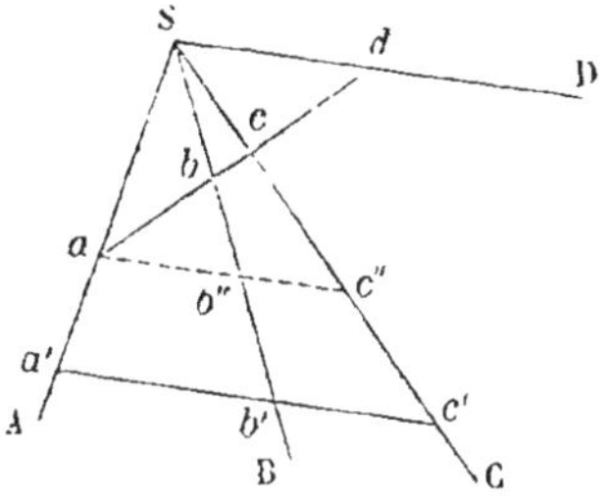

aura, entre ces deux séries de points, la relation

$$\frac{ab}{ac} : \frac{db}{dc} = \frac{a'b'}{a'c'}.$$

En effet, que par le point a on mène à la droite $a'b'$ une parallèle qui rencontre SB et SC en b'' et c''. On a, d'après le Lemme XI,

$$\frac{ab}{ac} : \frac{db}{dc} = \frac{ab''}{ac''}.$$

Mais, à cause des parallèles, $\frac{ab''}{ac''} = \frac{a'b'}{a'c'}$. Donc, etc.

Corollaire III. *Quand on a quatre droites* A, B, C, D, *partant d'un même point, et quatre autres droites* A', B', C', D' *partant aussi de ce point ou d'un autre quelconque, en faisant entre elles, deux à deux, des angles égaux aux angles des premières, si l'on mène deux transversales quelconques qui rencontrent respectivement ces deux systèmes de quatre droites dans les points* a, b, c, d *et* a', b', c', d', *on aura l'équation*

$$\frac{ac}{ad} : \frac{bc}{bd} = \frac{a'c'}{a'd'} : \frac{b'c'}{b'd'} \quad \text{ou} \quad \frac{ac \cdot bd}{ad \cdot bc} = \frac{a'c' \cdot b'd'}{a'd' \cdot b'c'}.$$

En effet, si les angles des droites A', B', C', D' sont formés dans le même sens de rotation que ceux des droites A, B, C, D, on pourra, à cause de l'égalité des angles des deux faisceaux de droites, superposer le second sur le premier, c'est-à-dire le placer de manière que les quatre droites A', B', C', D' coïncident respectivement avec les quatre A, B, C, D. Alors l'équation qu'il s'agit de démontrer sera celle du Corollaire I.

Si les angles des droites A', B', C', D' ne sont pas dans le même sens que ceux des droites A, B, C, D, il est clair que l'équation a encore lieu, car on ramène ce cas au précédent, en supposant qu'on fasse tourner le plan du second faisceau autour d'une droite fixe quelconque de ce plan, jusqu'à ce que, après une rotation de 180 degrés, il revienne coïncider avec le plan du premier faisceau.

Donc, etc.

§ XIII. — Usage des XXXVIII Lemmes de Pappus pour le rétablissement des trois Livres de Porismes.

Nous avons dit (§§ II et XI) que la plupart des Porismes transmis par Pappus expriment des relations de segments qui se rapportent aux *divisions homographiques* sur deux droites ou sur une seule.

Après avoir reconnu ce caractère général, nous eûmes à soumettre chaque énoncé énigmatique à différentes hypothèses pour en tirer les propositions ou Porismes qu'il pouvait renfermer : il fallait y distinguer surtout les choses variables de celles qui restent fixes et constantes ; les choses données de fait, des données virtuelles ou à trouver ; les cas divers où les segments que l'on considère sont formés tantôt sur deux droites, tantôt sur une seule ; où ils ont une origine fixe, et où les deux extrémités sont variables, etc. C'est après de nombreux essais, que nous sommes parvenu à nous fixer sur le sens précis que nous devions donner à chaque énoncé de Pappus et sur les diverses propositions ou Porismes qui découlaient de cette interprétation ou pouvaient s'y rattacher. Puis il fallait une démonstration de chacune de ces propositions. Cette démonstration eût été facile pour le très-grand nombre de celles qui se rattachent aux divisions homographiques; car il suffisait d'exposer d'abord, comme nous l'avons fait dans le *Traité de Géométrie supérieure*, une théorie générale de ces divisions. C'est ainsi que nous avions procédé quand nous avons écrit la Note de l'*Aperçu historique* sur les Porismes (1). Mais depuis, en nous préparant à mettre au jour cet essai de rétablissement conjectural de l'ouvrage d'Euclide, nous avons craint que ces démonstrations faciles, fondées sur des théories modernes, ne donnassent lieu à quelques doutes sur la coïncidence de nos idées avec celles du géomètre grec, et ne fussent le sujet d'objections spécieuses contre les probabilités de notre réussite dans ce travail de divination. Cette considération nous a décidé à ne plus invoquer la théorie générale des divisions homographiques, et nous nous sommes astreint à refaire pour chaque Porisme de nouvelles démonstrations directes et spéciales, ne reposant que sur des principes et des pro-

(1) *Aperçu, etc.*, p. 274-284.

positions que l'on pût regarder comme familières à Euclide.

Nous avions sans doute à craindre d'entreprendre un travail qui ne fût pas sans difficultés. Mais heureusement les Lemmes de Pappus, qui déjà dans l'origine avaient servi puissamment à nous dévoiler le caractère général des Porismes d'Euclide, nous ont encore été ici d'un grand secours. Non-seulement chaque Lemme nous a fourni le sujet d'un ou de plusieurs Porismes qui s'en pouvaient conclure sans autre démonstration, mais nous avons reconnu dans plusieurs de ces propositions des éléments de démonstrations propres à presque tous les autres Porismes. Il nous a suffi d'ajouter aux trente-huit Lemmes de Pappus les trois corollaires qui terminent le paragraphe précédent.

Sans autre secours que ces trente-huit Lemmes et ces trois corollaires, et en nous renfermant strictement dans les XXIX genres décrits par Pappus, nous avons obtenu deux cents et quelques Porismes, dont le très-grand nombre, sinon tous, pouvaient entrer dans l'ouvrage d'Euclide. Nous nous proposions d'abord d'en écarter une quarantaine, pour en réduire le nombre aux 171 annoncés par Pappus. Mais nous avons éprouvé quelque embarras quand il s'est agi de faire cette exclusion, et nous avons préféré en laisser le soin aux géomètres qui nous liront, nous réservant de profiter de leur jugement.

Qu'on ôte, ou non, de ces propositions, nous espérons qu'on reconnaîtra que les démonstrations de toutes ne s'écartent pas des éléments contenus dans les Lemmes de Pappus, et ne dépassent pas les connaissances qu'Euclide pouvait supposer à ses lecteurs. Nous devons prévenir toutefois que quelques Porismes seront présentés sous un énoncé plus général que celui qui devait probablement se trouver dans l'ouvrage grec. Car on conçoit que pour éviter certaines difficultés, provenant principalement de la direction des segments dans les figures, difficultés dont la Géométrie moderne est affranchie, à son grand avantage, Euclide a dû souvent adapter les énoncés de ses propositions à des figures spéciales ou particulières. Mais le caractère propre de ces propositions n'en était nullement altéré.

§ XIV. — Énoncés des trente-huit Lemmes de Pappus sur les Porismes d'Euclide.

I. Lemme pour le premier Porisme du Ier Livre. *Soit la figure* ABCDEFG; *et soit* $\frac{AF}{FG} = \frac{AD}{DC}$. *Qu'on joigne* HK; *je dis que* HK *est parallèle à* AC.

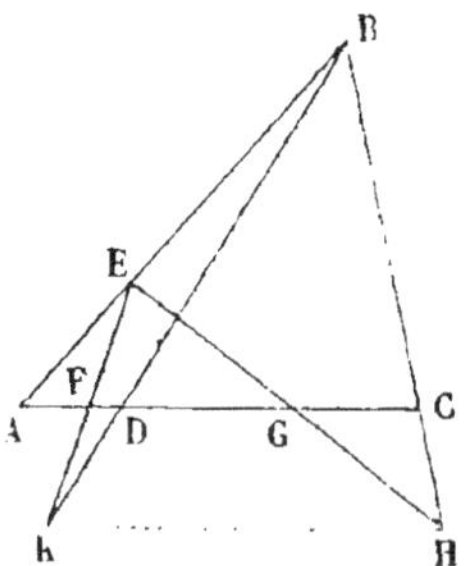

II. Lemme pour le deuxième Porisme. *Soit la figure* ABCDEFGH; *que* AF *soit parallèle à* DB, *et qu'on ait* $\frac{AE}{EF} = \frac{CG}{GF}$: *les trois points* H, K, F *seront en ligne droite.*

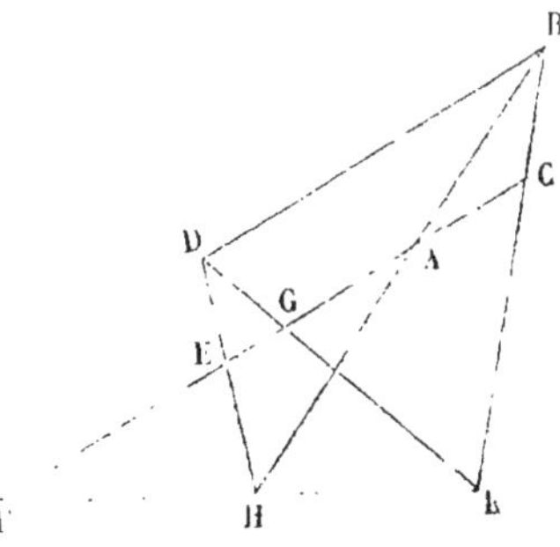

III. *Si les trois droites* AB, AC, AD *sont coupées par*

les deux HE, HD, *je dis que le rectangle construit sur* HE, GF *est au rectangle sur* HG, FE, *comme le rectangle sur* HB, DC *est au rectangle sur* HD, BC.

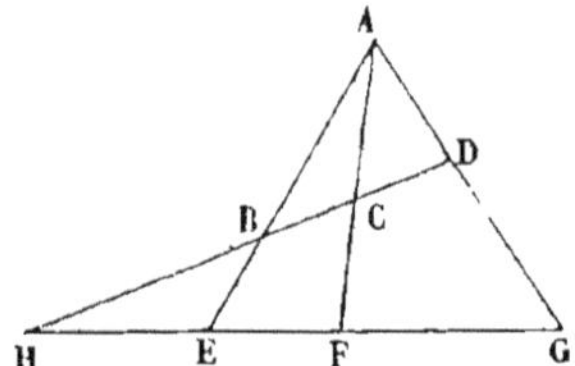

C'est-à-dire que

$$\frac{HE.GF}{HG.FE} = \frac{HB.DC}{HD.BC}, \quad \text{ou} \quad \frac{HB}{HD} : \frac{CB}{CD} = \frac{HE}{HG} : \frac{FE}{FG}.$$

IV. *Soit, dans la figure* ABCDEFGHKL,

$$\frac{AF.BC}{AB.FC} = \frac{AF.DE}{AD.EF}.$$

Je dis que les trois points H, G, F *sont en ligne droite*

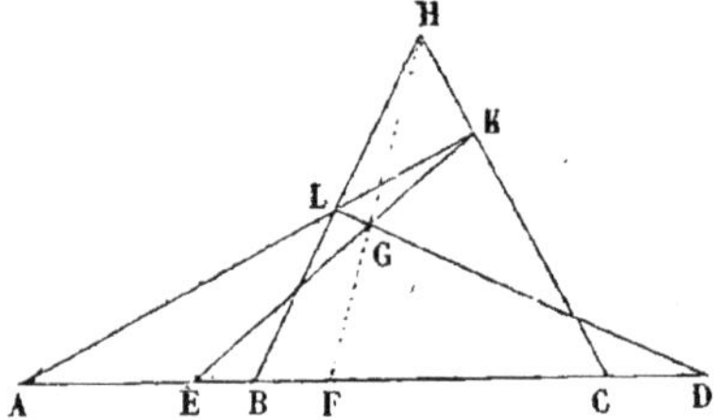

V. *Soit la figure* ABCDEFGH, *dans laquelle on a* $\frac{AD}{DC} = \frac{AB}{BC}$. *Je dis que les trois points* A, G, H *sont en ligne droite*.

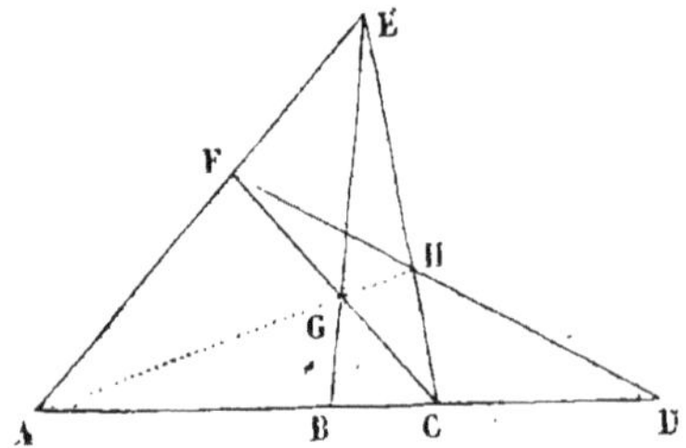

VI. *Que, dans la même figure,* DF *soit parallèle à* AC; *je dis que* AB = BC. *Et si* AB = BC, *je dis que* DF *est parallèle à* AC.

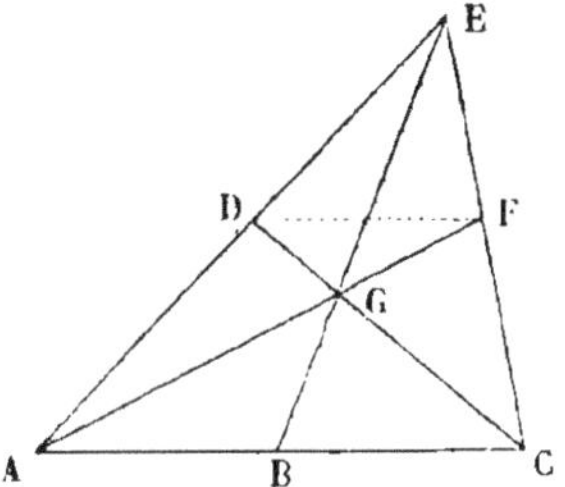

VII. *Que, dans la même figure encore,* BD *soit troisième proportionnelle aux deux* CB, BA; *je dis que* FG *est parallèle à* AC.

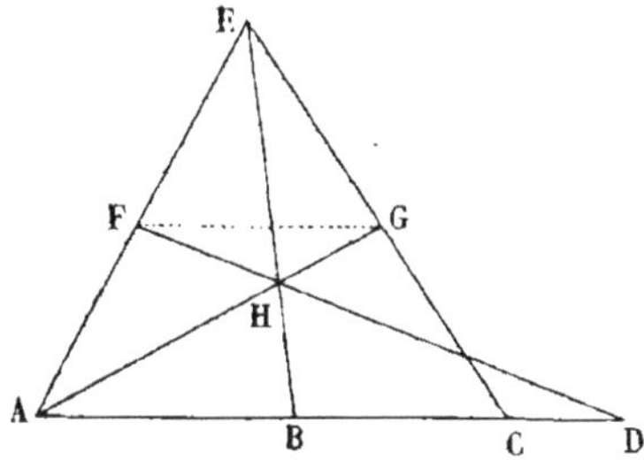

VIII. *Si, dans la figure* ABCDEFG, DE *est parallèle à* BC, *et* EG *parallèle à* BF, DF *sera parallèle à* CG.

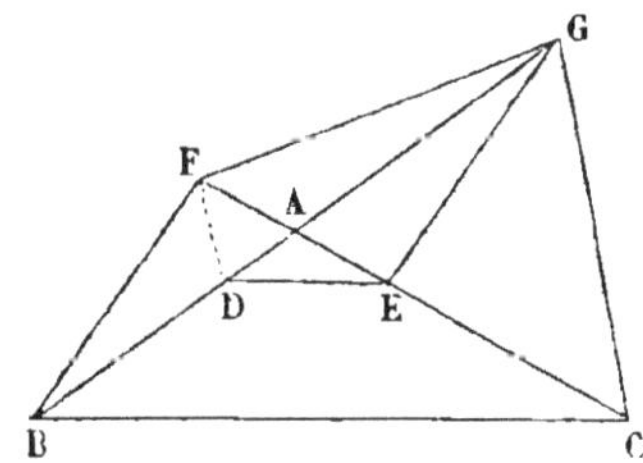

IX. *Dans le triangle* ABC *on mène les droites* AD, AE

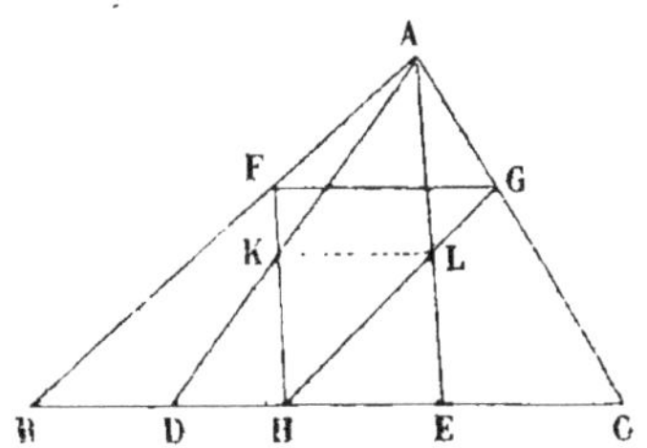

et la droite FG *parallèle à* BC, *puis les droites* FH, GH. *Si* $\frac{BH}{HC} = \frac{DH}{HE}$, *je dis que* KL *est parallèle à* BC.

X. *On coupe les deux droites* BAE, DAG *par les deux* HD, HE (*sur lesquelles on prend les deux points* C, F). *Si l'on a* $\frac{DH.BC}{DC.BH} = \frac{HG.FE}{HE.FG}$, *je dis que les trois points* C, A, F *sont en ligne droite.*

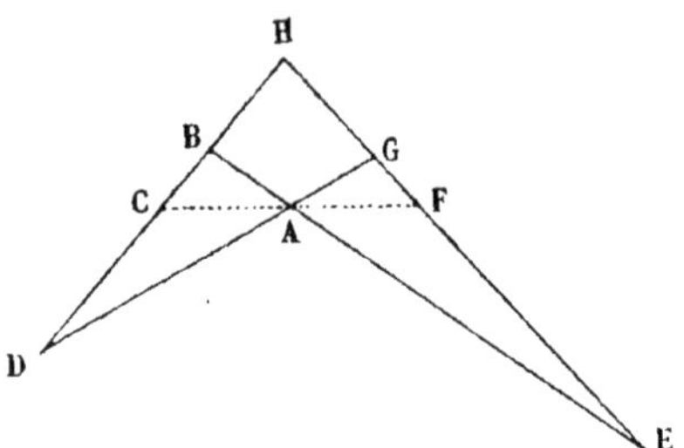

XI. *Soit le triangle* ABC; *on mène* AD *parallèle à* BC, *et une droite* DE *qui rencontre* BC *en un point* E. *Je dis que l'on a* $\frac{DE.FG}{EF.GD} = \frac{CB}{BE}$.

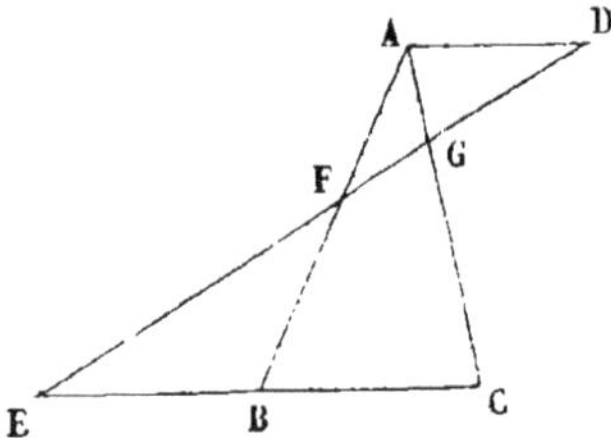

XII. *Ces choses étant démontrées, il faut faire voir que*

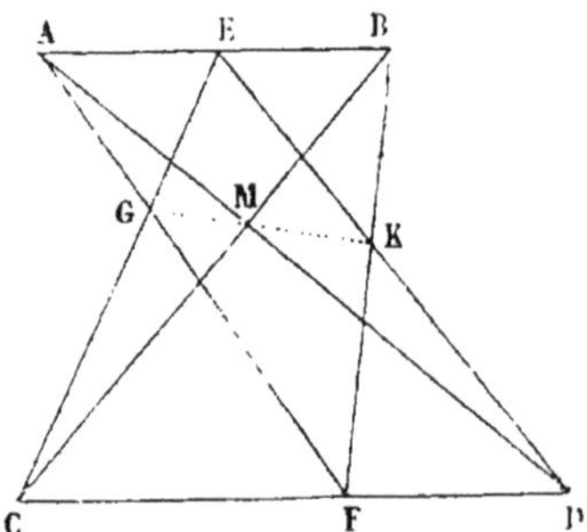

si deux droites parallèles AB, CD *sont coupées par d'autres* AD, AF, BC, BF, *puis, qu'on mène les deux* ED, EC, *les trois points* G, M, K *seront en ligne droite.*

XIII. *Mais que les droites* AB, CD *ne soient pas parallèles et qu'elles concourent en un point* N : *je dis que les trois points* G, M, K *seront encore en ligne droite.*

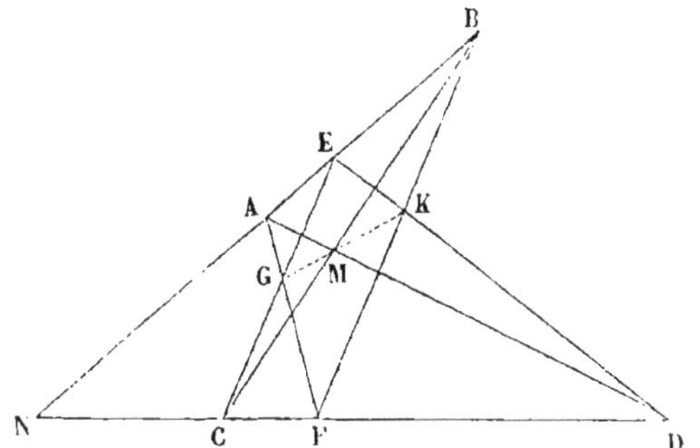

XIV. *Soit* AB *parallèle à* CD, *et que l'on mène* AE, BC; *si l'on prend sur* BC *le point* F *tel, qu'on ait* $\frac{\mathrm{DE}}{\mathrm{EC}} = \frac{\mathrm{CB}.\mathrm{GF}}{\mathrm{FB}.\mathrm{CG}}$, *je dis que les trois points* A, F, D *sont en ligne droite.*

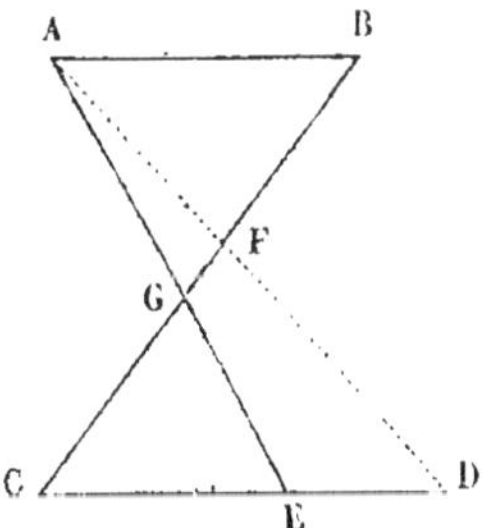

XV. *Cela étant admis, soit* AB *parallèle à* CD, *et que (des points* E, F *pris sur ces droites) l'on mène les droites*

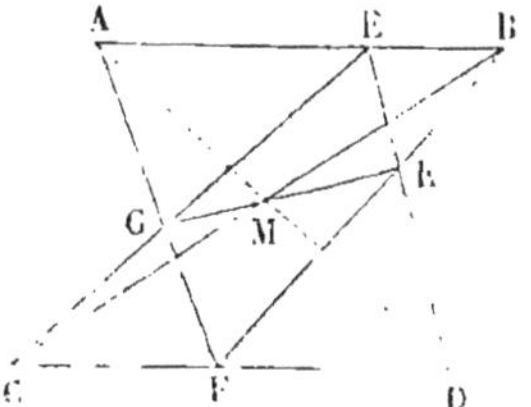

FA, FB, EC, ED, *puis, qu'on joigne les deux* BC, GK; *je dis que les trois points* A, M, D *sont en ligne droite.*

XVI. *Quand deux droites* AB, AC *sont coupées par deux autres* DB, DE *menées d'un point* D, *si sur celles-ci on prend deux points* G, H *tels, que l'on ait* $\frac{EG.FD}{DE.GF} = \frac{BH.CD}{BD.CH}$, *je dis que les trois points* A, G, H *sont en ligne droite.*

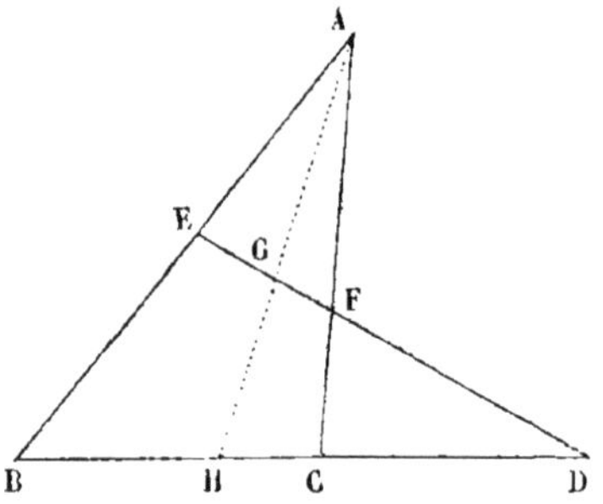

XVII. *Mais que* CD *ne soit pas parallèle à* AB, *et que ces droites concourent en un point* N (*je dis que les points* A, M, D *seront encore en ligne droite*).

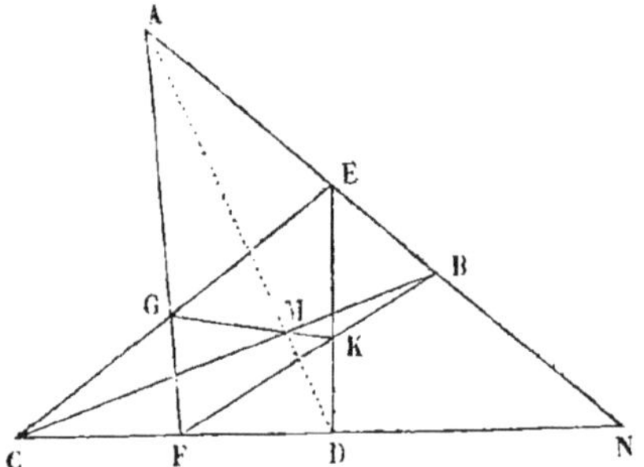

XVIII. *Soit le triangle* ABC; AD *parallèle à* BC, *et que*

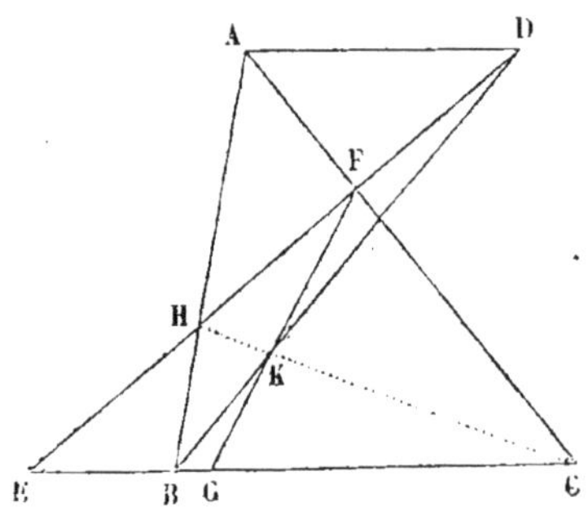

l'on mène DE, FG, *de manière que l'on ait* $\frac{\overline{EB}^2}{CE.CB} = \frac{BG}{GC}$; *je dis que si l'on mène* BD, *les trois points* H, K, C *seront en ligne droite.*

XIX. *Quand trois droites* AB, AC, AD *sont coupées par deux autres* EF, EB *menées par un point quelconque* E, *si l'on a* $\frac{EF}{FG} = \frac{EH}{HG}$, *je dis que l'on aura* $\frac{EB}{BC} = \frac{ED}{DC}$.

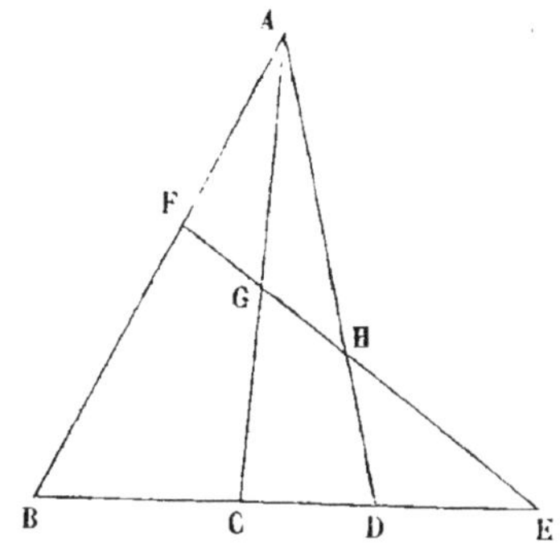

XX. *Soient deux triangles* ABC, DEF *dont les angles* A, D *sont égaux; je dis que le rapport des rectangles* AB.AC, DE.DF *est égal à celui (des aires) des triangles.*

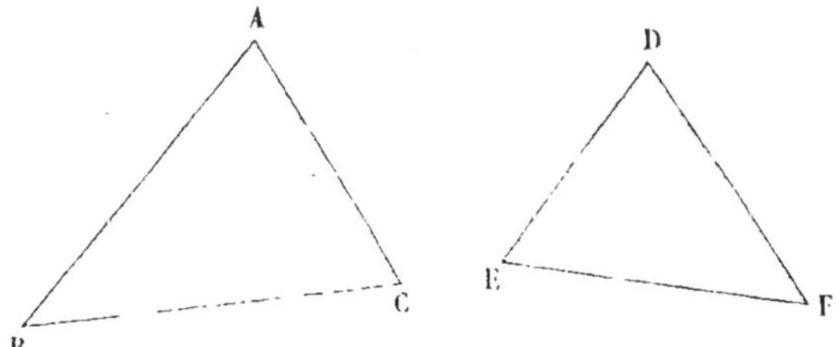

XXI. *Que les angles* A *et* D *fassent ensemble deux*

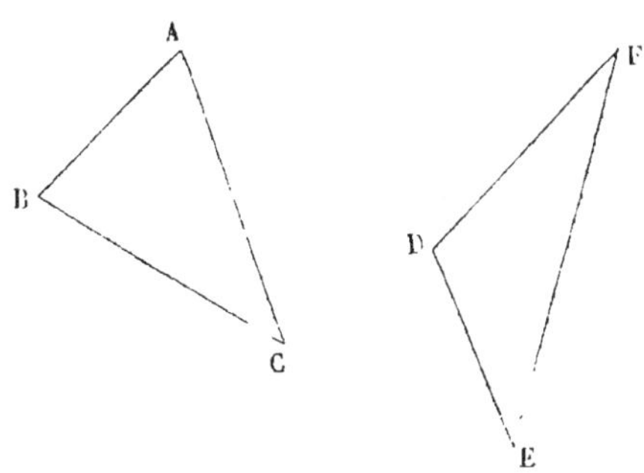

angles droits, je dis que le rapport des rectangles AB.AC, DE.DF *est encore égal au rapport des (aires des) deux triangles.*

XXII. *Soit une droite* AB *sur laquelle on prend deux points* C, D, *tels, que l'on ait* $2\,AB.CD = \overline{CB}^2$, *je dis que l'on a* $\overline{AD}^2 = \overline{AC}^2 + \overline{DB}^2$.

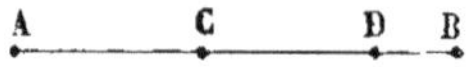

A C D B

XXIII. *Si* $BA.BC = \overline{BD}^2$, *je dis que l'on a ces trois égalités :*

$$(AD + DC).BD = DA.DC, \quad (AD + DC).CB = \overline{DC}^2,$$

$$(AD + DC).AB = \overline{AD}^2.$$

A C B D

XXIV. *Soit la droite* AB, *et deux points* C, D, *tels, que l'on ait* $\overline{CD}^2 = 2\,AC.DB$, *je dis que l'on aura*

$$\overline{AB}^2 = \overline{AD}^2 + \overline{CB}^2.$$

A C D B

XXV. *Soit* $BA.BC = \overline{BD}^2$; *je dis qu'on a les trois égalités :*

$$(AD - DC).BD = DA.DC; \quad (AD - DC).CB = \overline{DC}^2;$$

$$(AD - DC)\,BA = \overline{AD}^2.$$

A D C B

XXVI. *Si l'on a* $\frac{AB}{BC} = \frac{\overline{AD}^2}{\overline{DC}^2}$, *je dis que l'on aura*

$$BA.BC = \overline{BD}^2.$$

A C B D

XXVII. *Soit encore* $\frac{AB}{BC} = \frac{\overline{AD}^2}{\overline{DC}^2}$; *je dis que l'on aura*

$$BA \cdot BC = \overline{BD}^2.$$

XXVIII. *Si les droites* DA, DC *touchent le cercle* ABC, *et que l'on mène* AC (*et* DEB), *je dis que l'on aura*

$$\frac{BD}{DE} = \frac{BF}{FE}.$$

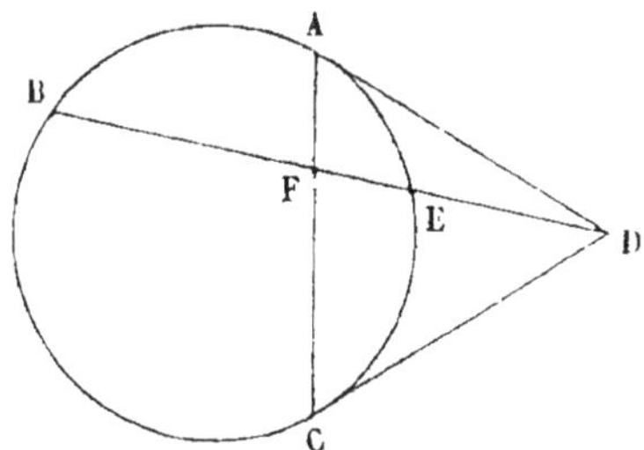

XXIX. Problème. *Un arc de cercle étant décrit sur la ligne* AB, *y inscrire les cordes* AC, CB *qui soient entre elles dans un rapport donné.*

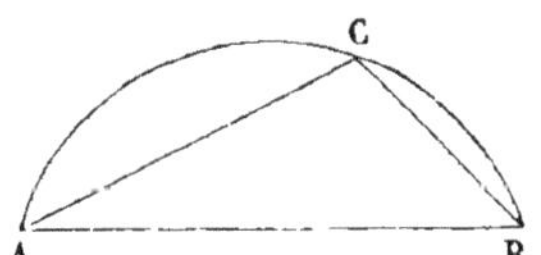

XXX. *Soit un cercle dont le diamètre est* AB; *qu'on mène une corde* DE *perpendiculaire au diamètre, et une*

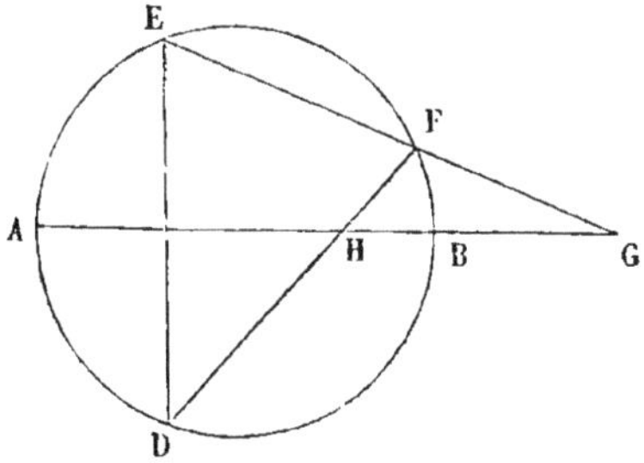

autre corde DF ; *qu'on joigne* EF *qui prolongée rencontre le diamètre en* G ; *je dis qu'on aura* $\frac{AG}{GB} = \frac{AH}{HB}$.

XXXI. *Soit un demi-cercle décrit sur* AB ; *qu'on mène par les points* A, B *les droites* BD, AE *perpendiculaires sur* AB ; *puis la droite* DE, *et en son point* F (*situé sur le cercle*) *la perpendiculaire* FG *qui rencontre le diamètre* AB *en* G ; *je dis que l'on aura* AE.BD = GA.GB.

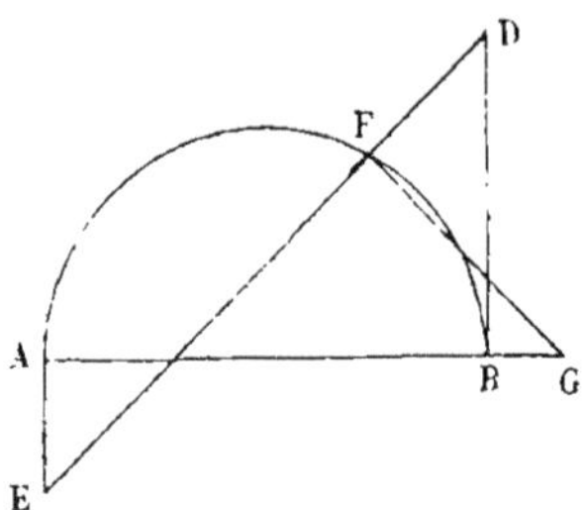

XXXII. *Soit le triangle* ABC, *dont le côté* AB *est égal à* AC ; *si par un point* D, *pris sur le prolongement de* AB *on mène* DE *faisant le triangle* BDE *égal en surface au triangle* ABC ; *puis, qu'on divise en deux parties égales le côté* AC *par la droite* BF : *je dis que l'on aura*

$$\frac{FB + BG}{FG} = \frac{\overline{AF}^2}{\overline{FH}^2} \text{ (1)}.$$

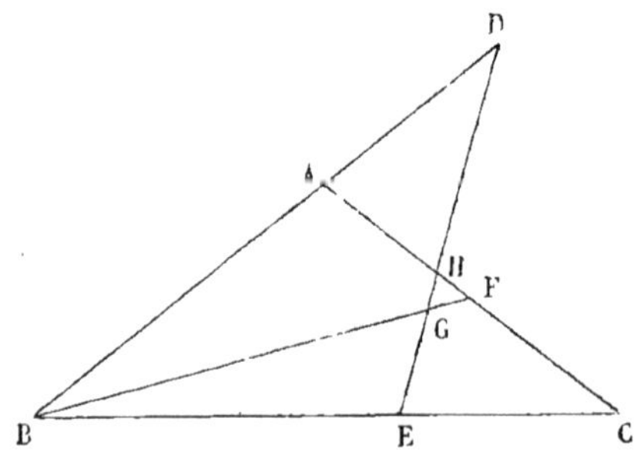

---

(1) Simson remarque (*Opera quædam....*, p. 523) que dans la démonstration de ce Lemme, que donne Pappus, il n'y a rien qui exige que le triangle ABC soit isocèle comme le prescrit l'énoncé. Il pense que le texte a été altéré par l'introduction de cette condition restrictive. Et en effet, le Porisme que nous tirerons de ce Lemme est général, quel que soit le triangle.

XXXIII. *Soit un cercle et une droite* DE *perpendiculaire au diamètre* AB *prolongé; que l'on prenne le point* G *tel, que l'on ait* $FA.FB = \overline{FG}^2$; *je dis que si d'un point quelconque* E (*de la droite* DE) *on mène la droite* EG *prolongée jusqu'en* H, *on aura*

$$EH.EK = \overline{EG}^2.$$

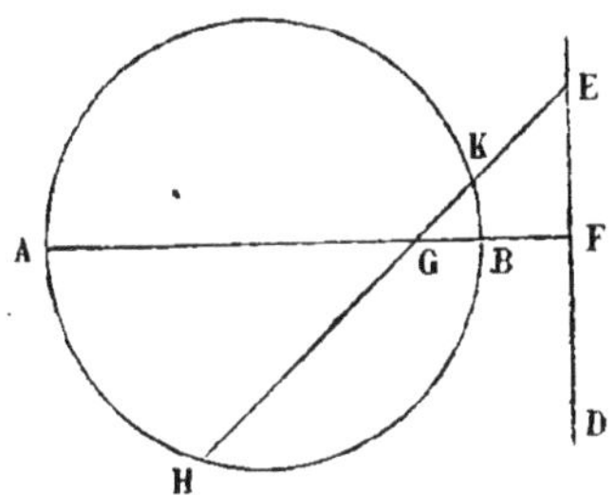

XXXIV. *Si l'on a* (*entre les quatre points* A, B, C, D) $\frac{AB}{BC} = \frac{AD}{DC}$, *et que le point* E *soit le milieu de* AC, *je dis*

que l'on aura les trois égalités

$$EB.ED = \overline{EC}^2; \quad DB.DE = DA.DC; \quad BA.BC = BE.BD.$$

XXXV. *Cela étant, soit un cercle et une droite* DE *perpendiculaire au diamètre* AB *prolongé, et que l'on prenne*

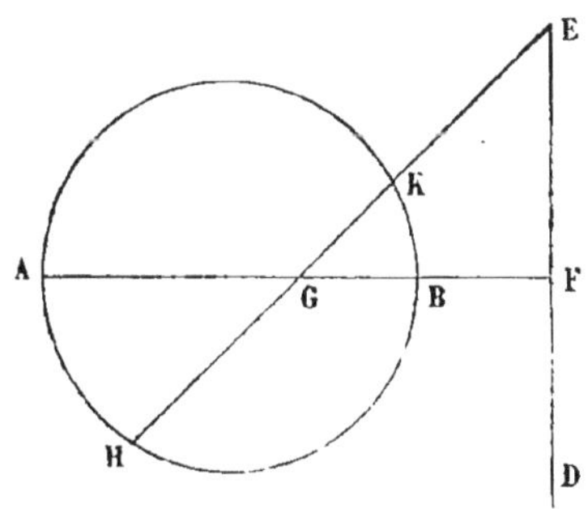

le point G *tel, que l'on ait* $\frac{AF}{FB} = \frac{AG}{GB}$; *je dis que si d'un point quelconque de* DE, *comme de* E, *on mène* EG *prolongée jusqu'en* H, *on aura*

$$\frac{HE}{EK} = \frac{HG}{GK}.$$

XXXVI. *Soit un demi-cercle décrit sur* AB, *et* (*la corde*) CD *parallèle à* AB; *qu'on mène les perpendiculaires*

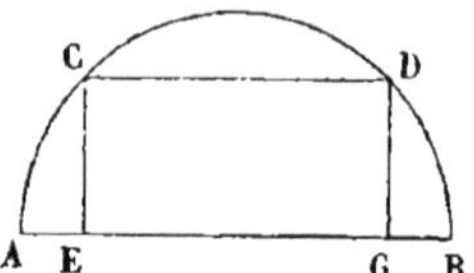

CE, DG; *je dis que* AE = GB.

XXXVII. *Soit un demi-cercle décrit sur* AB; *que l'on mène* CD *d'un point* C *quelconque* (*pris sur* AB *prolongé*),

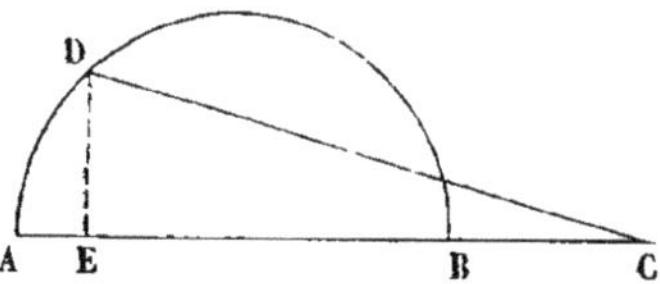

puis la perpendiculaire DE; *je dis que l'on aura*

$$\overline{AC}^2 = \overline{CD}^2 + (AC + CB)\,AE.$$

XXXVIII. *Un parallélogramme* AD *étant donné de position, mener d'un point donné* E (*de la base* BD *du parallélogramme*) *la droite* EF *qui fasse le triangle* FCG *égal au parallélogramme.*

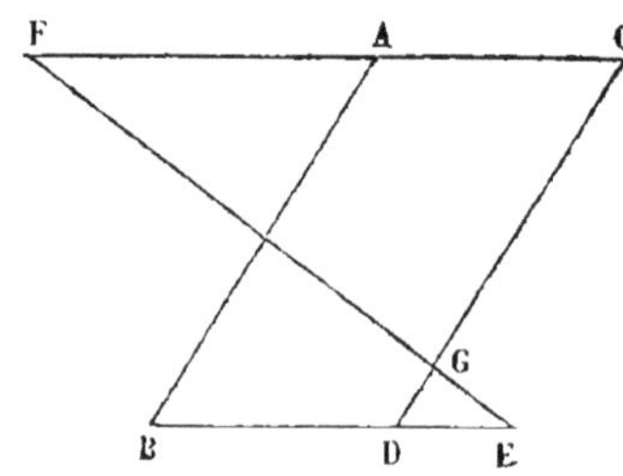

Ier LIVRE DES PORISMES.

Les dix cas de la proposition des quatre droites.

Porisme I. — *Lorsque deux droites* SA, SB *sont coupées par une troisième en* A *et* B, *si l'on prend sur celle-ci deux points* P, Q *situés, respectivement, du même côté des points* A *et* B, *et un troisième point* ρ, *situé en dehors du segment* PQ, *et déterminé par la relation*

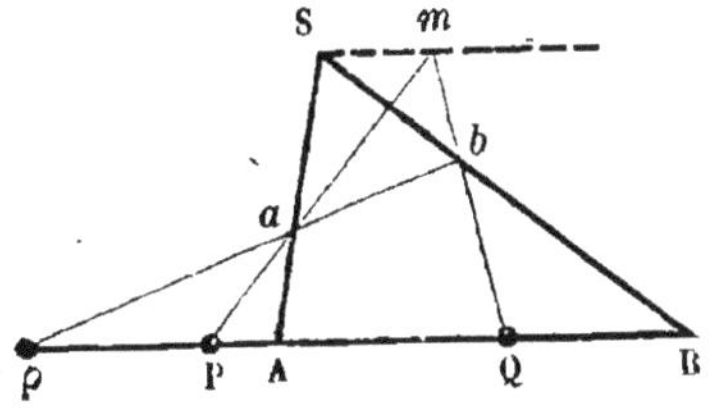

$$\frac{\rho P}{PA} = \frac{\rho Q}{QB};$$

qu'ensuite on fasse tourner autour de ce point une transversale qui rencontre les droites données SA, SB *en* a *et* b; *et qu'on mène les droites* Pa, Qb *qui se coupent en* m : *ce point est situé sur une droite donnée de position.*

En effet, le Lemme I (proposition 127) exprime précisément que la droite qui joint le point S au point *m* est parallèle à AB; d'où résulte l'énoncé du Porisme.

Nota. Les lettres S, A, B, ρ, P, Q, *a*, *b*, *m* de notre figure et la proportion $\frac{\rho P}{PA} = \frac{\rho Q}{QB}$ correspondent aux lettres H, G, C, A, F, D, E, B, K et à la proportion $\frac{AF}{FG} = \frac{AD}{DC}$ de la traduction de Pappus par Commandin (que nous citons toujours, à défaut du texte resté manuscrit).

Nous ferons observer que le Porisme subsisterait, c'est-à-dire que le lieu du point *m* serait encore une droite parallèle à AB, si les points P, Q se trouvaient respectivement de côtés différents de A et B, pourvu qu'alors on prît sur le segment PQ, et non en dehors, le point ρ satisfaisant toujours, bien entendu, à la proportion.

Si nous n'avons pas fait mention de ce cas, qui compléterait l'énoncé dont le Porisme est susceptible, c'est qu'il n'est pas indiqué dans les figures du Lemme de Pappus, qui toutes (au nombre de cinq) présentent les points P, Q du même côté de A et B respectivement.

Il est à croire qu'Euclide, qui se bornait à répandre dans ses Porismes le germe de propositions fécondes, n'a donné qu'un des deux cas que comporte le sujet, parce que l'autre cas ne demandait aucun changement à la démonstration.

Dans la Géométrie moderne, il n'y a pas lieu de distinguer les deux cas dont il s'agit : on les renferme tacitement dans la seule proportion $\frac{\rho P}{\rho Q} = \frac{PA}{QB}$ en attribuant des signes aux segments : car il résulte de cette simple convention (en supposant la proportion écrite comme on la voit), que le point ρ, qui à défaut des signes aurait toujours deux positions, n'en a plus qu'une, savoir : en dehors des points P et Q quand les segments PA et QB sont dirigés dans le même sens, et entre les points P et Q quand ces segments sont dirigés en sens contraire.

On conçoit combien les géomètres grecs ont dû souvent être embarrassés de difficultés que ce principe des signes fait disparaître dans la Géométrie moderne.

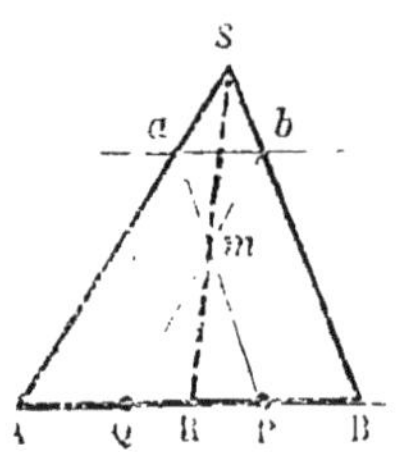

PORISME II. — *On donne deux droites* SA, SB *et deux points* P, Q; *une parallèle quelconque à la droite qui joint ces deux points, rencontre les deux droites données en* a *et* b; *on mène les droites* Pa, Qb *qui se coupent en* m : *ce point* m *est situé sur une droite donnée de position.*

La démonstration se trouve dans le Lemme II (proposition 128). Car, d'après ce Lemme, la droite Sm rencontre la droite AB en un point R déterminé par la proportion

$$\frac{BA}{AR} = \frac{QP}{PR},$$

et qui par conséquent est fixe. Le point m se trouve donc sur une droite SR déterminée de position. C. Q. F. D.

Nota. Le quadrilatère $aSbm$ de notre figure, et les points A, B, Q, P, R, sont dans Pappus DHBK et E, A, C, G, F; et la proportion ci-dessus est $\frac{AE}{EF} = \frac{CG}{GF}$.

PORISME III. — *Étant donnés deux droites parallèles* AX, BY *et trois points* ρ, P, Q *situés en ligne droite; si autour du point* ρ *on fait tourner une transversale qui rencontre les deux droites en* a *et* b, *et qu'on mène les deux* Pa, Qb *qui se coupent en* m : *ce point* m *est situé sur une droite donnée de position.*

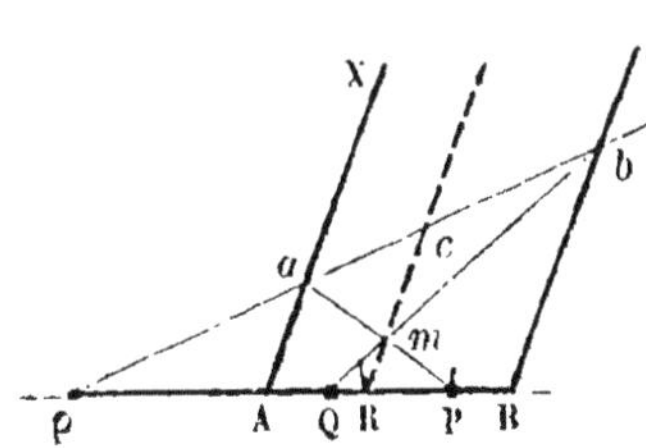

Conséquence du Lemme III (proposition 129). En effet, qu'on mène par le point m une parallèle aux deux droites AX, BY, qui rencontre la droite PQ en R, et la transversale ρab en c; on a, d'après le Lemme III, appliqué aux trois droites mQ, mR, mP coupées par les deux droites ρ PQ, ρab,

$$\frac{\rho P}{\rho R} : \frac{QP}{QR} = \frac{\rho a}{\rho c} : \frac{ba}{bc}.$$

Mais, à cause des parallèles, le deuxième membre est égal à $\frac{\rho A}{\rho R} : \frac{BA}{BR}$. Donc

$$\frac{\rho P}{\rho R} : \frac{QP}{QR} = \frac{\rho A}{\rho R} : \frac{BA}{BR}.$$

ou

$$\frac{QR}{BR} = \frac{\rho A . QP}{\rho P . BA}.$$

Ce qui prouve que le point R est indépendant de la direction de la transversale $\rho\, ab$. Donc, etc.

PORISME IV. — *Étant donnés deux droites* SA, SB *et trois points* ρ, P, Q *situés en ligne droite; si autour du premier* ρ *on fait tourner une transversale qui rencontre les deux droites en* a *et* b; *puis, qu'on mène les droites* Pa, Qb *qui se rencontrent en* m : *ce point* m *est situé sur une droite donnée de position.*

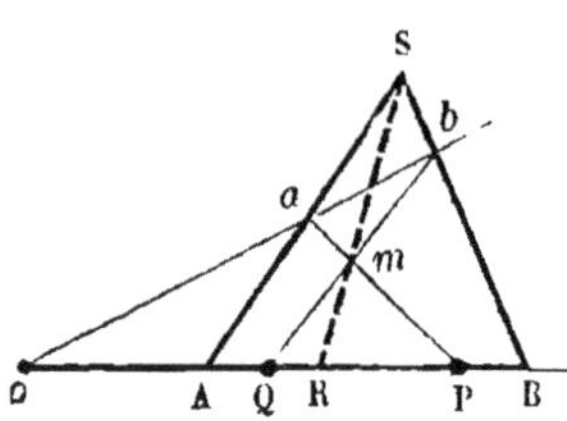

Ce Porisme est le cas général de la question des quatre droites. Il se conclut immédiatement du Lemme IV (proposition 130), qui exprime une des relations à six segments existantes entre les six points de section des côtés et des diagonales d'un quadrilatère, tel que $aSbm$, par une transversale. Ici cette relation devient

$$QP . B\rho . RA = AB . PR . \rho Q.$$

Pappus l'écrit sous forme d'égalité de deux rapports de rectangles faits sur les segments, en y introduisant le facteur ρR, ainsi :

$$\frac{\rho R . QP}{\rho Q . RP} = \frac{\rho R . BA}{\rho B . AR}.$$

Le point m se trouve donc toujours sur la droite SR dont la position est déterminée par cette égalité. C. Q. F. D.

Nota. Le quadrilatère $aSbm$ et les points A, B, Q, P, ρ, R sont dans Pappus KGLH, et E, D, B, C, A, F, et la relation de segments est

$$\frac{AF . BC}{AB . FC} = \frac{AF . DE}{AD . EF}.$$

Porisme V. — *Lorsque deux droites* SA, SB *en rencontrent une troisième en* A *et* B, *si l'on prend sur celle-ci deux points* ρ, P, *tels, que l'on ait*

$$\frac{\rho P}{PA} = \frac{\rho B}{BA};$$

qu'autour du point ρ *on fasse tourner une droite qui rencontre* SA, SB, *en* a, b, *et qu'on mène les deux droites* Pa, Ab *qui se coupent en* m : *ce point sera sur une droite donnée de position.*

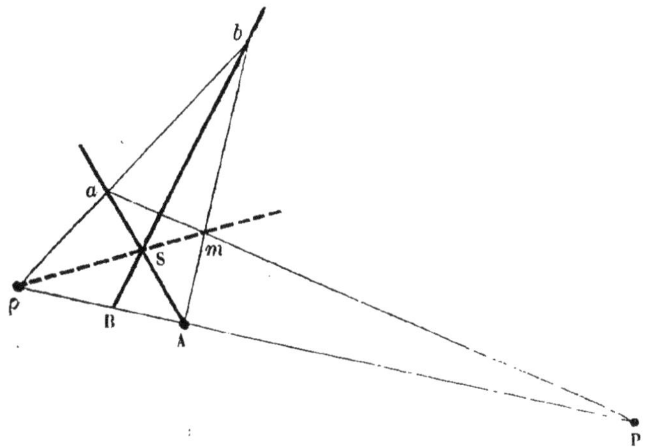

En effet, d'après le Lemme V (proposition 131), les trois points ρ, S, *m* sont sur une même droite; c'est-à-dire que le point *m* est situé sur la droite ρS donnée de position.

C. Q. F. D.

Porisme VI. — *Étant données deux droites* SA, SB, *si l'on mène parallèlement à la base* AB *une droite qui les rencontre en* a *et* b; *puis, les deux droites* Ab *et* Ba *qui se coupent en* m : *ce point* m *est situé sur une droite donnée de position.*

Ce cas est la conséquence immédiate du Lemme VI (proposition 132) qui exprime que quand les côtés d'un triangle sont coupés par une parallèle à la base, les droites menées des extrémités de la base aux deux points de section des côtés, se rencontrent sur la droite menée du sommet au milieu de la base.

Observation. Quelque simple et élémentaire que soit ce cas particulier, il n'y a pas de raison de croire qu'il ne figurait pas dans l'ouvrage d'Euclide, puisque Pappus a jugé à propos de donner un Lemme non moins simple, qui en est l'expression évidente.

De plus, il est à considérer qu'au temps d'Euclide on ne regardait pas deux droites parallèles comme présentant un cas particulier de deux droites concourantes en un point, ni comme donnant lieu, dans une proposition de Géométrie, aux mêmes conséquences que ces dernières. Il fallait toujours une démonstration spéciale, qui pouvait différer de la démonstration du cas des droites concourantes; et c'est ce qui a lieu dans ce Porisme.

Il paraît que ce fut Desargues, qui, vers le premier tiers du XVIIe siècle, introduisit, à cet égard, dans la Géométrie des idées de généralisation si heureuses et si conformes à l'esprit des Mathématiques (1).

PORISME VII. — *Deux droites* SA, SB *sont données, et sur une transversale* AB *on prend deux points* ρ, P, *tels, que l'on ait*

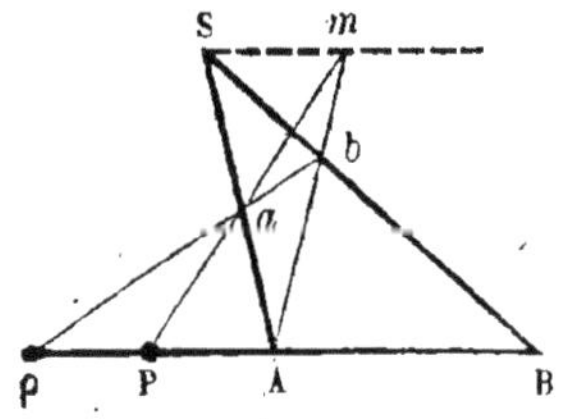

$$\overline{\rho A}^2 = \rho P . \rho B;$$

si autour du point ρ *on fait tourner une droite qui rencontre* SA, SB *en* a *et* b; *puis, qu'on mène les deux droites* Pa, Ab *qui se coupent en* m : *ce point* m *sera situé sur une droite donnée de position.*

Ce Porisme est la conséquence immédiate du Lemme VII

(1) V. *Traité des propriétés projectives des figures*, de M. Poncelet, p. 38 et 39. — *Aperçu historique*, p. 76.

(proposition 133), d'après lequel la droite Sm est parallèle à la base AB.

Nota. Les lettres S, A, B, P, ρ, a, b, m de la présente figure sont F, A, D, C, B, E, H et G dans Pappus.

Observation. En s'appuyant sur la réciproque de ce Lemme VII, on en conclurait le Porisme suivant :

Étant données deux droites SA, SB, *et sur la droite* AB *un point* P, *on mène à* AB, *des parallèles dont chacune rencontre* SA, SB *en* a *et* b; *puis, on joint les points* A *et* b, P *et* a, *par des droites qui se coupent en* m : *ce point est situé sur une droite donnée de position.*

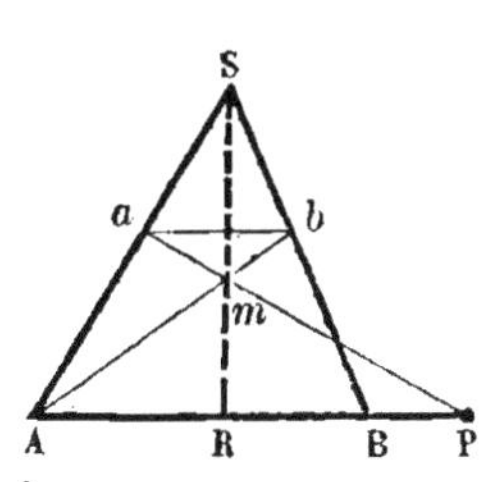

En effet, d'après la réciproque du Lemme, la droite Sm rencontre la base AB en un point fixe R que détermine la relation

$$\overline{RA}^2 = RB \,.\, RP.$$

PORISME VIII. — *Quand deux droites* SA, SB, *sont données, ainsi que deux points* ρ, Q; *si autour du point* ρ *on fait tourner une transversale qui rencontre les deux droites en deux points* a, b; *que par le premier on mène une parallèle* aP *à la droite* ρQ, *et par le deuxième la droite* bQ *qui coupe la parallèle en* m : *ce point* m *est situé sur une droite donnée de position.*

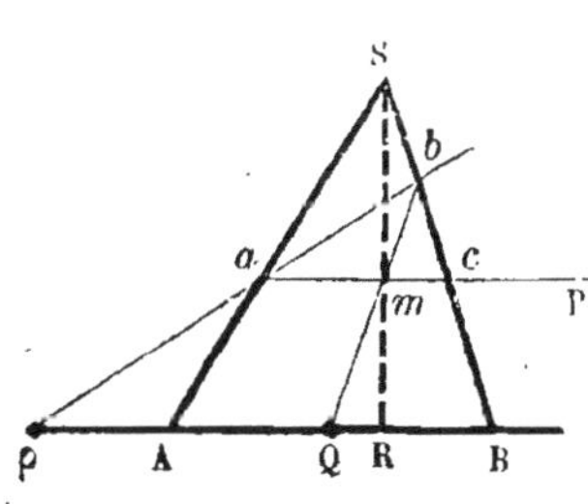

Soit R le point d'intersection des droites Sm et AB, et c celui de aP et SB : on a, par les triangles semblables,

$$\frac{AR}{AB} = \frac{am}{ac}, \quad \text{et} \quad \frac{\rho Q}{\rho B} = \frac{am}{ac}.$$

Donc

$$\frac{AR}{AB} = \frac{Q\rho}{B\rho}.$$

Ainsi la droite Sm passe toujours par un même point R déterminé par cette proportion; et le point m se trouve sur une droite donnée de position. C. Q. F. D.

Autrement. La démonstration du Porisme se peut encore conclure de la réciproque du Ier Lemme de Pappus; la proportion qui vient d'être démontrée résulte du parallélisme des lignes ρQ et am, d'après cette réciproque.

Nota. Le quadrilatère aSbm et les points A, B, Q, ρ, R sont indiqués dans Pappus, KEBH et F, A, C, D, G; et la proportion est

$$\frac{AF}{FG}=\frac{AD}{DC}.$$

Elle répond, lettre pour lettre, à la précédente renversée

$$\frac{BA}{AR}=\frac{B\rho}{Q\rho}.$$

Porisme IX. — *Étant donnés deux droites* SA, SB *et trois points* ρ, P, Q *situés sur une troisième droite parallèle à l'une des premières* SB, *autour du point* ρ *on fait tourner une droite qui rencontre* SA, SB *en* a *et* b; *par ces points on mène les droites* aP, bQ *qui se coupent en un point* m : *ce point est sur une droite donnée de position.*

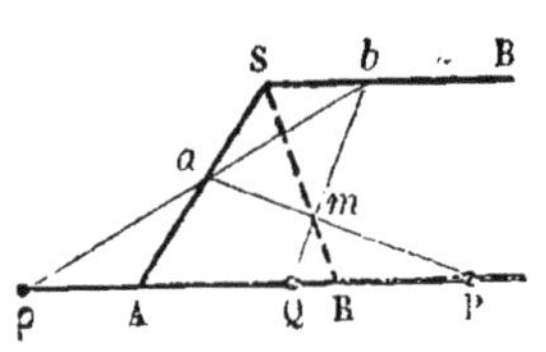

En effet, menons la droite Sm qui rencontre PQ en R. On a dans le triangle ASR coupé par la droite Pma,

$$\frac{PA}{PR}\cdot\frac{mR}{mS}\cdot\frac{aS}{aA}=1.$$

Or, en vertu des triangles semblables,

$$\frac{mR}{mS}=\frac{QR}{Sb},\quad \text{et}\quad \frac{aS}{aA}=\frac{Sb}{A\rho}.$$

L'équation précédente devient donc

$$\frac{PA}{PR}\cdot\frac{QR}{Sb}\cdot\frac{Sb}{A\rho}=1,$$

ou
$$\frac{PR}{QR} = \frac{PA}{A\rho}.$$

Ainsi le point R est donné, c'est-à-dire que sa position est fixée par les conditions seules de l'énoncé : ce qui démontre le Porisme.

Observation. Le théorème cité sur le triangle coupé par une transversale, était bien connu des Anciens. On le trouve, comme on sait, dans les *Sphériques* de Ménélaus et dans l'*Almageste* de Ptolémée. Pappus le démontre dans son VIIIe Livre (1); il s'en sert pour la démonstration du Ier Lemme sur les Porismes; et, de plus, dans le cours de celle du IVe Lemme, il établit la réciproque, en faisant voir que si trois points pris sur les côtés d'un triangle satisfont à la relation de segments qui constitue le théorème en question, ces trois points sont en ligne droite (2). Il y a lieu de penser qu'Euclide lui-même faisait usage du théorème, et que c'est par cette raison que Pappus ne fait pas difficulté de l'employer dans ses Lemmes sans le démontrer.

PORISME X. — *Étant donnés deux droites parallèles* AX, BY, *et trois points* ρ, P, Q *situés sur une même droite parallèle aux premières, autour du point* ρ *on fait tourner une droite qui rencontre* AX, BY *en* a *et* b; *par ces points on mène les deux droites* aP, bQ *qui se coupent en* m : *le lieu de ce point est une droite donnée de position.*

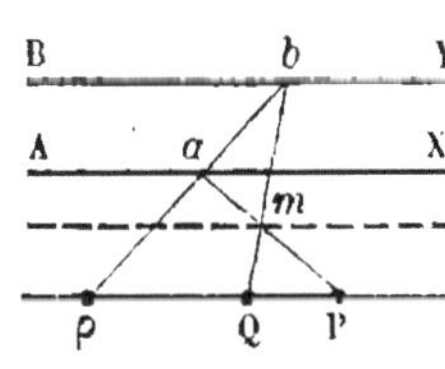

En effet, on a dans le triangle ρbQ coupé par la droite P*ma*
$$\frac{mb}{mQ} = \frac{ab}{a\rho}\cdot\frac{P\rho}{PQ}.$$

(1) *Aperçu historique*, p. 291.

(2) M. Breton (de Champ) a fait cette remarque; V. *Journal de Mathématiques* de M. Liouville, t. XX, ann. 1855, p. 220 et 223.

Le deuxième membre de cette égalité est constant. Donc le rapport de mb à mQ est constant. Donc le point m est sur une droite parallèle à BY, et déterminée de position.

C. Q. F. D.

Observations relatives aux dix Porismes précédents.

Tels nous paraissent être, parmi les cas très-multipliés de la question des quatre droites, les dix cas qui se sont trouvés dans les Porismes d'Euclide. Les sept premiers se concluent si naturellement des sept premiers Lemmes de Pappus, que nous avons dû voir dans ce fait une raison décisive pour fixer notre choix et adopter l'ordre dans lequel nous les avons placés; d'autant plus que les Lemmes qui viennent ensuite donnent lieu, dans l'ordre même de Pappus, à des Porismes qui appartiennent aux genres qu'il a décrits subséquemment, comme nous l'avons déjà dit (§ X, 11).

Mais il ne suffisait pas, selon nous, d'avoir rétabli d'une manière très-probable ces dix Porismes. Pourquoi Euclide avait-il choisi ces propositions seules? Pourquoi avait-il exclu les autres? C'est ce qu'il fallait examiner. Cette étude sur la pensée et l'œuvre d'Euclide n'était pas sans intérêt. Voici les considérations auxquelles elle nous a conduit.

On remarque qu'il existe, dans toutes les figures des propositions dont il s'agit, d'une part, un quadrilatère $Samb$ (sauf le nombre relativement petit des cas où les deux droites données SA, SB sont parallèles, ce dont nous parlerons plus tard); et d'autre part, trois points p, P, Q situés toujours en ligne droite, et que, pour abréger, nous appellerons pôles. La diversité des Porismes auxquels donne lieu la question doit donc provenir des différentes positions que la droite des pôles peut prendre par rapport au quadrilatère.

Euclide paraît s'être proposé de présenter, outre le cas général, trois classes de cas particuliers bien distingués par les positions de cette droite. Premièrement, la droite des pôles est parallèle aux côtés et aux diagonales du quadrilatère S*amb*; secondement, cette droite passe par un ou par deux des trois points de concours soit des côtés opposés, soit des diagonales du quadrilatère; et troisièmement, ces deux conditions sont simultanées, c'est-à-dire que la droite des pôles passe par un ou par deux de ces trois points de concours, et est en même temps parallèle à un côté ou à une diagonale.

Ajoutons que dans l'énumération des cas auxquels donnent lieu ces trois hypothèses, l'auteur des Porismes a écarté tous ceux dont la démonstration serait la même que celle d'un cas déjà donné.

Ce sont, je ne puis en douter, ces motifs qui ont dirigé Euclide dans le choix de ses dix Porismes.

En effet, le cas général est le Porisme IV qui repose sur la relation générale à six segments entre les six points de section des côtés et des deux diagonales du quadrilatère par la ligne des pôles.

Dans le Porisme I, la diagonale S*m*, c'est-à-dire la droite lieu du point *m*, se trouve parallèle à la ligne des pôles. Pour que cela arrive, il faut qu'il y ait entre les trois pôles une certaine relation qui fait le sujet du Lemme I.

Dans le Porisme II, la droite des pôles est parallèle à l'autre diagonale *ab* du quadrilatère; ou, ce qui revient au même, le point ρ est à l'infini.

Dans le Porisme VIII, la droite des pôles est parallèle au côté *am* du quadrilatère, auquel cas le point P est à l'infini.

Dans le Porisme IX, la droite des pôles est parallèle à la droite SB.

Tels sont les quatre cas auxquels donne lieu la première des positions caractérisées ci-dessus, c'est-à-dire le parallélisme de la droite des pôles avec l'un des côtés ou l'une des diagonales du quadrilatère.

Trois Porismes se rapportent aux deux autres positions indiquées.

Dans le Porisme V, la droite des pôles contient à la fois le point de concours des deux diagonales S*m*, *ab* et celui des deux côtés S*a*, *bm*; il en résulte que la droite lieu du point *m*, passe par le point ρ, en même temps que le point Q coïncide avec le point A.

Dans le Porisme VI, la droite des pôles passe par les points de concours des côtés opposés du quadrilatère S*amb*, et est, en même temps, parallèle à la diagonale *ab*; en d'autres termes, les pôles Q et P coïncident, respectivement, avec les points A et B, et le point ρ est à l'infini.

Dans le Porisme VII, enfin, la droite des pôles passe par le point de concours des côtés S*a*, *bm* (de sorte que Q coïncide avec A), et elle est parallèle à la diagonale S*m*.

Ces huit Porismes dérivent, comme on le voit, de la considération du quadrilatère S*amb*. Les Porismes III et X, qui complètent le nombre des dix cas annoncés par Pappus, se rapportent aux cas dans lesquels le quadrilatère cesse d'exister parce que les deux droites SA, SB sont parallèles. C'est ce que nous pouvons exprimer simplement aujourd'hui en disant que le sommet S du quadrilatère se trouve à l'infini.

Revenons au quadrilatère pour rechercher les cas omis par Euclide. Ce sont tous ceux qui résultent des positions suivantes de la droite des pôles : 1° quand cette ligne passe simplement par un seul des trois points de concours des côtés opposés ou des diagonales du quadrilatère, sans qu'on l'assujettisse à être parallèle à aucun côté; 2° quand elle passe par les deux points de concours des côtés opposés, sans condition de parallélisme; 3° lorsqu'enfin elle passe par le sommet S du quadrilatère, avec ou sans condition de parallélisme.

Telles sont les trois espèces de positions omises par Euclide. Voici les raisons de cette omission.

Pour la première espèce, la démonstration est absolument la même que pour le cas général (Porisme IV) ; car l'équation à six segments sur laquelle repose la démonstration, subsiste entre les six mêmes segments, quand la transversale qui coupe le quadrilatère passe par un point de concours, soit de deux côtés opposés, soit des deux diagonales. Aussi voyons-nous que Pappus a compris ce cas particulier dans son Lemme IV, en le représentant par une des huit figures auxquelles la démonstration s'applique.

Dans la deuxième espèce la démonstration subsiste encore; seulement la relation à six segments se réduit à quatre, parce que deux segments deviennent égaux (sans être infinis).

Enfin, si Euclide n'a pas considéré les positions qui feraient passer la droite des pôles par le sommet S du quadrilatère, c'est que les Porismes qui peuvent en résulter ne seraient, à l'égard du point ρ, que des cas particuliers d'un Porisme général qui devait se trouver plus loin; car il est indiqué, d'une manière non douteuse, par les Lemmes XII et XIII de Pappus. Dans ce Porisme les données sont les mêmes quant aux deux droites SA, SB et aux pôles P, Q pris en ligne droite avec le point S : mais le point ρ, au lieu de se trouver nécessairement sur cette droite, a une position quelconque, qui peut être sur la droite comme au dehors (1). Et puisque Euclide a omis, ainsi que nous l'avons dit, les Porismes dont la démonstration n'aurait été que la répétition de celle d'un cas plus général, nous devons penser que c'est par la même raison qu'il a passé sous silence les cas de la proposition des quatre droites dont il s'agit.

On reconnaîtra que ces omissions et les motifs qui nous

---

(1) Voir, ci après, le Porisme XXV.

paraissent les justifier, se pouvaient prévoir d'après certains passages de Pappus, notamment celui dans lequel il dit qu'Euclide ne donne jamais qu'une démonstration des choses que renferme son ouvrage; ce qui veut dire qu'Euclide ne donne jamais deux fois la même démonstration. Car c'est dans ce sens que nous devons entendre ce passage : « Bien » que chacune de ces propositions soit susceptible d'un cer- » tain nombre de démonstrations, comme nous le faisons » voir, Euclide n'en donne qu'une, qui est toujours la plus » claire. »

Pappus dit, « comme nous le faisons voir », parce que dans plusieurs Lemmes il donne les figures qui se rapportent à des cas d'une même proposition dont les différences ne dépendent que des positions relatives des diverses parties de la figure. C'est ce qu'Euclide ne faisait pas.

Il est à croire que les propositions que ces « géomètres peu expérimentés », dont parle Pappus, ont ajoutées à celles d'Euclide, étaient du nombre de ces cas particuliers omis à dessein par l'auteur des Porismes, comme susceptibles de la même démonstration qu'une proposition déjà démontrée.

A ce sujet, nous ajouterons que, si, conformément au langage et aux doctrines de la Géométrie moderne, nous avons parlé des dix Porismes des quatre droites comme de dix cas d'une même proposition, ce n'est pas ainsi qu'Euclide et Pappus les considéraient. Dans plusieurs de ces propositions des points disparaissaient en passant à l'infini, ce qui constituait, au temps d'Euclide, des propositions distinctes, et toutes, par suite, demandaient une démonstration différente : c'est ce qu'on peut remarquer dans les Lemmes de Pappus. Aussi cet auteur en annonçant qu'il a reconnu que ces dix Porismes peuvent être renfermés dans un seul énoncé, ne dit pas que ce sont dix cas d'une même proposition, mais bien dix Porismes analogues entre eux, ou de même espèce. Et, en effet, pour les renfermer ainsi dans un seul énoncé, il a dû réunir deux hypothèses différentes, l'une où figurent trois points, et celle où il n'y en a plus que deux et une condition de parallélisme.

Notre restitution des dix Porismes d'Euclide diffère à beaucoup d'égards de celle de Simson. La cause principale du désaccord nous paraît provenir de ce que ce géomètre, dans son travail, n'a pas pris pour base les Lemmes de Pappus, et par conséquent n'a pas cherché à faire choix des propositions qui se pouvaient conclure naturellement de ces Lemmes. Aussi ne s'est-il servi des Lemmes que pour la démonstration de trois de ses dix propositions, et même, pour ainsi dire, incidemment, et sans qu'il y eût une connexion marquée entre les Lemmes et les propositions.

Cinq seulement des dix propositions de Simson se retrouvent parmi les nôtres ; ce sont : les 2e, 4e, 5e, 9e et 10e : elles coïncident avec nos 8e, 10e, 9e, 3e et 4e. Mais le plus souvent, dans ces propositions identiques, les démonstrations sont différentes de part et d'autre.

Parmi les cinq autres propositions du géomètre anglais, il s'en trouve une, la 3e, que nous croyons n'avoir pas pu faire partie de la proposition des quatre droites. C'est le cas dans lequel l'une des deux droites données SA, SB est située à l'infini. Car si les Anciens ne regardaient pas un point situé à l'infini, comme un cas particulier d'un point considéré d'abord à distance finie, ainsi que nous l'avons dit précédemment, on conçoit qu'à plus forte raison ils n'ont point dû regarder l'infini comme une droite, ni même comme donnant lieu à des propriétés analogues aux propriétés des droites.

Mais si la proposition de Simson n'a pu se trouver parmi les cas de la proposition des quatre droites, néanmoins elle constitue, sous un énoncé différent, un Porisme qui certainement n'a point échappé à Euclide. Nous le croyons d'autant plus, que ce Porisme, qui forme notre XXIIIe ci-après, est une conséquence naturelle du Lemme XI de Pappus.

Ier des Genres distingués par Pappus.

Porisme XI. — *Si de deux points donnés* P, Q *on mène deux droites* PM, QM *se coupant sur une droite* LM *donnée de position, dont l'une* PM *intercepte sur une droite donnée de position* AX, *un segment* Am *compté à partir d'un point donné* A : *on pourra trouver une autre droite* A'X' *et sur cette droite un point* A', *tels, que le segment* A'm' *fait par la droite* QM *sur* A'X', *sera au segment* Am *dans une raison donnée* λ.

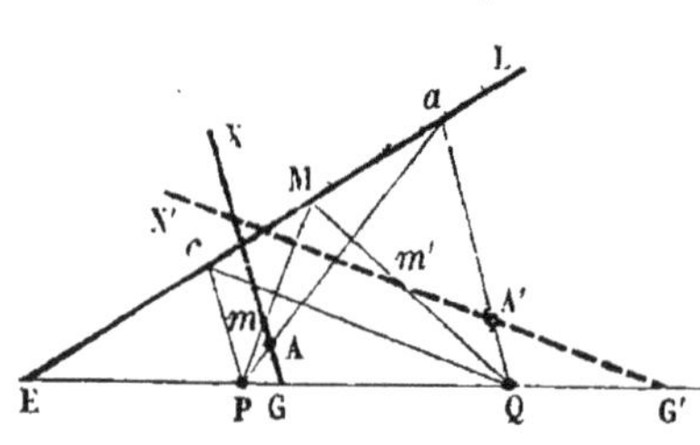

Puisqu'on doit avoir $\frac{\mathrm{A}m}{\mathrm{A}'m'} = \lambda$, les deux droites AX, A'X' seront divisées en parties proportionnelles par les deux points m, m'; et deux points de division homologues seront à l'infini. Il s'ensuit que les deux droites AX, A'X' sont parallèles aux droites menées des deux points P, Q à un certain point de la droite LM. Menant donc Pc parallèle à AX, puis Qc, la droite cherchée A'X' sera parallèle à Qc.

Ensuite, les deux points A et A' seront deux points homologues dans les deux divisions formées par les points m, m'. Par conséquent les droites PA, QA' se croisent sur la droite LM. Menant donc PA qui rencontre LM en a, puis la droite Qa, le point A' sera sur cette droite.

Enfin, on doit avoir $\frac{\mathrm{A}m}{\mathrm{A}'m'} = \lambda$. Or les points G et G' où la droite AX et la droite cherchée A'X' rencontrent la base

PQ sont deux points homologues dans les deux divisions de ces droites ; donc $\frac{AG}{A'G'} = \lambda$. Ce qui détermine A′G′ en grandeur.

Il suffit dès lors d'inscrire dans l'angle des deux droites PQ et Qa une droite parallèle à Qc et égale à $\frac{AG}{\lambda}$. Cette droite satisfera à la question.

En effet, considérant les quatre droites PE, Pc, PM, Pa, coupées par les droites LM et AG, on a, par le Corollaire II des Lemmes III et XI (1),

$$\frac{Am}{AG} = \frac{aM}{aE} : \frac{cM}{cE}.$$

On a de même, à l'égard des quatre droites issues du point Q,

$$\frac{A'm'}{A'G'} = \frac{aM}{aE} : \frac{cM}{cE}.$$

Ainsi

$$\frac{Am}{AG} = \frac{A'm'}{A'G'}, \quad \text{ou} \quad \frac{Am}{A'm'} = \frac{AG}{A'G'} = \lambda.$$

Le Porisme est donc démontré.

Ce Porisme a été rétabli par Simson et forme la 23e proposition du Traité *De Porismatibus* (p. 400).

PORISME XII. — *De chaque point* M *d'une droite* LM *donnée de position, on abaisse une oblique* Mm *sous un angle donné, sur une droite donnée de position* AX, *sur laquelle le point* A *est donné, et du même point* M *on mène une droite à un point fixe* Q : *une raison* λ *étant donnée, on pourra déterminer une*

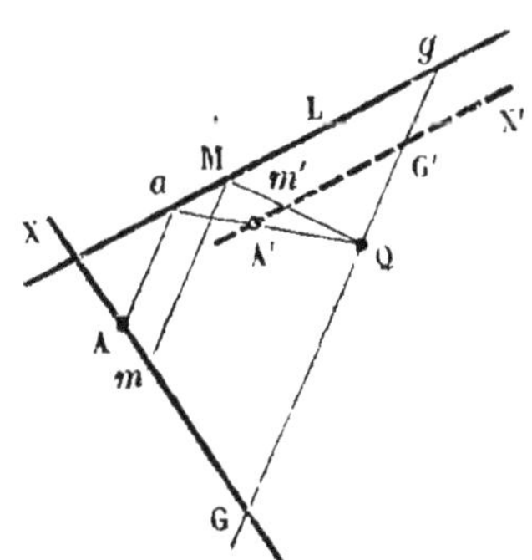

(1) Voir ci-dessus, p. 83.

droite A′X′ *et sur cette droite le point* A′, *de manière que le segment* A′m′ *fait par la droite* MQ *sur* A′X′, *sera au segment* A m *dans la raison* λ.

Que par le point A on mène la droite Aa parallèle aux obliques abaissées sur AX, et par le point a où cette droite rencontre LM, la droite aQ. Le point A′ sera situé sur cette droite. Que par le point Q on mène la droite QG′ parallèle aux obliques, qui rencontre AX en G, et que dans l'angle aQG′ on inscrive la droite A′G′ parallèle à LM et égale à λ.AG. Cette droite et son point A′ situé sur aQ satisferont à la question.

En effet, on a, par les triangles semblables,

$$\frac{Am}{AG}=\frac{aM}{ag} \quad \text{et} \quad \frac{A'm'}{A'G'}=\frac{aM}{ag}.$$

Donc

$$\frac{Am}{AG}=\frac{A'm'}{A'G'}; \quad \text{d'où} \quad \frac{A'm'}{Am}=\frac{A'G'}{AG}=\lambda.$$

Donc, etc

Porisme XIII. — *Si l'on fait tourner un angle* mOm′ *autour de son sommet, et que ses côtés rencontrent, respectivement, deux droites* AX, A′X′ *en deux points* m, m′; *la première droite et le point* A *étant donnés, ainsi qu'une raison* λ : *on pourra déterminer de position la deuxième droite* A′X′ *et sur cette droite le point* A′, *de manière que les deux segments* A′m′ *et* A m *soient toujours entre eux dans la raison* λ.

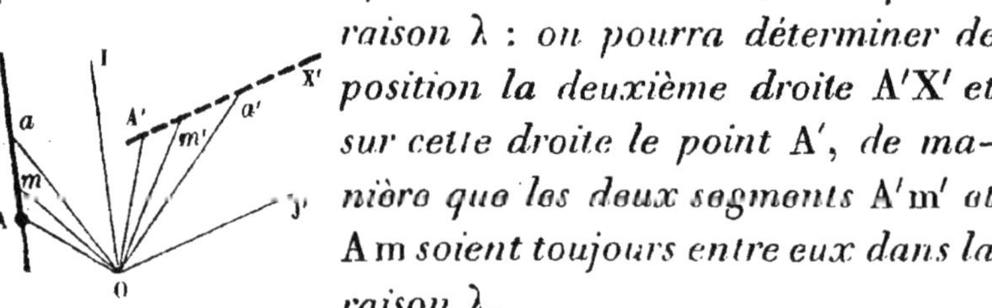

Qu'on fasse passer par le point A le premier côté de l'angle, et soit OA′ la direction du second côté; le point demandé A′ sera sur cette droite. Oa et Oa' étant les directions des deux côtés de l'angle dans une de ses positions, que l'on inscrive dans l'angle A′Oa' une droite A′a' parallèle au second côté de l'angle considéré dans sa position IOJ′ où son premier côté est parallèle à la droite AX, et que cette droite $A'a'$ soit égale à $\lambda . Aa$. Cette droite et le point A′ satisferont à la question.

En effet, les deux triangles AOm et $A'Om'$ sont semblables; et de même les deux AOa, $A'Oa'$. Par conséquent

$$\frac{Am}{Aa} = \frac{A'm'}{A'a'}, \quad \text{ou} \quad \frac{A'm'}{Am} = \frac{A'a'}{Aa} = \lambda.$$

Donc, etc.

IIᵉ Genre.

Tel point est situé sur une droite donnée de position.

Porisme XIV. — *Quand dans un triangle on mène des parallèles à la base, et qu'on prend sur chacune d'elles le point* m *qui les divise dans un rapport donné* λ, *ces points* m *sont sur une droite donnée de position.*

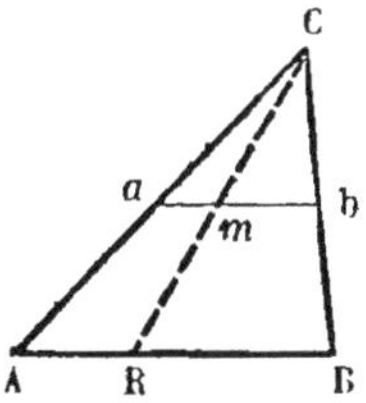

Soit ab une des parallèles à la base AB du triangle ACB; on prend le point m tel, qu'on ait $\frac{am}{mb} = \lambda$. Qu'on mène la droite Cm qui rencontre AB en R; on a

$$\frac{AR}{RB} = \frac{mb}{am} = \lambda.$$

Ainsi le point R est fixe, et par conséquent la droite Cm est déterminée de position. Ce qui démontre le Porisme.

Porisme XV. — *Quand un triangle* abc *a ses deux sommets* a, b *sur deux droites* SA, SB *données de position, si l'on construit un autre triangle* $a'b'c'$ *ayant ses côtés parallèles à ceux du triangle* abc, *et ses deux sommets* a′, b′ *sur les deux droites* SA, SB, *le troisième sommet* c′ *sera sur une droite donnée de position.*

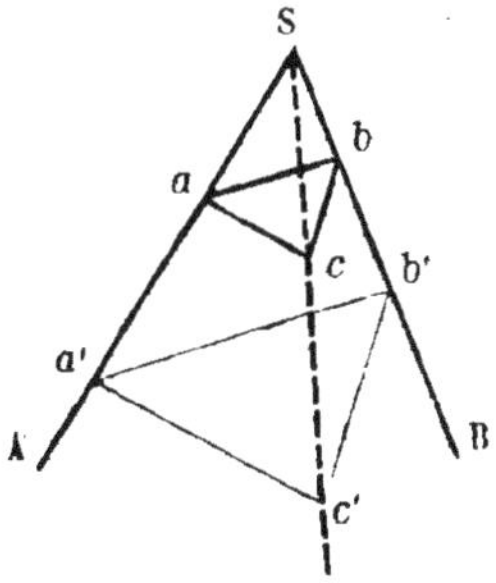

En effet, qu'on mène la droite cc', et

soit s le point où elle rencontre la droite SA; les deux triangles sac, $sa'c'$ sont semblables; par conséquent, on a

$$\frac{sc}{sc'} = \frac{ac}{a'c'}.$$

On a, pareillement, en appelant s_1 le point où la droite cc' rencontre SB,

$$\frac{s_1 c}{s_1 c'} = \frac{bc}{b'c'}.$$

Mais $\frac{bc}{b'c'} = \frac{ac}{a'c'}$. Donc

$$\frac{sc}{sc'} = \frac{s_1 c}{s_1 c'},$$

d'où

$$\frac{sc}{cc'} = \frac{s_1 c}{cc'}, \quad sc = s_1 c.$$

Ce qui prouve que les deux points s, s_1 n'en font qu'un, qui ne peut être que le point S, intersection des deux droites SA, SB. Ainsi le sommet c' de chaque nouveau triangle $a'b'c'$ est situé sur la droite Sc qui est donnée de position. Ce qui démontre le Porisme.

Corollaire. On conclut de là que : *Quand deux triangles semblables ont leurs côtés parallèles deux à deux, les trois droites qui joignent, deux à deux, les sommets homologues, concourent en un même point.*

Porisme XVI. — *Étant donnés deux droites* SA, SB *et quatre points* P, Q, ρ *et* U *situés sur une autre droite, on fait tourner autour du point* ρ *une droite qui rencontre* SA, SB *en* a *et* b; *et l'on mène les deux droites* Pa, Qb *qui se coupent en un point* m; *la droite qui passe par ce point et par le quatrième point donné* U *rencontre la droite tournante* ρab *en un point* n : *le lieu de ce point est une droite donnée de position.*

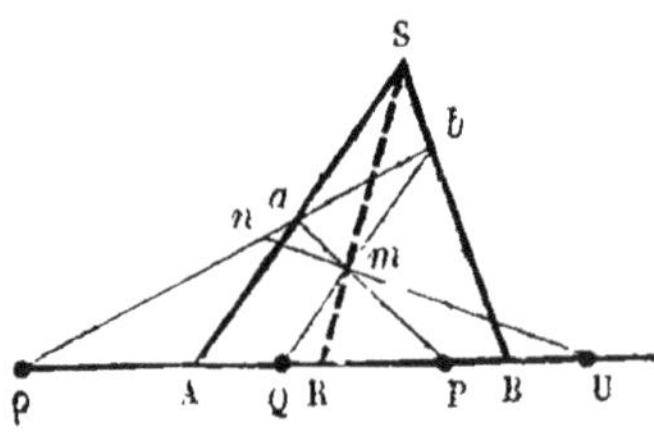

Cette proposition est une conséquence de celle des quatre droites exprimée d'une manière générale par le Porisme IV. En effet, d'une part, d'après ce Porisme, le point *m* décrit une droite SR; et d'autre part, si l'on considère les deux droites SA, SR coupées en *a* et *m* par une transversale P*ma*, et les deux droites *pa*, U*m* tournant autour des deux points *p* et U et se coupant en un point *n*, ce point, d'après le même Porisme IV, est sur une droite fixe passant par le point S. Ce qui démontre le Porisme énoncé.

Porisme XVII. — *Étant donnés deux droites* SA, SB *et un point* P, *on mène des droites* ab, *parallèles entre elles, dans une direction donnée, dont chacune rencontre* SA *et* SB *en deux points* a *et* b; *puis, on mène par le point* a *la droite* aP, *et par le point* b *une parallèle à* SP, *laquelle rencontre* aP *en un point* m : *ce point est situé sur une droite donnée de position.*

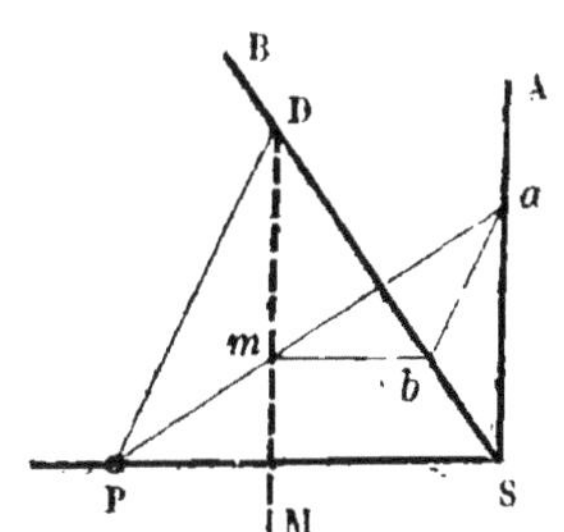

Qu'on mène par le point P une parallèle aux droites *ab*, qui rencontrera SB en un point D, et par le point D la droite DM parallèle à SA, c'est sur cette droite DM que se trouve le point *m*.

Ce Porisme n'est autre que le Lemme VIII (proposition 134); car ce Lemme établit que la droite D*m* qui joint les points *m* et D, déterminés comme il vient d'être dit, est parallèle à SA.

Donc, etc.

Nota. Les lettres D, P, S, *a*, *b*, *m* de notre figure correspondent aux lettres F, B, C, G, E, D de Pappus.

Porisme XVIII. — *Étant donnés trois droites* SA, SB *et* SC *issues d'un même point* S, *et deux points* A, B *sur les deux premières; par ces points on mène deux droites parallèles* Aa, Bb, *qui rencontrent la droite* SC *en* a *et* b; *et par ces derniers points,*

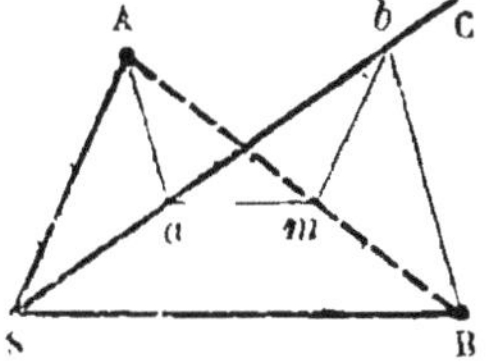

des parallèles aux deux droites SB, SA, *respectivement : le point d'intersection* m *de ces parallèles est situé sur une droite donnée de position.*

Ce Porisme se conclut du Lemme VIII; car la réciproque de ce Lemme fait voir que le point *m* est situé sur la droite AB.

Nota. Les lettres A, S, B, *a*, *m*, *b* de notre figure sont dans Pappus F, B, C, D, E, G.

Porisme XIX. — *Étant donnés un triangle* ASB *et un point* ρ, *on mène par ce point une droite qui rencontre* SA *en* a *et* AB *en* P; *par le point* a *une parallèle à* AB, *qui rencontre* SB *en* b; *par le point* b *la droite* bP; *et enfin par le sommet* S *du triangle la droite* SM *qui rencontre la base* AB *en un point* M *déterminé par la proportion suivante, dans laquelle* C *est le point où la droite* Sρ *rencontre* AB,

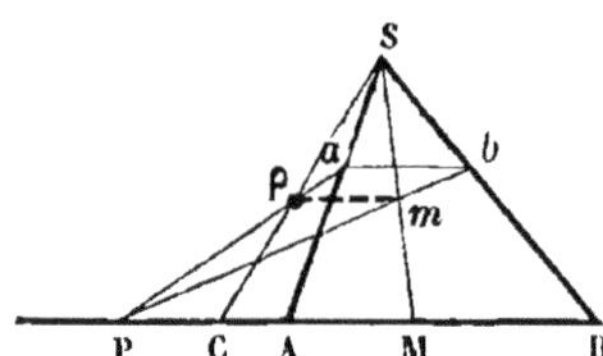

$$\frac{PA}{PC} = \frac{PB}{PM}:$$

les deux droites bP *et* SM *se coupent en un point* m *situé sur une droite donnée de position.*

En effet, d'après le Lemme IX (proposition 135), cette droite est la parallèle à AB, menée par le point ρ.

Porisme XX. — *Étant donnés trois droites* SA, SB, SC *issues d'un même point* S, *et un point* P, *on mène des droites parallèles entre elles, dans une direction donnée, chacune desquelles rencontre les deux droites* SA, SB *en* a *et* b; *on joint ces points au point* P *par les droites* Pa, Pb *dont la première rencontre* SC *en* c, *et par ce point on mène à* ab, *une parallèle qui coupe* Pb *en* m : *ce point est sur une droite donnée de position.*

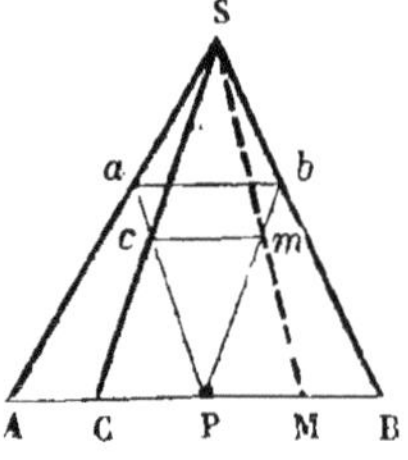

Ce Porisme est une seconde interprétation du Lemme IX; car si l'on mène la droite Sm, et par le point P une parallèle aux droites ab, laquelle rencontre les quatre droites issues du point S, en A, B, C et M, on a, d'après le Lemme, l'égalité

$$PA . PM = PC . PB.$$

Ce qui prouve que la droite Sm est déterminée de position. Donc, etc.

Remarque. Cette équation, comme nous l'avons dit dans l'analyse des Lemmes de Pappus (ci-dessus, p. 78), exprime que les deux couples de points A, M et B, C et le point P forment une involution dans laquelle le point P est le point central, ou, en d'autres termes, dans laquelle le conjugué du point P est à l'infini (1).

Porisme XXI. — *Si on déforme un quadrilatère en faisant tourner ses quatre côtes autour des deux points de concours des côtés opposés, de manière que trois sommets du quadrilatère glissent sur trois droites fixes concourant en un même point, le quatrième sommet décrit une droite donnée de position.*

Ce Porisme est une généralisation du précédent, dont il fait bien comprendre le sens. La démonstration résulte du Lemme III.

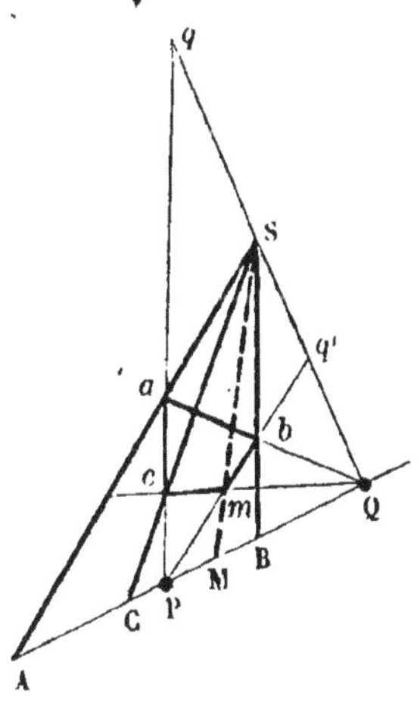

Le quadrilatère est $abmc$; les points de concours des côtés opposés sont P et Q; les trois sommets a, b, c glissent sur les trois droites SA, SB, SC. La droite SQ rencontre les côtés ac, bm en q et q'. Les trois droites issues du point Q, Qmc, Qba, Q$q'q$ coupées par les deux Pa, Pb don-

(1) *Géom. sup.*, p. 139.

nent d'après le Lemme III,

$$\frac{cP}{ca} : \frac{qP}{qa} = \frac{mP}{mb} : \frac{q'P}{q'b}.$$

De même, les trois droites SA, SC, SQ coupées par les deux Pa, PA, donnent

$$\frac{cP}{ca} : \frac{qP}{qa} = \frac{CP}{CA} : \frac{QP}{QA}$$

et les trois droites SM, SB, SQ coupées par les deux Pb, PB,

$$\frac{mP}{mb} : \frac{q'P}{q'b} = \frac{MP}{MB} : \frac{QP}{QB}.$$

Donc

$$\frac{CP}{CA} : \frac{QP}{QA} = \frac{MP}{MB} : \frac{QP}{QB},$$

ou

$$\frac{MP}{MB} = \frac{CP.QA}{CA.QB}.$$

Ce qui prouve que le point M est fixe, et par conséquent que le point m se trouve sur une droite SM déterminée de position. C. Q. F. D.

Porisme XXII. — *Étant donnés un triangle* SAB *et une raison* λ, *si autour d'un point* p *pris sur la base* AB *du triangle on fait tourner une transversale qui rencontre les deux côtés* SA, SB *en* a *et* b, *et qu'on prenne sur cette droite le point* m *déterminé par la relation*

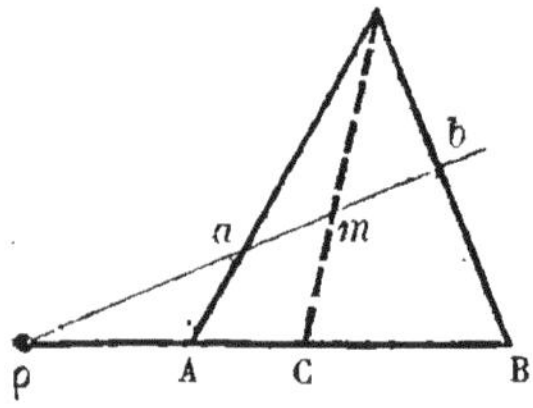

$$\frac{pa}{pb} : \frac{ma}{mb} = \lambda :$$

le point m *sera sur une droite donnée de position.*

Cela résulte du Lemme X (proposition 136). Car si l'on prend sur la base du triangle le point C déterminé par l'égalité

$$\frac{\rho A}{\rho B} : \frac{CA}{CB} = \lambda,$$

on aura

$$\frac{\rho a . mb}{\rho b . ma} = \frac{\rho A . CB}{\rho B . CA}.$$

Or, d'après le Lemme, quand cette égalité a lieu, la droite Cm passe par le point de concours des deux Aa, Ab, c'est-à-dire par le point S. Donc, etc.

PORISME XXIII. — *Étant donnés une droite* SA *et trois points* ρ, P, Q *en ligne droite, si autour des deux* ρ *et* P *on fait tourner deux droites se coupant sur la droite* SA; *et que par le point* Q *on mène à la première* ρa *une parallèle qui rencontrera la deuxième* Pa *en un point* m : *ce point sera sur une droite donnée de position.*

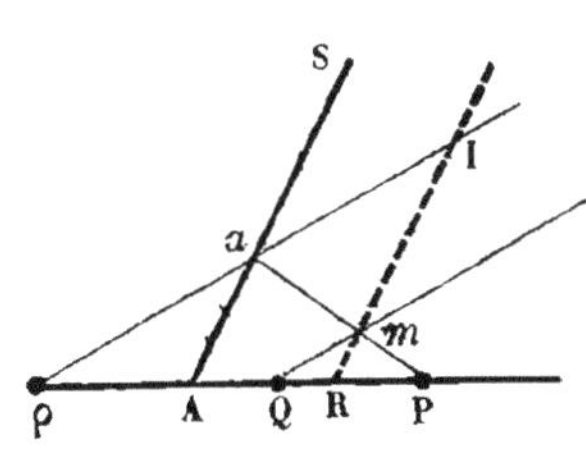

Cette proposition se démontre sur-le-champ au moyen du Lemme XI (proposition 137). En effet, que l'on mène la droite mR parallèle à la droite donnée SA, on aura d'après le Lemme, en considérant les trois droites mP, mQ, mR coupées par les transversales ρP et ρa,

$$\frac{\rho R}{PR} : \frac{\rho Q}{PQ} = \frac{\rho I}{a I} = \frac{\rho R}{AR}.$$

Donc

$$\frac{AR}{PR} = \frac{\rho Q}{PQ}.$$

Donc le point R est fixe; et par suite, le lieu du point m est la droite fixe RI parallèle à SA. C. Q. F. D.

Observation. C'est ce Porisme qu'on peut regarder, dans la Géométrie moderne, ainsi que nous l'avons dit ci-dessus (p. 113), comme un cas particulier de la proposition générale des quatre droites, celui où l'une des droites données SA, SB sur lesquelles se coupent les droites tournantes est à l'infini.

Porisme XXIV. — *Étant donnés un angle* ASB *et deux points* P, Q *en ligne droite avec le sommet* S; *si autour d'un autre point donné* ρ *on fait tourner une droite qui rencontre les deux côtés de l'angle en* a *et* b, *et qu'on mène les deux droites* Pa, Qb *qui se coupent en un point* m : *ce point sera situé sur une droite donnée de position.*

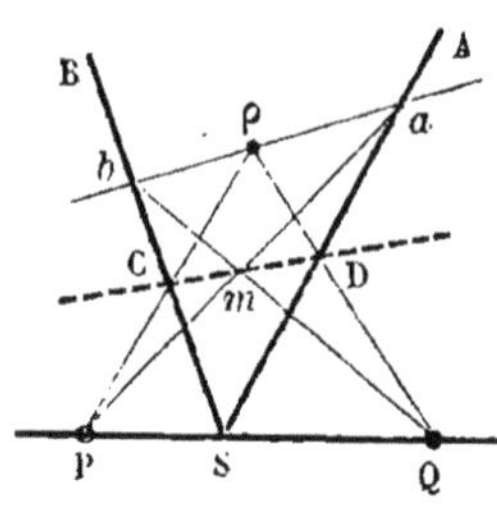

Qu'on mène des droites du point ρ aux deux points P, Q: elles rencontrent les deux côtés de l'angle SB, SA, respectivement en C et D; c'est sur la droite CD que se trouve toujours le point *m*.

Cela ressort immédiatement des Lemmes XII et XIII (propositions 138 et 139, où le point E représente le point ρ de la figure actuelle); du Lemme XII quand la transversale menée par le point ρ est parallèle à la base PSQ; et du Lemme XIII quand cette droite a une direction quelconque.

Corollaire I. Considérons trois transversales ρab, $\rho a'b'$, $\rho a''b''$ menées par le point ρ. On a, d'après le Lemme III, l'équation

$$\frac{Sa}{Sa'} : \frac{a''a}{a''a'} = \frac{Sb}{Sb'} : \frac{b''b}{b''b'}, \quad \text{ou} \quad \frac{Sa \cdot a''a'}{Sa' \cdot a''a} = \frac{Sb \cdot b''b'}{Sb' \cdot b''b}.$$

Et réciproquement, d'après le Lemme X, quand cette équation a lieu, les trois droites ab, $a'b'$, $a''b''$ concourent toujours en un même point. On conclut donc, du Porisme précédent, ce théorème :

Étant pris sur deux droites SA, SB *deux systèmes de trois points* a, a', a'' *et* b, b', b'', *ayant entre eux la relation*

$$\frac{Sa.a''a'}{Sa'.a''a} = \frac{Sb.b''b'}{Sb'.b''b};$$

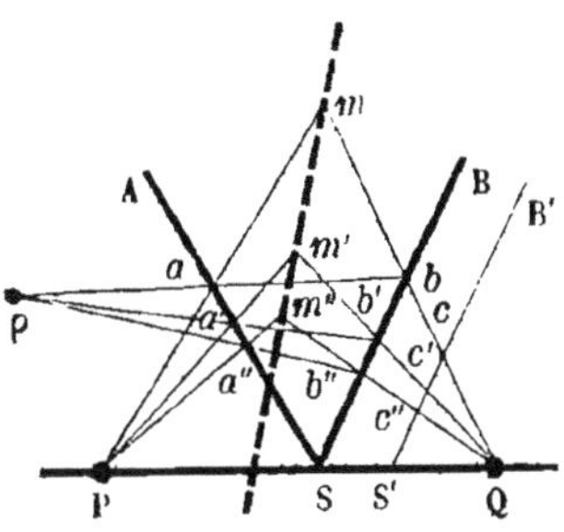

si de deux points P, Q, *en ligne droite avec le point* S, *on mène les droites* Pa, Qb *qui se coupent en* m; Pa', Qb' *qui se coupent en* m', *et* Pa'', Qb'' *qui se coupent en* m'' : *ces trois points* m, m', m'' *seront en ligne droite.*

Corollaire II. Si l'on conçoit une droite S'B' parallèle à SB, qui rencontre les droites QS, Qb, Qb', Qb'', en S', c, c', c'', les segments Sb, $b''b'$,... sont proportionnels à $S'c$, $c''c'$,...; de sorte qu'on a l'équation

$$\frac{Sa.a''a'}{Sa'.a''a} = \frac{S'c.c''c'}{S'c'.c''c}.$$

De là ce théorème, qui présente, dans l'hypothèse, quelque chose de plus général que le précédent énoncé :

Étant pris sur deux droites deux systèmes de quatre points S, a, a', a'' *et* S', c, c', c'' *entre lesquels a lieu l'équation*

$$\frac{Sa.a''a'}{Sa'.a''a} = \frac{S'c.c''c'}{S'c'.c''c};$$

si de deux points P, Q *pris arbitrairement sur la droite* SS' *on mène les droites* Pa, Pa', Pa'' *et* Qc, Qc', Qc'' *les premières rencontreront, respectivement, les secondes en trois points* m, m', m'' *situés en ligne droite.*

Corollaire III. Les droites Qb, Qb', Qb'', dans le Corollaire I, rencontrent la droite SA en trois points d, d', d''. On a par le Lemme III, entre ces points et b, b', b'',

$$\frac{Sb.b''b'}{Sb'.b''b} = \frac{Sd.d''d'}{Sd'.d''d}.$$

L'équation du Corollaire I devient donc

$$\frac{Sa.a''a'}{Sa'.a''a} = \frac{Sd.d''d'}{Sd'.d''d}.$$

On en conclut que :

Si l'on prend sur une droite SA, *deux systèmes de trois points* a, a', a'', *et* d, d', d'', *entre lesquels ait lieu l'équation*

$$\frac{Sa.a''a'}{Sa'.a''a} = \frac{Sd.d''d'}{Sd'.d''d} \quad \left(\text{ou} \quad \frac{Sa}{Sa'} : \frac{a''a}{a''a'} = \frac{Sd}{Sd'} : \frac{d''d}{d''d'}\right);$$

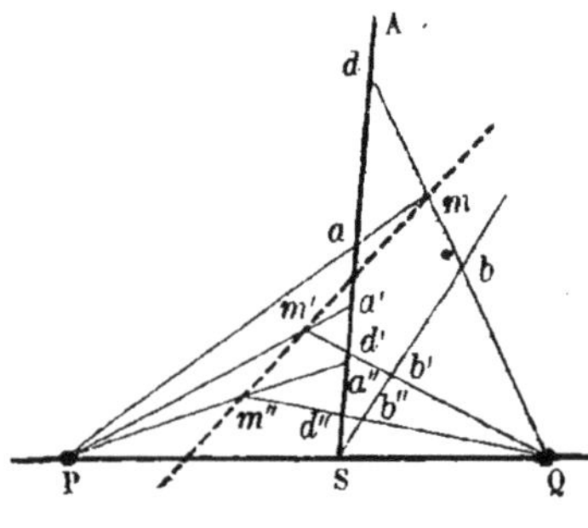

puis, que de deux points quelconques P, Q *en ligne droite avec le point* S, *on mène les droites* Pa, Pa', Pa'' *et* Qd, Qd', Qd'' : *les trois premières de ces droites rencontrent, respectivement, les trois autres en trois points situés en ligne droite.*

Porisme XXV. — *Autour de deux points fixes* A, B *on fait tourner deux droites dont le point de concours* M *est toujours sur une droite fixe* LM ; *ces droites rencontrent une autre droite fixe* CX *en deux points* a, b ; *si de deux points* P, Q *donnés sur la droite* LM, *on mène les droites* Pa, Qb *qui se coupent en un point* m : *ce point est situé sur une droite donnée de position.*

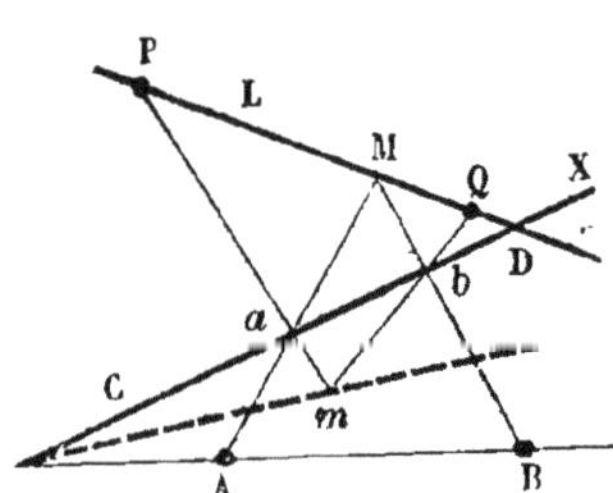

En effet, concevons qu'on ait mené par les points A et B trois couples de droites se coupant, deux à deux, en M, M' et M'' sur la droite LM, et rencontrant la droite CX en a, a', a'' et b, b', b''. Soit D le point de rencontre des deux droites LM et CX ; on a, par le Lemme III, entre M, M', M''

et a, a', a'',

$$\frac{DM'}{DM''} : \frac{MM'}{MM''} = \frac{Da'}{Da''} : \frac{aa'}{aa''};$$

et de même, pour les trois points b, b', b'',

$$\frac{DM'}{DM''} : \frac{MM'}{MM''} = \frac{Db'}{Db''} : \frac{bb'}{bb''}.$$

Donc

$$\frac{Da'}{Da''} : \frac{aa'}{aa''} = \frac{Db'}{Db''} : \frac{bb'}{bb''}.$$

Cette équation prouve, d'après le corollaire III du Porisme précédent, que les points de section des trois droites issues du point P par les trois issues du point Q, une à une respectivement, sont en ligne droite. Ce qui démontre le Porisme.

En d'autres termes. Les deux points a, b forment sur CX deux divisions homographiques, puisque les deux droites Aa, Bb se coupent toujours sur la droite LM (1). Par conséquent les deux droites Pa, Qb forment deux faisceaux homographiques. Or ces deux faisceaux ont deux rayons correspondants coïncidents suivant la droite PQ, parce que les deux points a, b coïncident en D sur la droite LM. Donc le point m décrit une droite (2).

C. Q. F. D.

Observation. Ce Porisme est, sous un énoncé plus général, du même genre que le Porisme XVIII, qui s'en conclut, si l'on suppose que la troisième droite CX passe par le point de concours des deux AQ, BP et que la droite PQ soit à l'infini.

Porisme XXVI. — *Étant données deux droites* AA', PQ *qui se coupent en* S, *les points* A, A' *et* P, Q *étant donnés sur ces droites, et une raison* λ *étant aussi don-*

---

(1) *Géom. sup.*, art. 104.

(2) *Ibid.*, art. 105.

née; si l'on prend sur AA' *deux points variables* n, n' *liés par la relation*

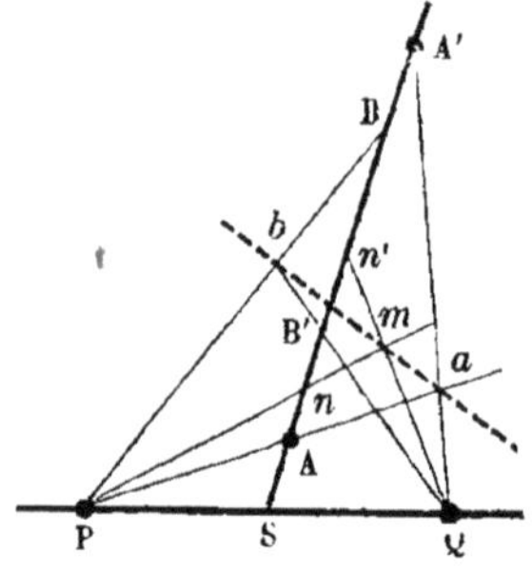

$$\frac{An}{Sn} = \lambda \frac{A'n'}{Sn'},$$

le point de rencontre m *des deux droites* Pn, Qn' *est situé sur une droite donnée de position.*

En effet, qu'on prenne deux points B, B' ayant entre eux la relation

$$\frac{AB}{SB} = \lambda \frac{A'B'}{SB'}:$$

on en conclut, en la rapprochant de la première,

$$\frac{An.SB}{Sn.AB} = \frac{A'n'.SB'}{Sn'.A'B'}.$$

Et cette équation prouve, d'après le corollaire III du Porisme XXIV, que le point m est situé sur la droite qui joint le point d'intersection des deux droites PA, QA' au point d'intersection des deux PB, QB'.

Ce qui démontre le Porisme.

Porisme XXVII. — *Étant donnés deux droites* LC, L'C', *et sur ces droites deux systèmes de trois points* : A, B, C *sur la première et* A', B', C', *sur la seconde ; si autour de deux points* P, Q *situés sur la droite* CC', *on fait tourner deux droites rencontrant, respectivement, les droites* LC, L'C' *en deux points* n, n', *tels, qu'on ait toujours l'égalité*

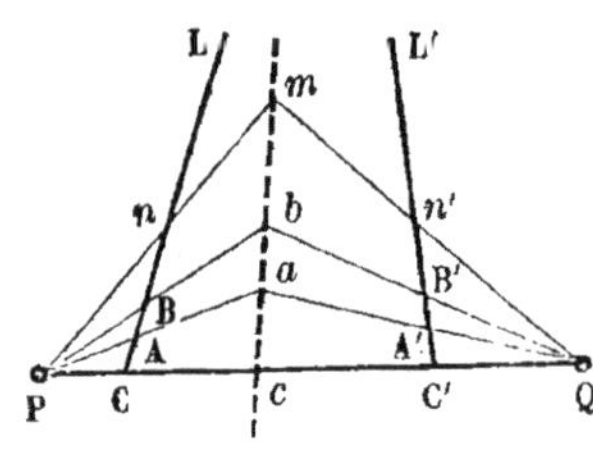

$$\frac{nA.CB}{nB.CA} = \frac{n'A'.C'B'}{n'B'.C'A'}:$$

le point d'intersection de ces deux droites sera sur une droite donnée de position.

Ce Porisme est une conséquence manifeste du Corollaire II du Porisme XXIV.

PORISME XXVIII. — *Si autour de deux points* P *et* Q *on fait tourner deux droites qui se coupent sur une droite* LM *et qui rencontrent deux autres droites fixes* CX, C'X' *en deux points* n, n', *respectivement; puis, qu'on mène les deux droites* Qn, Pn' : *le point* m *d'intersection de ces dernières sera sur une droite donnée de position.*

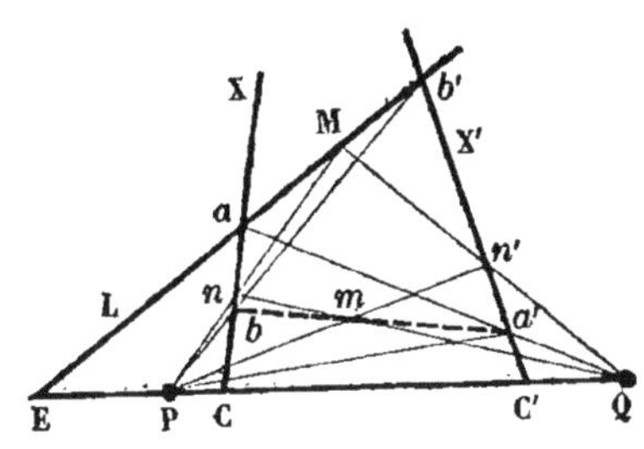

Qu'on mène les deux droites Pb', Qa aux points où la droite LM rencontre $C'X'$ et CX : ces droites Pb', Qa coupent, respectivement, CX et $C'X'$ aux points b et a', et c'est sur la droite ba' que se trouvent les points m.

En effet, on a, d'après le Lemme III, entre les deux séries de quatre points a, n, b, C et a, M, b', E,

$$\frac{an}{aC} : \frac{bn}{bC} = \frac{aM}{aE} : \frac{b'M}{b'E}.$$

On a pareillement

$$\frac{a'n'}{a'C'} : \frac{b'n'}{b'C'} = \frac{aM}{aE} : \frac{b'M}{b'E}.$$

Donc

$$\frac{an}{aC} : \frac{bn}{bC} = \frac{a'n'}{a'C'} : \frac{b'n'}{b'C'} \quad \text{ou} \quad \frac{Cb\,.\,na}{Ca\,.\,nb} = \frac{C'b'\,.\,n'a'}{C'a'\,.\,n'b'}.$$

Donc le point d'intersection des deux droites Pn', Qn décrit une droite (Porisme XXIV).

Cette droite est évidemment $a'b$. Car si le point n coïncide avec b, n' coïncide avec b'. Par conséquent le point d'intersection des deux droites Pb' et Qb, c'est-à-dire b, se trouve sur la droite, lieu du point m; et il en est de même du point a'.

Ainsi le Porisme est démontré.

Plus brièvement. Les deux rayons PM, QM forment deux faisceaux homographiques (1); par suite, les deux points n, n' forment deux divisions homographiques; et les deux rayons Pn', Qn forment deux faisceaux homographiques : leur point d'intersection décrit une droite, parce que les deux rayons coïncidents PC' et QC se correspondent (2). Donc, etc.

PORISME XXIX. — *Étant donnés deux angles* ABF, ADF, *si par leurs sommets* B *et* D *on mène deux droites quelconques, dont la première rencontre les deux côtés de l'angle* D *en* M *et* C, *et la deuxième les côtés de l'angle* B *en* K *et* E : *les deux droites* MK *et* CE *concourent en un point* G *situé sur une droite déterminée de position.*

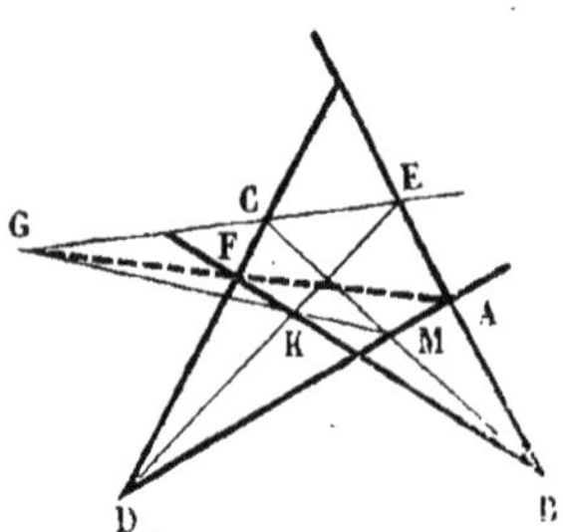

Ce Porisme résulte immédiatement, de même que le Porisme XXIV, des Lemmes XII et XIII; savoir : du Lemme XII quand les côtés BA et DF des deux angles sont parallèles; et du Lemme XIII quand la position des deux angles est tout à fait arbitraire.

PORISME XXX. — *Théorème général de Pappus* (3).

Soient ρ, P, Q, ..., R les pôles fixes et en ligne droite autour desquels tournent n droites variables, de manière que $(n-1)$ de leurs points d'intersection glissent sur autant de droites fixes.

Dans l'hypothèse particulière par laquelle Pappus com-

(1) *Géom. sup.*, art. 104.
(2) *Ibid.*, art. 105.
(3) Voir ci-dessus p. 17 et 23.

mence l'énoncé de la proposition, ces $(n-1)$ points appartiennent à une même droite tournante, par exemple à celle qui tourne autour du point p. Alors il est évident que la proposition ne dit rien de plus que celle d'Euclide.

Passons donc au cas général, où les $(n-1)$ points qui glissent sur les droites fixes, sont pris d'une manière quelconque parmi le nombre total $\frac{n(n-1)}{2}$ des points d'intersection des droites tournantes, pourvu toutefois que chaque droite ait toujours au moins un de ses points de concours avec les autres droites mobiles, sur une des droites fixes.

Concevons, indépendamment des droites tournantes et des droites fixes, un axe L mené arbitrairement, et qui rencontre la droite des pôles en un point S. Considérons deux droites tournantes, dont le point de concours soit sur une des droites fixes, les deux qui tournent autour des deux points p et P; soient α, α', α'' les points où elles se coupent sur la droite fixe, dans trois de leurs positions successives; ces droites rencontrent l'axe L en des couples de points que nous appellerons a, b dans la première position; a', b' dans la seconde position; et a'', b'' dans la troisième position.

Soit A le point où la droite fixe rencontre la droite des pôles; on a, d'après le Corollaire I du Lemme III (p. 82),

$$\frac{Sa}{Sa'} : \frac{a''a}{a''a'} = \frac{A\alpha}{A\alpha'} : \frac{\alpha''\alpha}{\alpha''\alpha'},$$

et

$$\frac{Sb}{Sb'} : \frac{b''b}{b''b'} = \frac{A\alpha}{A\alpha'} : \frac{\alpha''\alpha}{\alpha''\alpha'}.$$

Donc

$$\frac{Sa}{Sa'} : \frac{a''a}{a''a'} = \frac{Sb}{Sb'} : \frac{b''b}{b''b'}.$$

La droite qui tourne autour du point p détermine les positions successives de celle qui tourne autour du point P.

Pareillement, celle-ci détermine les positions successives d'une troisième qu'elle rencontre sur une des droites fixes, par exemple de celle qui tourne autour du point Q; soient c, c', c'' les points dans lesquels cette droite, dans les trois positions qu'elle prend, rencontre l'axe L; on aura, comme ci-dessus,

$$\frac{Sb}{Sb'} : \frac{b''b}{b''b'} = \frac{Sc}{Sc'} : \frac{c''c}{c''c'}.$$

Et de même, à l'égard de la quatrième droite tournante dont les positions sont déterminées par la troisième,

$$\frac{Sc}{Sc'} : \frac{c''c}{c''c'} = \frac{Sd}{Sd'} : \frac{d''d}{d''d'}.$$

Il existe donc autant d'équations moins une que de droites tournantes. Or, on voit que tous les membres de ces équations sont égaux entre eux. Par conséquent, on a une équation semblable entre les points marqués sur l'axe L par deux quelconques des n droites tournantes, par exemple l'équation

$$\frac{Sa}{Sa'} : \frac{a''a}{a''a'} = \frac{Sd}{Sd'} : \frac{d''d}{d''d'},$$

relativement à la première et à la quatrième droite tournante.

Mais cette équation prouve, d'après le Corollaire III du Porisme XXIV, que les points d'intersection des deux droites tournantes considérées dans leurs trois positions respectives sont en ligne droite. Ce qui démontre le Porisme.

Plus brièvement. Deux droites tournantes, dont le point d'intersection glisse sur une des droites données, forment deux faisceaux homographiques qui ont deux rayons homologues coïncidents suivant la droite des pôles (1); il s'ensuit que les faisceaux formés par deux droites tour-

---

(1) *Géom. sup.*, p. 71, art. 104.

nantes quelconques, non consécutives, sont aussi homographiques entre eux, et ont deux rayons homologues coïncidents suivant la droite des pôles. Par conséquent le point d'intersection de ces deux droites décrit une droite (1). Ce qui démontre le théorème.

IIIe Genre.

Le rapport de telle droite à telle autre droite est donné.

PORISME XXXI. — *Si de chaque point* M *d'une droite* LM *donnée de position, on abaisse sur deux autres droites* AX, A'X' *des obliques* M m, M m' *sous des angles donnés; le point* A *étant donné sur* AX : *on peut trouver le point* A' *sur* A'X' *et une raison* λ, *tels, que le rapport des segments* A m, A' m' *soit toujours égal à la raison* λ.

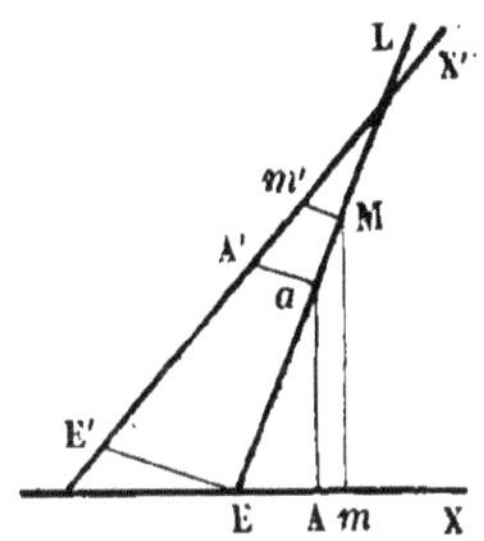

Soit *a* le point de la droite L dont l'oblique abaissée sur AX tombe en A, et soit A' le pied de l'oblique abaissée de ce point *a* sur A'X' : A' est le point cherché. Quant à la raison λ, soit E le point où la droite L rencontre la droite A X, et EE' l'oblique abaissée de ce point sur A' X', on aura

$$\lambda = \frac{AE}{A'E'}.$$

En effet,

$$\frac{A\,m}{AE} = \frac{a\,M}{a\,E} = \frac{A'\,m'}{A'E'}.$$

D'où

$$\frac{A\,m}{A'\,m'} = \frac{AE}{A'E'}.$$

Donc etc.

---

(1) *Géom. sup.*, art. 105.

PORISME XXXII. — *Si de deux points fixes* P, Q *pris sur les côtés* CB, CA *d'un parallélogramme* CASB, *en ligne droite avec le sommet* S, *on mène des droites à chaque point* M *d'une droite fixe* LC *passant par le sommet* C *du parallélogramme : ces droites formeront, respectivement, sur les deux côtés* SA, SB, *deux segments* Sm, Sm', *dont le rapport est déterminé.*

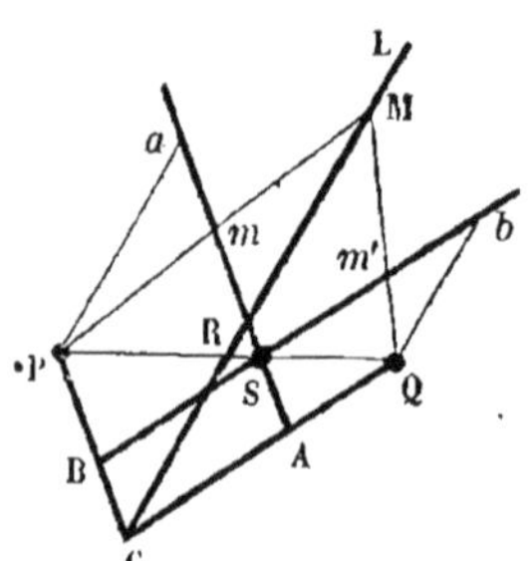

Menons par les points P et Q les parallèles à la droite LC, lesquelles rencontrent les deux droites SA, SB en a et en b.

Les quatre droites PC, PS, PM, Pa, partant du point P, et coupées par LC et AS donnent, d'après le Corollaire I du Lemme III (p. 82),

$$\frac{Sm}{Sa} = \frac{RM}{CM}.$$

On a de même, en considérant les quatre droites qui aboutissent à l'autre point Q, et les transversales LC, BS,

$$\frac{Sm'}{Sb} = \frac{RM}{CM}.$$

Donc

$$\frac{Sm}{Sa} = \frac{Sm'}{Sb}, \quad \text{ou} \quad \frac{Sm}{Sm'} = \frac{Sa}{Sb}.$$

Le second membre est constant. Ce qui démontre le Porisme.

IVe Genre.

Le rapport de telle droite à telle abscisse est donné.

PORISME XXXIII. — *Si de chaque point* M *d'une droite* LE *on abaisse sur une autre droite* AX *des obliques* Mm, Mm' *sous des angles donnés, il existe sur cette droite* AX *un point* E *tel, que l'on a la relation*

$$\frac{Em}{mm'} = \text{const.}$$

Ce point E est celui où la droite LE rencontre AX. En effet, d'un point B, qui avec le point E détermine la droite LE, menons les obliques Bb, Bb'. On a par les triangles semblables

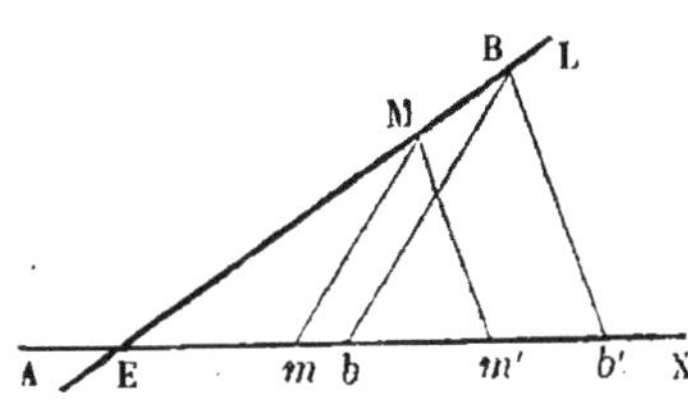

$$\frac{Em}{Eb} = \frac{Mm}{Bb} = \frac{mm'}{bb'}.$$

Donc

$$\frac{Em}{mm'} = \frac{Eb}{bb'}.$$

Ce qui démontre le Porisme.

PORISME XXXIV. — *Si autour de deux points* P, Q *on fait tourner deux droites se coupant sur une droite donnée de position* LE, *ces droites rencontrent une deuxième droite fixe* AX *parallèle à la droite donnée* LE, *en deux points* m, m'; *et il existe sur la droite* AX *un point* F *tel, qu'on a la relation constante*

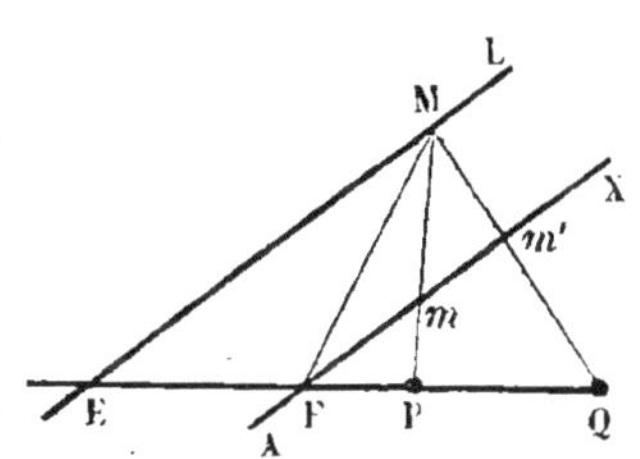

$$\frac{Fm}{mm'} = \text{const.} = \lambda.$$

Cela résulte du Lemme XI (proposition 140); car les quatre droites ME, MF, MP, MQ coupées par les deux FPQ, FX, donnent, d'après ce Lemme,

$$\frac{Fm}{mm'} = \frac{FP}{FE} : \frac{QP}{QE}.$$

Donc, etc.

PORISME XXXV. — *Si autour de deux points fixes* P, Q *on fait tourner deux droites qui se coupent sur une droite donnée de position* LE, *et rencontrent une autre droite donnée* AX *parallèle à la base* PQ *en deux points* m, m' : *il existe un point* F *sur* AX *et une raison* λ, *tels, que l'on a*

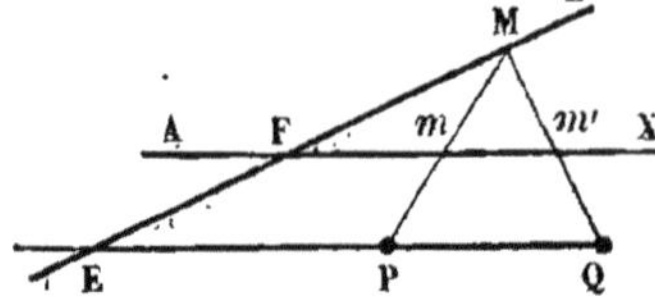

$$\frac{mm'}{Fm} = \lambda.$$

Le point demandé F est le point d'intersection des deux droites données LE, AX. Et la raison λ est égale au rapport $\frac{QE}{EP}$, E étant le point où la droite LE rencontre la base PQ.

En effet, on a par les triangles semblables $\frac{Fm}{mm'} = \frac{EP}{PQ}$.

Ve Genre.

Telle droite est donnée de position.

Porisme XXXVI. — *Si autour d'un point* ρ *on fait tourner une transversale qui rencontre deux droites données* SA, SA' *en deux points* a, a', *et que d'un point* P *donné sur la droite* ρS, *on mène les deux droites* Pa, Pa' : *on pourra déterminer de position une droite* L *telle, que le segment intercepté par les droites variables* Pa, Pa' *sur cette droite* L, *soit de longueur donnée* μ.

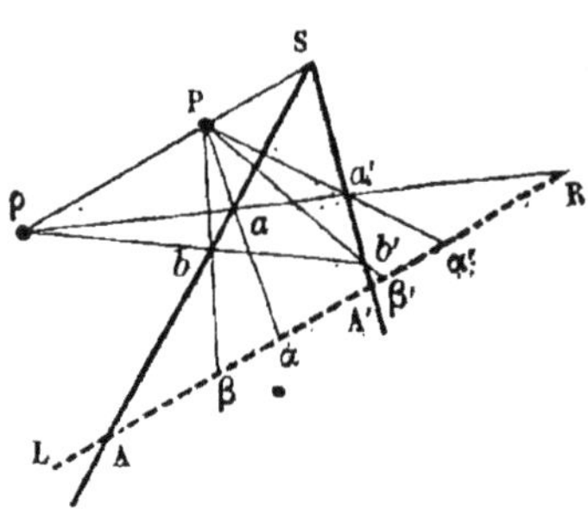

Que l'on inscrive dans l'angle aPa' une droite $\alpha\alpha'$ de la longueur donnée μ, parallèle à ρS : cette droite satisfera à la question.

Il faut prouver que si par le point ρ on mène une droite quelconque $\rho bb'$, les deux droites Pb, Pb' intercepteront sur la droite qu'on vient de déterminer un segment $\beta\beta'$ égal à $\alpha\alpha'$; ou bien que l'on aura $\beta\alpha = \beta'\alpha'$.

Prouvons que cette égalité a lieu sur toute droite AA′ parallèle à ρ S, quelle que soit la longueur du segment $\alpha\alpha'$.

On a dans le triangle A$a\alpha$ coupé par $6b$P

$$\frac{6\text{A}}{6\alpha} \cdot \frac{ba}{b\text{A}} \cdot \frac{\text{P}\alpha}{\text{P}a} = 1.$$

Or, à cause des triangles semblables,

$$\frac{6\text{A}}{b\text{A}} = \frac{\text{PS}}{\text{S}b} \quad \text{et} \quad \frac{\text{P}\alpha}{\text{P}a} = \frac{\rho\text{R}}{\rho a};$$

par conséquent

$$\frac{\text{PS}}{\text{S}b} \cdot \frac{ba}{6\alpha} \cdot \frac{\rho\text{R}}{\rho a} = 1.$$

De même

$$\frac{\text{PS}}{\text{S}b'} \cdot \frac{b'a'}{6'\alpha'} \cdot \frac{\rho\text{R}}{\rho a'} = 1.$$

Donc

$$\frac{ba}{\text{S}b \,.\, 6\alpha \,.\, \rho a} = \frac{b'a'}{\text{S}b' \,.\, 6'\alpha' \,.\, \rho a'}.$$

Mais on a dans le triangle Saa', coupé par $\rho bb'$,

$$\frac{\rho a}{\rho a'} \cdot \frac{b'a'}{b'\text{S}} \cdot \frac{b\text{S}}{ba} = 1.$$

Donc $6\alpha = 6'\alpha'$. Ce que nous nous proposions de prouver.

Donc etc.

Autrement. Les deux droites Pa, Pa' sont les rayons homologues de deux faisceaux homographiques dont les rayons doubles coïncident suivant la droite PS. Donc les deux rayons Pa, Pa' interceptent sur une droite quelconque parallèle à PS, un segment de grandeur constante (1). Donc on peut mener cette parallèle de manière que le segment soit de grandeur donnée.

---

(1) *Géom. sup.*, art. 170.

PORISME XXXVII. — *Quand deux droites tournent autour de deux points fixes* P, Q *en se coupant toujours sur une droite donnée* LM, *et que la première rencontre une droite donnée de position* AX *en un point* m : *on peut déterminer une autre droite fixe* BY *que la droite tournant autour du point* Q *rencontrera en un point* m′, *et qui soit telle, que le rapport des segments* Am, Bm′, *comptés à partir des points où les deux droites* AX, BY *coupent la base* PQ, *ait une valeur constante.*

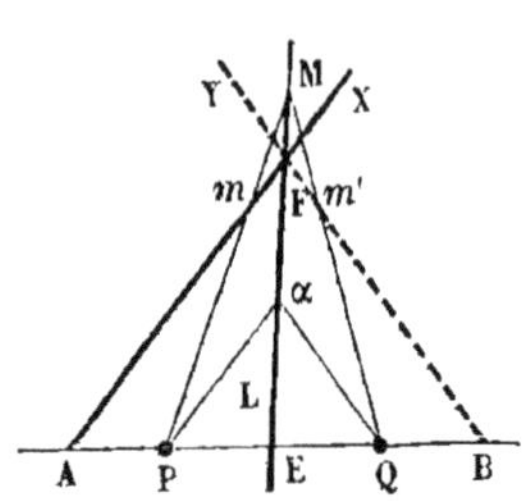

Qu'on mène parallèlement à AX la droite Pα, qui rencontre la droite LM en α, puis la droite Qα, et par le point F où AX rencontre LM, la droite FB parallèle à Qα; ce sera la droite demandée.

Cela résulte du Lemme XI d'après lequel on a

$$\frac{\mathrm{A}m}{\mathrm{AF}} = \frac{\mathrm{EM}}{\mathrm{EF}} : \frac{\alpha\mathrm{M}}{\alpha\mathrm{F}}$$

et

$$\frac{\mathrm{B}m'}{\mathrm{BF}} = \frac{\mathrm{EM}}{\mathrm{EF}} : \frac{\alpha\mathrm{M}}{\alpha\mathrm{F}}.$$

Donc

$$\frac{\mathrm{A}m}{\mathrm{AF}} = \frac{\mathrm{B}m'}{\mathrm{BF}}; \quad \frac{\mathrm{A}m}{\mathrm{B}m'} = \frac{\mathrm{AF}}{\mathrm{BF}} = \text{const.}$$

Ce qui démontre le Porisme.

PORISME XXXVIII. — *Étant donnés deux droites* AX, BY, *deux points* A, B *sur ces droites et une raison* λ : *il existe une droite* LD *telle, que si de chacun de ses points on abaisse sur les deux droites* AX, BY *des obliques* Mm, Mm′, *sous des angles donnés, on aura la relation*

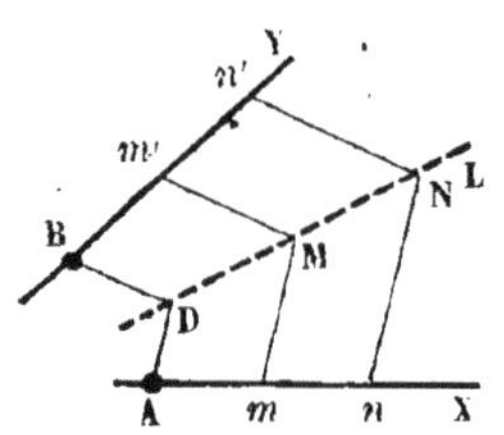

constante

$$\frac{Am}{Bm'} = \lambda.$$

En effet, si par les points donnés A et B on mène des parallèles aux obliques abaissées sur AX et BY respectivement, et que ces parallèles se rencontrent en D; qu'on prenne le point m arbitrairement, et le point m', déterminé par la relation $\frac{Am}{Bm'} = \lambda$; puis, que par les points m, m' on mène les obliques, qui se rencontrent en un point M : la droite DM satisfait à la question. C'est-à-dire que si d'un point N de cette droite on abaisse les obliques Nn, Nn', on aura

$$\frac{An}{Bn'} = \lambda.$$

Car, il est évident que

$$\frac{An}{Am} = \frac{DN}{DM} = \frac{Bn'}{Bm'}.$$

D'où

$$\frac{An}{Bn'} = \frac{Am}{Bm'} = \lambda.$$

Donc, etc.

VIe Genre.

Telle droite passe par un point donné.

Porisme XXXIX. — *Étant donnés deux droites parallèles* EA, E'A' *et deux points* P, Q, *si autour de ces points on fait tourner deux droites parallèles qui rencontrent les deux droites* EA, E'A', *respectivement, en deux points* m, m' : *la droite qui joint ces points passe par un point donné.*

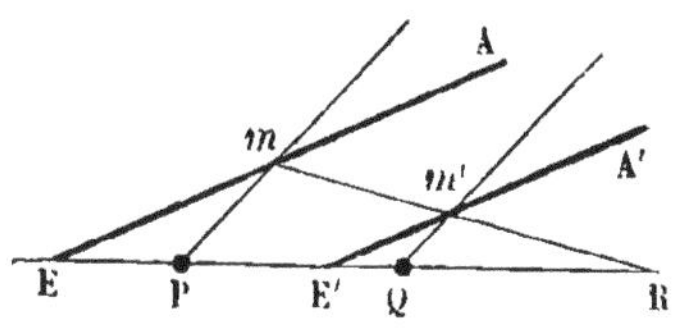

En effet, on a par les triangles semblables,

$$\frac{Rm}{mm'} = \frac{RP}{PQ} = \frac{RE}{EE'}.$$

Donc

$$\frac{RP}{RE} = \frac{PQ}{EE'}.$$

Donc le point R est déterminé.

Donc, etc.

PORISME XL. — *On donne deux points* A, B *sur une droite et deux points* a, b *sur une autre droite qui rencontre la première en* C; *autour de ce point* C *on fait tourner la droite* ab, *et l'on mène les deux droites* Aa, Bb *qui se rencontrent en un point* S; *par ce point on mène une parallèle* SO *à la droite* ab : *cette parallèle passera par un point donné.*

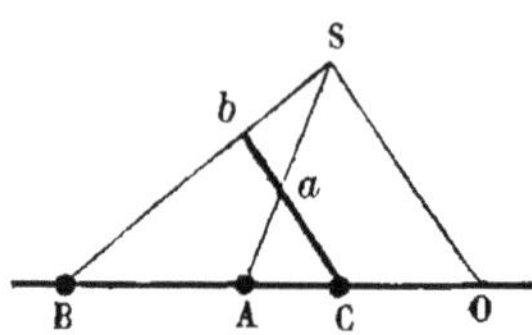

Cela résulte du lemme XI (proposition 137), d'après lequel les trois droites SA, SB, SO, coupées par les deux CAB, C*ab*, donnent l'égalité,

$$\frac{BA}{BC} : \frac{OA}{OC} = \frac{ba}{bC},$$

ou

$$\frac{OA}{OC} = \frac{BA}{BC} : \frac{ba}{bC}.$$

Ce qui détermine le point O.

Donc, etc.

Remarque. On a dans les triangles semblables SAO, *a*AC,

$$\frac{OS}{OA} = \frac{Ca}{CA}, \quad OS = \frac{OA.Ca}{CA} = \text{const.}$$

Ce qui montre que : *Quand la droite* Cab *tourne autour*

du point C, *le point* S *décrit une circonférence de cercle dont le centre est en* O.

PORISME XLI. — *Étant donnés deux droites* SA, SB *et deux points fixes* P, Q *en ligne droite avec le point de concours* S *de ces droites; si de ces deux points fixes on mène à chaque point* M *d'une droite* LM *donnée de position, des droites qui rencontrent, respectivement,* SA, SB *en* m *et* m' : *la droite* mm' *passera par un point donné.*

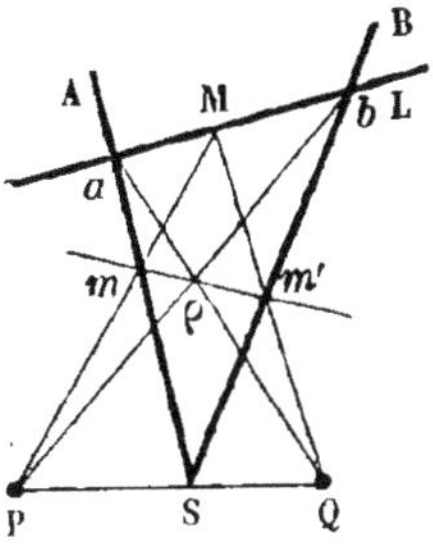

Soient a, b les points d'intersection de la droite LM par les deux droites données SA, SB; les droites Pb, Qa se rencontrent en un point ρ qui est le point cherché.

C'est une suite naturelle du Lemme XV (proposition 141) quand la droite LM est parallèle à la base PQ; et du Lemme XVII quand LM a une direction quelconque.

Ce Porisme est un de ceux que Simson a rétablis (1).

---

(1) Prop. XXXIV. « Quæ est Porisma, unum scilicet ex iis inter Porismata Lib. I Euclidis, quæ Pappus tradit hisce verbis : *Quod hæc ad datum punctum vergit.* »

Ce Porisme donne lieu à une observation qui fait ressortir un nouveau point de contact entre la Géométrie moderne et le Traité des Porismes d'Euclide, ouvrage si original à tous égards, et qui se distingue si profondément des autres traités mathématiques des Grecs, par sa conception comme par les matières fécondes qu'il renfermait.

A chaque droite LM correspond un point ρ, d'après le Porisme. Mais une conséquence qui s'offre, à la simple vue, c'est que *si ces droites passent toutes par un même point* M, *les points ρ sont tous sur une même droite* mm'. De sorte qu'il y a entre deux figures qui seraient formées, l'une par des droites quelconques LM, et l'autre par les points ρ qui correspondent à ces droites, des relations de réciprocité analogues à celles des pôles et polaires dans la théorie des coniques. C'est-à-dire que ce Porisme d'Euclide fournit un mode de transformation des figures analogue à la méthode des polaires réciproques.

Cette remarque curieuse est due à l'auteur même de cette célèbre méthode. M. le général Poncelet l'a insérée dans son Mémoire sur l'*Analyse des Transversales appliquée à la recherche des propriétés projectives des lignes et surfaces*

PORISME XLII. — *Si sur deux droites* AB, A′B′ *qui se coupent en* S, *on prend deux points* m, m′ *liés entre eux par la relation*

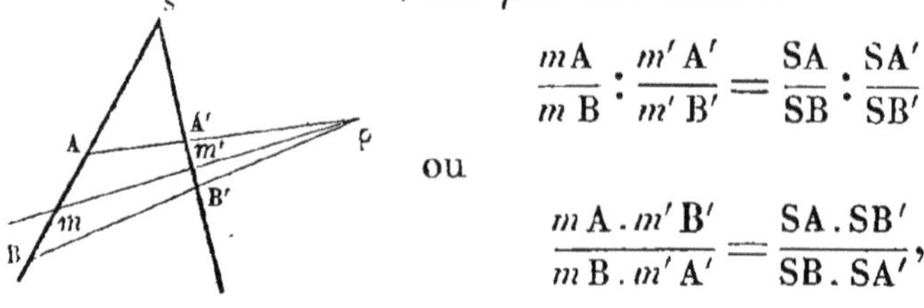

$$\frac{mA}{mB} : \frac{m'A'}{m'B'} = \frac{SA}{SB} : \frac{SA'}{SB'},$$

ou

$$\frac{mA.m'B'}{mB.m'A'} = \frac{SA.SB'}{SB.SA'},$$

la droite mm′ *passera par un point donné.*

Ce point est à l'intersection des deux droites AA′, BB′. C'est un résultat direct du Lemme XVI (proposition 142).

PORISME XLIII. — *Étant données deux droites fixes* SX, SX′, *autour d'un point fixe* ρ *on fait tourner une droite qui les rencontre en deux points* m, m′; *et de deux*

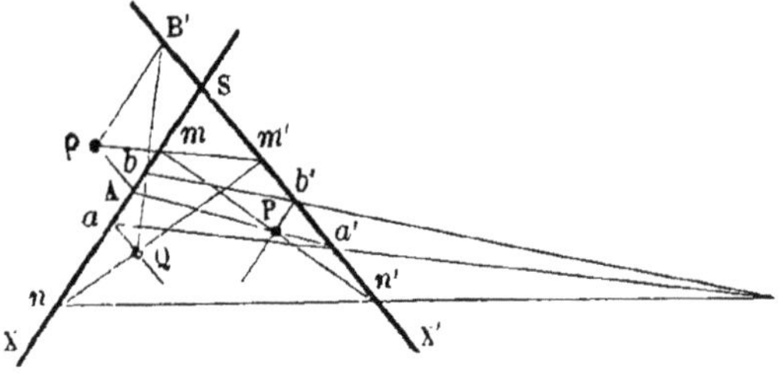

autres points donnés P, Q *on mène les droites* Pm, Qm

---

géométriques. (Voir *Journal de Mathématiques* de Crelle; t. VIII, p. 408, année 1832. — *Aperçu historique,* p. 655.)

Nous ajouterons ici, puisque l'occasion s'en présente si naturellement, que le Porisme d'Euclide a son analogue dans l'espace. En voici l'énoncé :

Étant donnés un angle trièdre dont les arêtes sont Sa, Sb, Sc *et trois droites* P, Q, R *situées dans un même plan passant par le sommet* S *de l'angle trièdre; si de chaque point* M *d'un plan donné dans l'espace on mène trois plans passant par les droites* P, Q, R *et rencontrant, respectivement, les droites* Sa, Sb, Sc *en* a, b, c : *le plan* abc *passera toujours par un même point* ρ.

Réciproquement : *Si un plan transversal tourne autour d'un point* ρ *donné dans l'espace et rencontre, dans chacune de ses positions, les trois arêtes de l'angle trièdre, en* a, b, c : *les plans menés par ces points et les droites* P, Q, R, *respectivement, se couperont en un point situé sur un plan donné de position.* (Voir *Aperçu historique,* p. 654.)

qui coupent les droites fixes SX, SX′ *en* n *et* n′ : *la droite* nn′ *passera par un point donné.*

Qu'on forme le parallélogramme $SA\rho B'$, on aura, par les triangles semblables,

$$\frac{Am}{AS} = \frac{\rho m}{\rho m'} = \frac{B'S}{B'm'}.$$

Qu'on mène PA qui rencontre SX′ en a', et par le point Q une parallèle à SX′, qui coupe SX en a. Puis, qu'on mène QB′ qui rencontre SX en b, et par le point P une parallèle à SX, qui coupe SX′ en b'. La droite nn' passera par le point de concours des deux droites aa', bb'.

En effet, les trois droites, menées par le point P, savoir, Pa', Pb' et Pn' coupées par les deux SX et SX′, donnent, d'après le Lemme XI,

$$\frac{Am}{AS} = \frac{a'n'}{a'S} : \frac{b'n'}{b'S}.$$

On a de même, à l'égard des trois droites Qa, Qb, Qn menées par le point Q,

$$\frac{B'm'}{B'S} = \frac{bn}{bS} : \frac{an}{aS}.$$

Or

$$\frac{Am}{AS} = \frac{B'S}{B'm'},$$

donc

$$\frac{an \,.\, bS}{bn \,.\, aS} = \frac{a'n' \,.\, b'S}{b'n' \,.\, a'S}.$$

Ce qui prouve, d'après le Lemme XVI, que les trois droites aa', bb' et nn' passent par un même point.

Donc, etc.

Porisme XLIV. — *Trois droites* SA, SB *et* SC, *issues d'un même point* S, *sont données de position, et rencontrent une autre droite, aussi donnée de position, en trois points* A, B *et* C; *par chaque point* M *de la droite* SC, *on mène la droite* MB *qui rencontre* SA *en* a, *et une parallèle à* AB *qui rencontre* SB *en* b; *la droite menée de ce point au point* A *rencontre* SC *en* c : *la droite* ac *passe par un point donné.*

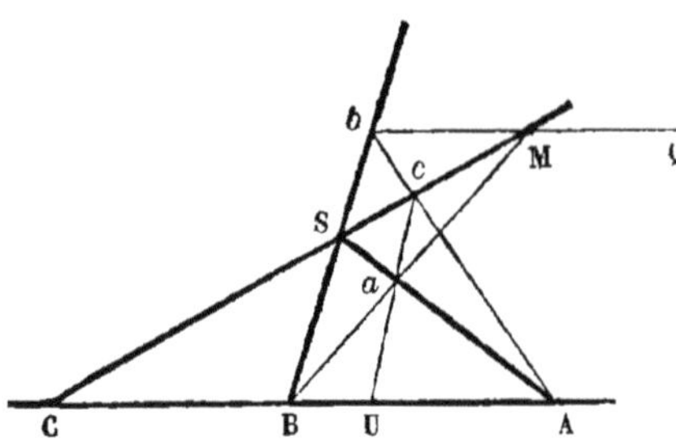

Cela résulte du Lemme XVIII (proposition 144); car ce Lemme prouve que la droite *ca* rencontre AB en un point U déterminé par l'équation

$$\frac{\overline{CB}^2}{AC.AB} = \frac{UB}{UA}.$$

VIIe Genre.

Telle droite a un rapport donné avec le segment compris entre tel point et un point donné.

PORISME XLV. — *Étant donnés trois droites parallèles* LM, AX, A'Y *et le point* A *sur l'une d'elles* AX; *si autour de deux points* P, Q *on fait tourner deux droites qui se coupent sur la droite* LM, *et rencontrent, respectivement, les deux autres en deux points* m, m' : *on pourra trouver un point* A' *sur* A'Y *et une constante* λ, *tels, que l'on aura toujours*

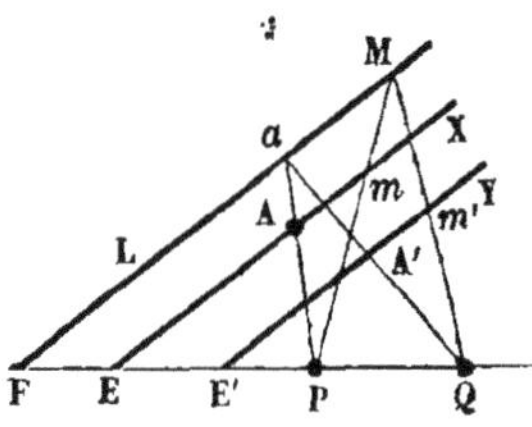

$$\frac{Am}{A'm'} = \lambda.$$

Qu'on mène PA qui rencontre la droite LM en *a*; la droite Q*a* coupe la troisième droite au point demandé A', et la raison λ est égale à $\frac{AE}{A'E'}$.

En effet, on a, par les triangles semblables,

$$\frac{aM}{aF} = \frac{Am}{AE} \quad \text{et} \quad \frac{aM}{aF} = \frac{A'm'}{A'E'}.$$

Donc

$$\frac{Am}{A'm'} = \frac{AE}{A'E'}.$$

Donc, etc.

Porisme XLVI. — *Si de chaque point d'une droite* LE *on abaisse des obliques, sous des angles donnés, sur deux droites parallèles, les pieds de ces obliques étant* m *et* m'; *et qu'un point* A *soit donné sur la première parallèle : on pourra trouver un point* A' *sur la deuxième, et une raison* λ, *tels, que les deux segments* Am, A'm' *seront toujours dans cette raison.*

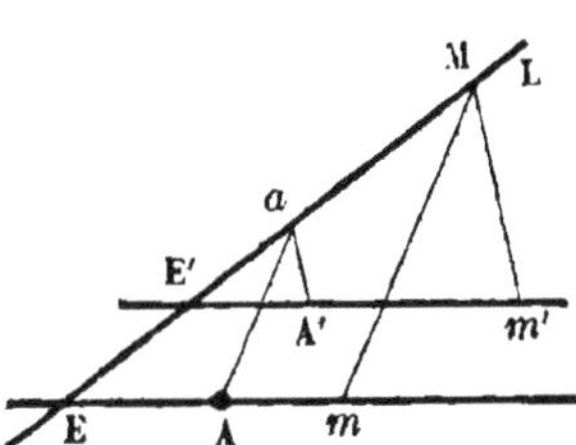

Que par le point A on mène la parallèle aux obliques abaissées sur la première des deux droites parallèles; et par le point a où cette droite coupe la droite LE, la parallèle aux obliques abaissées sur la deuxième : le point A' de rencontre de ces deux dernières droites et la raison $\lambda = \frac{AE \cdot aE'}{aE \cdot A'E'}$ satisfont à la question.

Car on a

$$\frac{Am}{AE} = \frac{aM}{aE}, \quad \text{et} \quad \frac{A'm'}{A'E'} = \frac{aM}{aE'}.$$

D'où

$$\frac{Am}{A'm'} = \frac{AE}{aE} : \frac{A'E'}{aE'} = \frac{AE \cdot aE'}{aE \cdot A'E'}.$$

Donc, etc.

Porisme XLVII. — *Si de chaque point* M *d'une droite* LM *on abaisse sur deux autres droites* AX, A'X' *et sous des angles donnés, des obliques dont les pieds soient* m *et* m' : *le point* A *étant donné sur la droite* AX, *on peut déterminer le point* A′ *sur* A′X′, *et trouver une raison* λ, *tels, que l'on aura toujours*

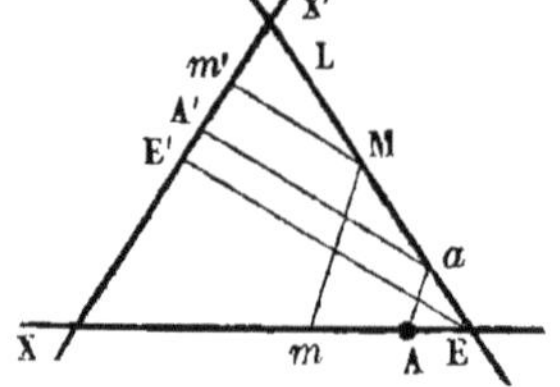

$$\frac{\mathrm{A}m}{\mathrm{A}'m'} = \lambda.$$

Par le point donné A on mène une parallèle aux obliques abaissées sur AX, et par le point a où cette parallèle rencontre la droite donnée LM on abaisse l'oblique aA′ sur A′X′ : le pied A′ de cette oblique est le point cherché.

Pour déterminer la raison λ, on peut abaisser du point E où la droite LM rencontre AX, l'oblique EE′ sur A′X′ : on aura

$$\lambda = \frac{\mathrm{AE}}{\mathrm{A'E'}}.$$

En effet, par les triangles semblables,

$$\frac{\mathrm{A}m}{\mathrm{AE}} = \frac{a\mathrm{M}}{a\mathrm{E}} = \frac{\mathrm{A}'m'}{\mathrm{A'E'}}.$$

Donc

$$\frac{\mathrm{A}m}{\mathrm{A}'m'} = \frac{\mathrm{AE}}{\mathrm{A'E'}}.$$

C. Q. F. D.

Porisme XLVIII. — *Étant donnés deux droites* SA, SB, *le point* A *sur la première et un point* O *hors de ces droites : on pourra déterminer un angle* Ω, *une raison* λ *et le point* A′ *sur la deuxième droite, de manière que si l'on fait tourner l'angle* Ω *autour du point* O *comme sommet, ses côtés rencontreront, respectivement, les deux droites en deux points* m, m′, *tels, que le rapport des deux segments* Am, A′m′ *sera toujours égal à la raison* λ.

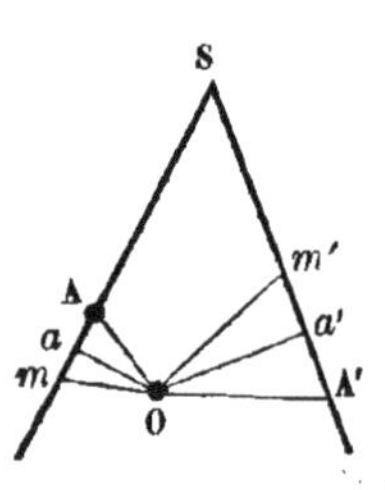

Que du point O on abaisse les perpendiculaires Oa, Oa

sur les deux droites, l'angle aOa' formé par ces deux perpendiculaires est l'angle cherché Ω; la raison λ est le rapport des deux perpendiculaires; et pour trouver le point A' il suffit de faire tourner l'angle Ω ou aOa' autour de son sommet O, de manière que le premier côté Oa passe par le point A; le deuxième côté Oa' détermine le point A'. Si donc m et m' sont les points où l'angle tournant aOa', dans une de ses positions, rencontre les deux droites, on aura $\frac{Am}{A'm'} = \frac{Oa}{Oa'}$.

En effet, les deux triangles Oam, $Oa'm'$ sont semblables parce qu'ils sont rectangles et que leurs angles en O sont égaux. Donc

$$\frac{am}{a'm'} = \frac{Oa}{Oa'}.$$

De même

$$\frac{aA}{a'A'} = \frac{Oa}{Oa'}.$$

Donc

$$\frac{Am}{A'm'} = \frac{Oa}{Oa'}.$$

C. Q. F. D.

VIIIe Genre.

Telle droite a un rapport donné avec une autre droite abaissée de tel point.

Porisme XLIX. — *Étant données deux droites* SA, SA' *et un point* O, *si de ce point on mène une droite* Om *à un point* m *de la droite* SA *et une autre droite faisant avec celle-là un certain angle* Ω *et rencontrant la droite* SA' *en un point* m' : *on pourra déterminer cet angle* Ω *et trouver une raison* λ, *tels, que le rapport des deux lignes* Om, Om' *soit toujours égal à cette raison.*

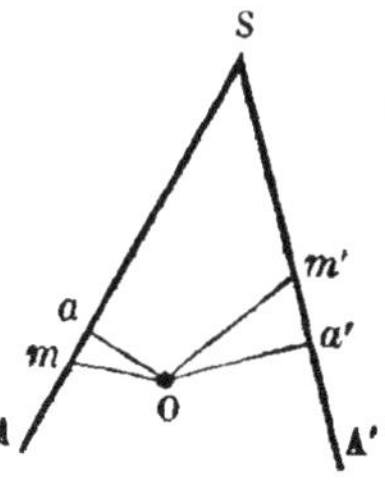

Que du point O on abaisse sur les deux droites les perpendiculaires Oa, Oa' : l'angle Ω qui satisfait à la question, est l'angle aOa' de ces deux perpendiculaires ; et la raison λ est égale à leur rapport $\frac{Oa}{Oa'}$.

En effet, les deux triangles rectangles maO, $m'a'O$ ont leurs angles mOa, $m'Oa'$ égaux, et par conséquent sont semblables : d'où résulte

$$\frac{Om}{Om'} = \frac{Oa}{Oa'} = \lambda.$$

Donc, etc.

Observation. Quand Euclide dit qu'*une droite est abaissée d'un point*, on doit entendre, abaissée sur une droite donnée de position et sous un angle donné. C'est ce que montre la définition XIII du Livre des *Données*, savoir : « Une droite est abaissée, quand on la mène par un point donné sur une droite donnée de position et sous un angle donné. »

Cela justifie le sens que nous attribuons au VIIIe Genre, en proposant le Porisme ci-dessus.

Une autre considération peut encore nous autoriser à penser que ce Porisme satisfait à l'énoncé laconique de Pappus. C'est qu'il correspond à une proposition connue des Anciens, à un des cas de la première proposition des *Lieux plans* d'Apollonius rapportée par Pappus.

Porisme L. — *Si de chaque point* M *d'une droite* LM *on abaisse sur deux droites fixes* OX, OY *deux obliques* Mp, Mq *sous des angles donnés : on pourra trouver un point* B *sur la deuxième droite* OY *et une raison* λ, *tels, que l'oblique* Mp *abaissée sur la première droite sera au segment* Bq *compris entre le point* B *et le pied de l'oblique abaissée sur la deuxième droite, dans la raison* λ.

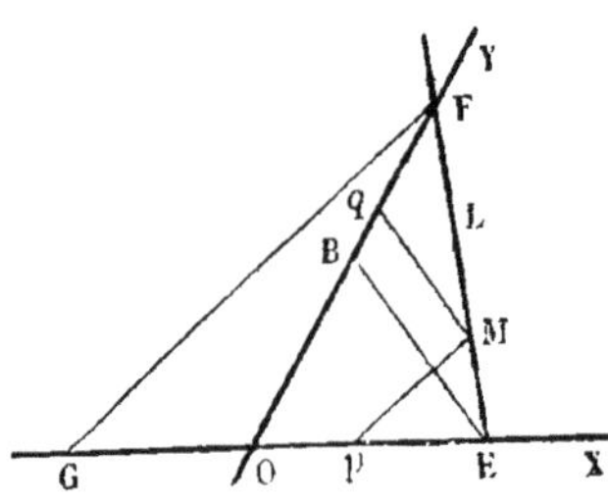

La droite donnée LM rencontre OX, OY en E et F respectivement.

Qu'on mène par le point E une parallèle aux obliques Mq, laquelle rencontre OY en B, et par le point F une parallèle aux obliques Mp, laquelle rencontre OX en G; le point B et la raison $\frac{FG}{BF} = \lambda$ satisfont à la question.

En effet, on a par les triangles semblables,

$$\frac{Mp}{FG} = \frac{ME}{FE}, \quad \text{et} \quad \frac{Bq}{BF} = \frac{ME}{FE}.$$

Donc

$$\frac{Mp}{FG} = \frac{Bq}{BF}, \quad \text{ou} \quad \frac{Mp}{Bq} = \frac{FG}{BF}.$$

C. Q. F. D.

IXe Genre.

Tel rectangle a un rapport donné avec le rectangle construit sur telle droite et une droite donnée.

PORISME LI. — *Quand deux points variables* m, m' *sur deux droites* ab, a'b', *sont liés par la relation*

$$\frac{am}{bm} = \lambda \frac{a'm'}{b'm'},$$

il existe entre ces points cette autre relation,

$$\frac{Im \,.\, C'm'}{Cm \,.\, \alpha} = \mu;$$

c'est-à-dire que, si l'on prend arbitrairement un point C *sur la première droite, et une ligne* α *: on peut trouver un second point* I *sur cette droite, un point* C' *sur la deuxième, et une raison* μ, *tels, que cette relation ait toujours lieu.*

Prenons pour C' le point qui sur la deuxième droite correspond au point C de la première, de sorte qu'on ait

$$\frac{aC}{bC} = \lambda \cdot \frac{a'C'}{b'C'},$$

et par conséquent l'équation

$$(1) \qquad \frac{am \,.\, bC}{bm \,.\, aC} = \frac{a'm' \,.\, b'C'}{b'm' \,.\, a'C'}.$$

Qu'on approche l'une des droites de l'autre pour faire coïncider les deux points a, a'; soit alors S le point de concours des deux droites bb', CC'; il résulte de l'équation (1) que la droite mm' passera toujours par ce point, d'après le Porisme XLIII (ou, si l'on veut, d'après le Lemme XVI de Pappus).

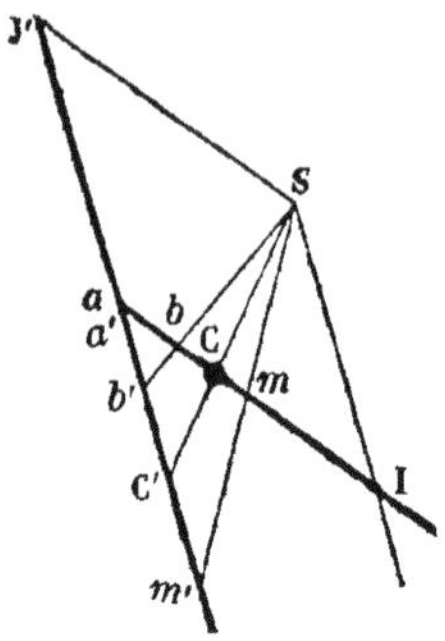

Si maintenant on mène la droite SI parallèle à la deuxième droite $a'b'm'$, on aura, d'après le Lemme XIV, les deux équations

$$\frac{a\mathrm{I}}{b\mathrm{I}} : \frac{a\mathrm{C}}{b\mathrm{C}} = \frac{b'\mathrm{C}'}{a'\mathrm{C}'},$$

$$\frac{\mathrm{I}m}{\mathrm{C}m} : \frac{\mathrm{I}a}{\mathrm{C}a} = \frac{\mathrm{C}'a'}{\mathrm{C}'m'}.$$

La première donne

$$\frac{a\mathrm{I}}{b\mathrm{I}} = \frac{a\mathrm{C}.b'\mathrm{C}'}{b\mathrm{C}.a'\mathrm{C}'} \quad \text{ou} \quad \frac{a\mathrm{I}}{b\mathrm{I}} = \lambda, \quad a\mathrm{I} = \frac{\lambda.ab}{\lambda - 1};$$

ce qui détermine le point I.

La deuxième équation s'écrit :

$$\frac{\mathrm{I}m.\mathrm{C}'m'}{\mathrm{C}m} = \frac{\mathrm{I}a.\mathrm{C}'a'}{\mathrm{C}a} \quad \text{ou} \quad \frac{\mathrm{I}m.\mathrm{C}'m'}{\mathrm{C}m.\alpha} = \frac{\mathrm{I}a.\mathrm{C}'a'}{\mathrm{C}a.\alpha} = \text{const.} = \mu;$$

ce qui est l'équation qu'il fallait obtenir.

La valeur cherchée de μ est donc

$$\mu = \frac{\mathrm{I}a.\mathrm{C}'a'}{\mathrm{C}a.\alpha} = \frac{\lambda\ ab.\mathrm{C}'a'}{(\lambda - 1).\mathrm{C}a.\alpha}.$$

Ainsi le Porisme est démontré.

On peut donner à la raison μ, cette expression plus simple $\mu = \frac{C'J'}{\alpha}$: de sorte qu'on a

$$\frac{Im.C'm'}{Cm} = \frac{Ia.C'a'}{Ca} = C'J';$$

J′ étant le point déterminé par l'équation $\frac{a'J'}{b'J'} = \frac{1}{\lambda}$. Car si l'on mène la droite SJ′ parallèle à ab, les trois droites Sb, SC et SJ′ coupées par les deux ab, $a'b'$, donnent, d'après le Lemme XI,

$$\frac{aC}{bC} = \frac{a'C'}{b'C'} : \frac{a'J'}{b'J'}, \quad \text{ou} \quad \frac{a'J'}{b'J'} = \frac{a'C'}{b'C'} : \frac{aC}{bC} = \frac{1}{\lambda}.$$

Mais on a, par les triangles semblables,

$$\frac{Ia}{Ca} = \frac{SC'}{CC'} = \frac{C'J'}{C'a'}; \quad \text{d'où} \quad \frac{Ia.C'a'}{Ca} = C'J'.$$

Donc, etc.

Remarque. En considérant les trois droites Sb, Sm, SI, on trouve

$$\frac{Im}{bm} : \frac{Ia}{ba} = \frac{b'a'}{b'm'},$$

ou

$$\frac{Im.b'm'}{bm.\alpha} = \frac{Ia.b'a'}{ba.\alpha} = \frac{b'J'}{\alpha}.$$

Ce qui montre que le Porisme subsiste quand, au lieu de prendre les points C, C′, on conserve les deux b, b'.

PORISME LII. — *Quand deux droites tournent autour de deux points* P, Q *en se coupant toujours sur une droite* LM, *et rencontrant, respectivement, deux autres droites* AX, A′X′ *en* m *et en* m′; *le point* A *étant donné sur la première de ces droites et une ligne* α *étant aussi donnée : on peut trouver un second point* I *sur la première*

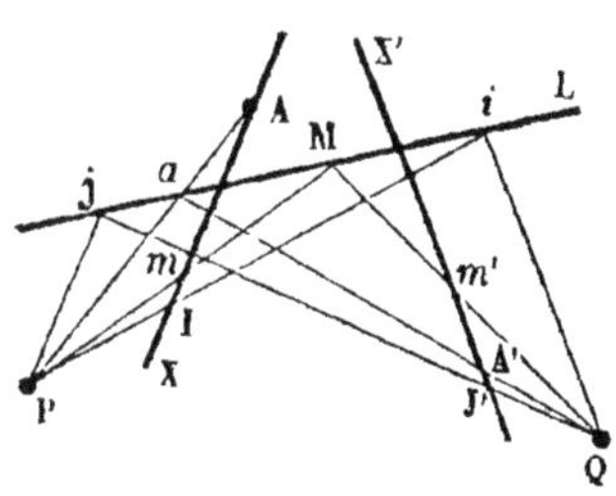

droite, le point A′ *sur la seconde, et une raison* λ, *tels, qu'on ait toujours l'équation*

$$\frac{\mathrm{I}m \,.\, \mathrm{A}'m'}{\mathrm{A}m \,.\, \alpha} = \lambda.$$

Qu'on mène la droite PA qui rencontre la droite LM en *a*; la droite Q*a* rencontrera la droite A′X′ au point cherché A′. Puis, que par les points P et Q on mène aux droites AX, A′X′, respectivement, des parallèles qui rencontrent la droite LM en *j* et *i*; la droite P*i* marque sur AX le point cherché I; et la droite Q*j* rencontre la droite A′X′ en un point J′, qui fait connaître la raison λ: car il faut prendre

$$\lambda = \frac{\mathrm{A}'\mathrm{J}'}{\alpha}.$$

De sorte qu'il reste à prouver qu'on a toujours

$$\frac{\mathrm{I}m \,.\, \mathrm{A}'m'}{\mathrm{A}m \,.\, \alpha} = \frac{\mathrm{A}'\mathrm{J}'}{\alpha}.$$

En effet, les quatre droites menées par le point P, et coupées par LM et AX, donnent l'équation

$$\frac{\mathrm{I}\,m}{\mathrm{A}\,m} = \frac{i\,\mathrm{M}}{a\,\mathrm{M}} : \frac{ij}{aj}.$$

Les quatre droites menées par le point Q, donnent pareillement

$$\frac{\mathrm{A}'\mathrm{J}'}{\mathrm{A}'\,m'} = \frac{aj}{a\,\mathrm{M}} : \frac{ij}{i\,\mathrm{M}}.$$

Donc,

$$\frac{\mathrm{I}m}{\mathrm{A}m} = \frac{\mathrm{A}'\mathrm{J}'}{\mathrm{A}'m'}, \quad \text{ou} \quad \frac{\mathrm{I}m \,.\, \mathrm{A}'m'}{\mathrm{A}m} = \mathrm{A}'\mathrm{J}'.$$

C. Q. F. D.

Porisme LIII. — *De chaque point* M *d'une droite* LM *on mène à un point fixe* P *une droite* PM *qui rencontre une droite* AX *en un point* m; *et du même point* M *on abaisse une perpendiculaire* M m′ *sur une autre droite* A′X′; *le point* A′ *étant donné sur cette droite, et une ligne* α *étant aussi donnée en longueur : on peut déterminer le point* A *et un point* I *sur la droite* AX, *et une raison* λ, *tels, que l'on aura toujours l'équation*

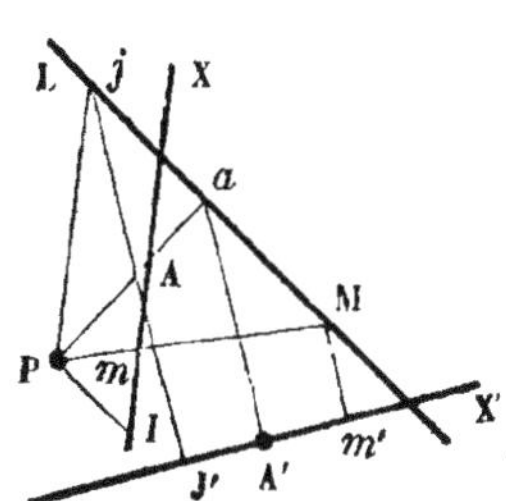

$$\frac{\mathrm{I}m \,.\, \mathrm{A}'m'}{\mathrm{A}m \,.\, \alpha} = \lambda.$$

Élevons sur A′X′ une perpendiculaire qui rencontrera la droite LM en a; la droite Pa coupera la droite AX au point cherché A. Menons parallèlement à LM la droite PI qui rencontre AX en I : ce point I sera l'autre point cherché. Enfin conduisons la droite Pj parallèle à AX, et par le point j, commun à cette parallèle et à la droite LM, abaissons une perpendiculaire jJ′ à la droite A′X′ : le pied de cette perpendiculaire déterminera la raison λ.

On aura

$$\lambda = \frac{\mathrm{A}'\mathrm{J}'}{\alpha} = \frac{\mathrm{I}m \,.\, \mathrm{A}'m'}{\mathrm{A}m \,.\, \alpha}.$$

De sorte que les points A et I et la raison $\lambda = \dfrac{\mathrm{A}'\mathrm{J}'}{\alpha}$ résolvent la question.

En effet, les quatre droites PA, Pm, PI et Pj coupées par les deux AX et LM donnent

$$\frac{\mathrm{I}m}{\mathrm{A}m} = \frac{aj}{a\mathrm{M}}.$$

Mais

$$\frac{aj}{a\mathrm{M}} = \frac{\mathrm{A}'\mathrm{J}'}{\mathrm{A}m'}.$$

Donc

$$\frac{\mathrm{I}m}{\mathrm{A}m} = \frac{\mathrm{A}'\mathrm{J}'}{\mathrm{A}'m'}, \quad \text{ou} \quad \frac{\mathrm{I}m \,.\, \mathrm{A}'m'}{\mathrm{A}m} = \mathrm{A}'\mathrm{J}'.$$

Et par conséquent

$$\frac{\mathrm{I}m \,.\, \mathrm{A}'m'}{\mathrm{A}m \,.\, \alpha} = \frac{\mathrm{A}'\mathrm{J}'}{\alpha}.$$

Porisme LIV. — *Si autour d'un point* ρ *on fait tourner une droite qui rencontre deux droites données* SA, SA', *en deux points* m, m'; *qu'on donne aussi la longueur d'une ligne* α *et une raison* λ : *on peut déterminer deux points* A *et* I *sur la première droite donnée et un point* A' *sur la deuxième, tels, qu'on aura toujours*

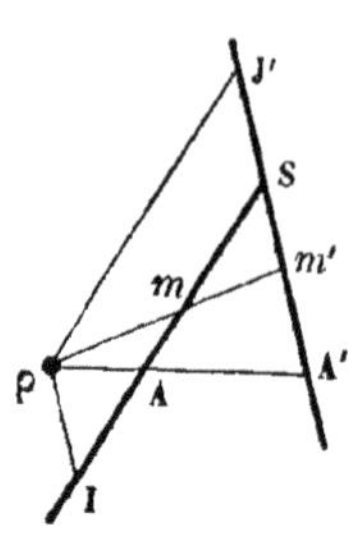

$$\frac{\mathrm{I}m \,.\, \mathrm{A}'m'}{\alpha \,.\, \mathrm{A}m} = \lambda.$$

Une parallèle à SA', menée par le point ρ, rencontre SA au point demandé I. Pour les points A et A' il suffit de mener par le point ρ la droite ρAA' déterminée par la relation $\frac{\mathrm{AS}}{\mathrm{A'S}} = \frac{\mathrm{IS}}{\alpha \,.\, \lambda}$. (Ce qui est un des cas du problème bien connu de la *section de raison.*)

En effet, par le Lemme XI, appliqué aux lignes ρI, ρA, ρm coupées par les deux droites données SA, SA', on obtient l'égalité

$$\frac{\mathrm{I}m \,.\, \mathrm{AS}}{\mathrm{IS} \,.\, \mathrm{A}m} = \frac{\mathrm{A'S}}{\mathrm{A}'m'}.$$

Mais nous supposons que $\frac{\mathrm{AS}}{\mathrm{A'S}} = \frac{\mathrm{IS}}{\alpha \,.\, \lambda}$, l'équation devient donc

$$\frac{\mathrm{I}m \,.\, \mathrm{A}'m'}{\alpha \,.\, \mathrm{A}m} = \lambda.$$

Ce qui démontre le Porisme.

Quant à la construction de la droite ρAA', si l'on veut ne point invoquer le problème de la section de raison, on l'effectuera bien simplement ainsi : on mènera par le point

ρ et parallèlement à SA une droite qui rencontrera SA′ en J′; puis on prendra le point A′, tel, que l'on ait

$$A'J' = \lambda . \alpha.$$

Le point A s'ensuivra.

La démonstration de cette construction résulte encore du Lemme XI.

En effet, concevons qu'une droite menée arbitrairement par le point S rencontre les trois lignes ρA, ρI et ρJ′ aux points a, i et j; on aura, en considérant les trois lignes coupées par SA et Sa,

$$\frac{SA}{IS} = \frac{Sa . ij}{iS . aj}. \quad \text{(Lemme XI.)}$$

Et, pareillement, en considérant ces trois mêmes lignes coupées par SA′, Sa,

$$\frac{SA'}{A'J'} = \frac{Sa . ij}{iS . aj}.$$

Donc

$$\frac{SA}{IS} = \frac{SA'}{A'J'}, \quad \text{ou} \quad \frac{SA}{SA'} = \frac{IS}{A'J'}.$$

Mais on a pris $A'J' = \lambda . \alpha$; il vient donc

$$\frac{SA}{SA'} = \frac{IS}{\alpha . \lambda}.$$

C. Q. F. D.

Observation. On peut donner l'un des deux points A, A′, et demander de déterminer la raison λ. C'est ce que l'on fera au moyen de la relation, ci-dessus, $A'J' = \lambda . \alpha$.

Porisme LV. — *Étant données deux droites* LM *et* XX′ *dont* e *est le point d'intersection, si autour de deux points fixes* P, Q *on fait tourner deux autres droites qui se coupent sur la droite* LM *et rencontrent la droite* XX′ *en deux points* m, m′ : *on pourra trouver un point* I *sur*

XX′ *et une ligne* μ, *tels, qu'on aura toujours*

$$\frac{\mathrm{I}m \,.\, em'}{em} = \mu.$$

En effet, que par les points P, Q on mène à la droite XX′ des parallèles qui rencontrent LM en R et S; les deux droites PS et QR coupent XX′ en deux points I et J′. Le premier est le point demandé, et le segment $e\mathrm{J}'$ est la ligne demandée μ, c'est-à-dire que l'on a

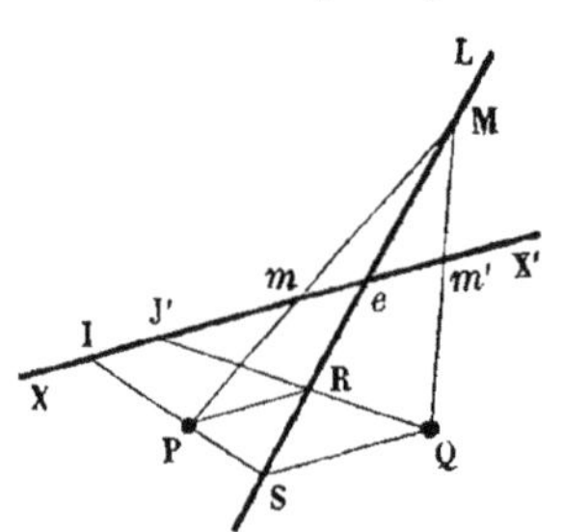

$$\frac{\mathrm{I}m \,.\, em'}{em} = e\mathrm{J}'.$$

Cela résulte du Porisme LII, dans lequel on suppose que les deux droites AX, A′X′ coïncident et que le point A soit en e sur la droite LM.

Xe Genre.

Tel rectangle équivaut à un rectangle donné plus le rectangle formé sur telle abscisse et sur une droite donnée.

Porisme LVI. — *Si l'on prend sur une droite* IJ′ *un point fixe* e *et à partir du point* I *deux points consécutifs* m, m′ *liés par la relation*

$$\mathrm{I}m \,.\, em' = em \,.\, e\mathrm{J}',$$

il existera entre ces points une autre relation de la forme

$$\mathrm{J}'m \,.\, \mathrm{I}m' = \nu + \mu \,.\, mm'.$$

C'est-à-dire qu'on pourra trouver un rectangle ν et une ligne μ, tels, qu'on ait toujours cette équation.

En effet, les deux segments $\mathrm{J}'m$, $\mathrm{I}m'$ empiètent l'un sur l'autre : par conséquent leur rectangle est égal à la somme des deux rectangles J'I.mm' et Im.J'm' : ainsi,

$$J'm.Im' = J'I.mm' + Im.J'm' \text{ (1)}.$$

Mais la relation donnée s'écrit aussi

$$Im(J'm' - J'e) = (Ie - Im)eJ',$$

ou

$$Im.J'm' = Ie.eJ'.$$

Donc

$$J'm.Im' = Ie.J'e + J'I.mm' \text{ (2)}.$$

Il suffit dès lors de prendre $\nu = Ie.J'e$, et $\mu = J'I$ pour obtenir la relation demandée.

Porisme LVII. — *On donne un triangle* CAB *et un point* P *situé sur le prolongement de la base* AB; *de chaque point* M *du côté* BC *on mène la droite* MP *et une parallèle à* AB; *ces droites rencontrent le côté* AC *en deux points* m *et* m' : *on peut trouver deux points* I *et* J' *sur ce côté, un rectangle* ν *et une droite* μ, *tels, que le rectangle* J'm.Im' *sera égal à la somme des deux rectangles* ν *et* μ.mm'.

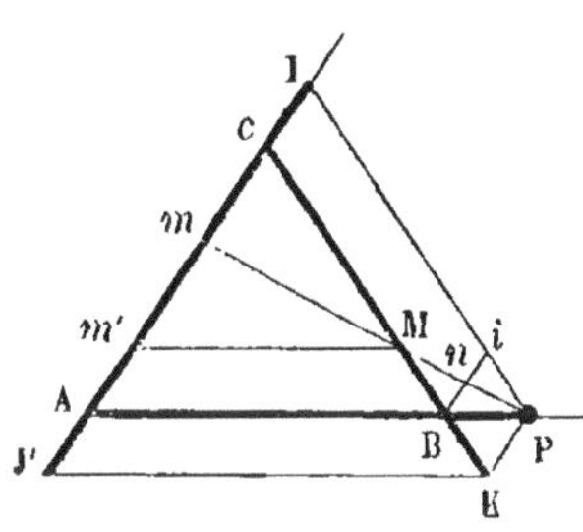

Menons par le point P, parallèlement à BC, la droite PI qui rencontre AC en I; et parallèlement à AC, la droite PK qui rencontre BC en K; puis, par le point K parallèlement à AB la droite KJ' qui rencontre le côté AC en J' : les points

(1) Cette équation à laquelle donnent lieu quatre points quelconques en ligne droite, fait le sujet du Porisme LIX ci-après.

(2) Pour nous conformer à la Géométrie des Grecs, nous ne supposons pas, dans cette démonstration, que les segments aient des signes; mais dans l'équation finale ainsi que dans l'équation donnée, nous écrivons les segments de manière que la règle des signes soit applicable, et que le Porisme démontré dans l'hypothèse où les points J', e, m', m, I ont les positions relatives qu'indique la figure, conserve un sens déterminé dans tous les autres cas.

I et J′ seront les points demandés, le rectangle ν sera égal à IA.J′A, et la ligne μ, à J′I; de sorte qu'on aura toujours

$$J'm.Im' = J'A.IA + J'I.mm'.$$

Il nous suffit de prouver que l'on a $\frac{Im.Am'}{Am} = AJ'$, car de cette équation résultera, d'après le Porisme précédent, celle qu'il s'agit de démontrer.

Or, menant la droite Bni parallèle à AC et qui rencontre PM et PI en n et i, on a, à cause des parallèles,

$$\frac{AJ'}{Am'} = \frac{BK}{BM} = \frac{nP}{nM} = \frac{ni}{nB} = \frac{mI}{mA},$$

ou

$$\frac{Im.Am'}{Am} = AJ'.$$

C. Q. F. D.

Donc, etc.

Porisme LVIII. — *Étant donné un triangle* ABC, *si autour de deux points fixes* P, Q *pris sur la base* AB *on fait tourner deux droites dont le point de concours* M *soit toujours sur le prolongement du côté* BC, *ces droites couperont le côté* AC *en* m *et* m′, *et l'on pourra trouver deux points* I, J′ *sur ce côté, un rectangle* ν *et une droite* μ, *tels, que l'on aura toujours*

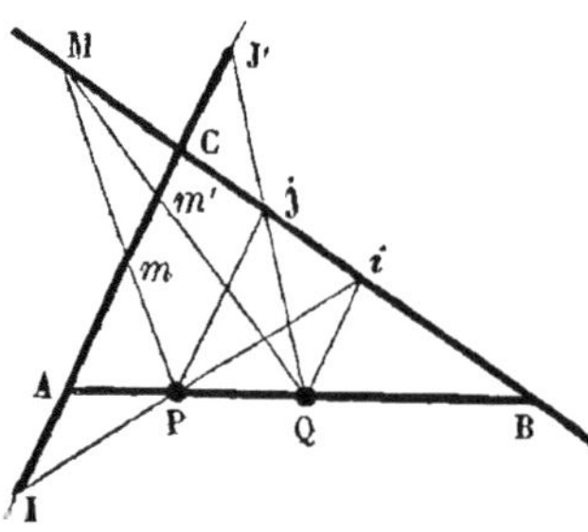

$$J'm.Im' = \nu + \mu.mm'.$$

En effet, qu'on mène par les points P et Q des parallèles à AC, qui rencontreront BC en i et j; les droites Pi, Qj couperont AC aux points cherchés I et J′; et l'on aura, d'après le Porisme LV,

$$\frac{Im.Cm'}{Cm} = CJ'.$$

Or, d'après le Porisme LVI, cette équation donne lieu à la suivante :

$$J'm.Im' = J'C.IC + J'I.mm'.$$

On a donc

$$\nu = J'C.IC \quad \text{et} \quad \mu = J'I.$$

Ce qui démontre le Porisme.

Observation. La figure présente le point M sur le prolongement du côté BC au delà du point C; mais il pourrait être pris aussi sur le prolongement au delà de B.

L'équation démontrée aurait encore lieu, si le point M était pris entre les deux i et j; parce que le segment mm' serait toujours dirigé dans le même sens que IJ'.

Mais pour d'autres positions du point M, soit sur le segment Cj, soit sur Bi, le segment mm' aurait une direction contraire, et alors on démontrerait que le rectangle $J'm.Im'$ devient égal à la différence des deux rectangles $J'C.IC$ et $J'I.mm'$.

XIe Genre.

Tel rectangle seul ou avec un espace donné est....., l'autre a un rapport donné avec telle abscisse.

Une lacune qui existe dans les manuscrits rend cet énoncé défectueux. Il nous paraît inutile de chercher à le rétablir, puisque les autres énoncés de Pappus nous suffisent amplement pour faire connaître le caractère général des Porismes d'Euclide.

XIIe Genre.

Telle droite, plus une autre avec laquelle telle autre droite est dans une raison donnée, a un rapport donné avec un segment formé par tel point à partir d'un point donné.

Chacune des équations suivantes satisfait à cet énoncé.

$$1. \qquad \frac{Am + \lambda . Bm}{Cm} = \mu,$$

$$\text{II.}\quad \frac{Am + \lambda . Bm}{C'm'} = \mu,$$

$$\text{III.}\quad \frac{Am + \lambda . B'm'}{C'm'} = \mu,$$

$$\text{IV.}\quad \frac{Am + \lambda . B'm'}{C''m''} = \mu.$$

I.

PORISME LIX. — *Étant donnés deux points* A, B *sur une droite et une raison* λ, *on peut trouver un troisième point* C *et une raison* μ, *tels, que pour tout point* m, *pris sur la droite, entre* A *et* B, *on aura toujours*

$$\frac{Am + \lambda . Bm}{Cm} = \mu.$$

Et si le point variable m *est pris dans le prolongement de la droite* AB (*au delà de* A *ou de* B, *indifféremment*), *on pourra trouver un autre point* C *et une autre raison* μ, *tels, que la même équation subsistera.*

A C B m

Considérons le cas où le point m est sur le prolongement de AB. Si l'on détermine le point C sur cette droite même, c'est-à-dire entre A et B, par l'expression $\frac{CA}{BC} = \lambda$, et la raison $\mu = \frac{BA}{BC}$, la relation à démontrer devient

$$Am + \frac{CA}{BC} . Bm = \frac{BA}{BC} . Cm,$$

ou

$$Am . BC + CA . Bm = BA . Cm.$$

Écrivons

$$Am\,(Cm - Bm) + Bm\,(Am - Cm) = Cm\,(Am - Bm).$$

Les termes de cette équation se détruisent deux à deux. Ce qui démontre le Porisme.

Observation. L'équation

$$Am.BC + CA.Bm = BA.Cm,$$

exprime une relation entre trois des quinze rectangles qu'on peut former avec les six segments auxquels donnent lieu quatre points quelconques en ligne droite. Ces trois rectangles sont les seuls qui soient formés de deux segments n'ayant pas d'extrémité commune. Ils se distinguent entre eux en ce que, dans le premier $Am.CB$, l'un des segments est placé entièrement sur l'autre; dans le deuxième $CA.Bm$, les deux segments n'ont point de partie commune; et enfin dans le troisième $AB.Cm$, les deux segments empiètent l'un sur l'autre. C'est celui-ci qui toujours est égal à la somme des deux autres.

On voit, d'après cela, que si le point variable m doit être pris entre A et B, au lieu de l'être sur le prolongement de AB, il faut que le point fixe C vienne se placer sur ce prolongement, au delà de A ou de B, selon que la raison λ est plus petite ou plus grande que l'unité.

II.

Porisme LX. — *Quand deux points variables* m, m' *divisent deux droites en parties proportionnelles, deux points* A *et* B *étant donnés sur la première droite ainsi qu'une raison* λ*: on peut trouver un point* C' *sur la seconde droite et une raison* μ*, tels, que pour tous les points* m *pris entre* A *et* B*; ou bien pour tous les points pris en dehors du segment* AB, *aura toujours l'équation*

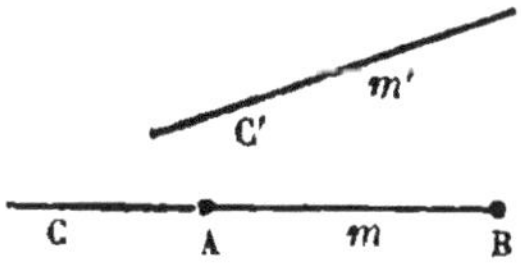

m'
C'
C A m B

$$\frac{Am + \lambda.Bm}{C'm'} = \mu.$$

En effet, appelons C le point qui dans la première division correspondra au point cherché C′ de la seconde division, et soit α le rapport de deux droites homologues dans les deux divisions, de sorte qu'on ait

$$\frac{Cm}{C'm'} = \alpha.$$

On a, par le Porisme précédent,

$$Am + \frac{CA}{BC} Bm = \frac{BA}{BC} Cm.$$

Par conséquent

$$Am + \frac{CA}{BC} Bm = \alpha . \frac{BA}{BC} C'm'.$$

Qu'on fasse $\frac{CA}{BC} = \lambda$, ce qui détermine le point C, et par suite le point correspondant C′ de la seconde division. Puis, qu'on prenne $\mu = \alpha . \frac{BA}{BC}$, on aura

$$\frac{Am + \lambda . Bm}{C'm'} = \alpha . \frac{BA}{BC} = \mu.$$

Ce qui résout le Porisme énoncé.

Porisme LXI. — *Quand deux points variables* m, m′ *divisent deux droites en parties proportionnelles, deux points* A *et* B *étant donnés sur la première droite et un point* C′ *sur la seconde : on peut trouver deux raisons* λ *et* μ, *telles, que pour tous les points* m *situés entre* A *et* B, *ou bien pour tous les points situés en dehors du segment* AB, *on aura toujours la relation*

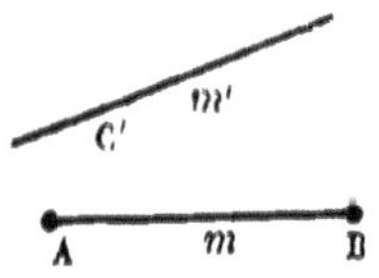

$$\frac{Am + \lambda . Bm}{C'm'} = \mu.$$

En effet, le rapport de deux parties homologues sur les deux droites étant α, on a, comme il est dit dans le Porisme précédent,

$$(1)\qquad \mathrm{A}m + \frac{\mathrm{CA}}{\mathrm{BC}}\mathrm{B}m = \alpha\,\frac{\mathrm{BA}}{\mathrm{BC}}\,\mathrm{C}'m'.$$

Il suffit donc de faire

$$\lambda = \frac{\mathrm{CA}}{\mathrm{BC}} \quad \text{et} \quad \mu = \alpha\,.\frac{\mathrm{BA}}{\mathrm{BC}}.$$

Ainsi le Porisme est démontré.

Observation. L'équation (1) donne, comme conséquence, en supposant que le point B soit à l'infini, celle-ci :

$$\mathrm{A}m + \mathrm{CA} = \alpha\,.\,\mathrm{C}'m'.$$

Et, en effet,

$$\mathrm{A}m + \mathrm{CA} = \mathrm{C}m.$$

Donc

$$\mathrm{C}m = \alpha\,\mathrm{C}'m'.$$

Ce qui est l'hypothèse.

III.

PORISME LXII. — *Quand deux points variables* m, m′ *divisent deux droites en parties proportionnelles, un point* A *étant donné sur la première, un point* B′ *sur la seconde, et une raison* λ *étant aussi donnée : on pourra trouver un point* C′ *sur la deuxième droite et une raison* μ, *tels, que pour tous les points* m *situés entre le point* A *et un certain point* B *qu'on saura déterminer, ou bien pour tous les points pris hors du segment formé par ces deux mêmes points* A *et* B, *on aura toujours la relation*

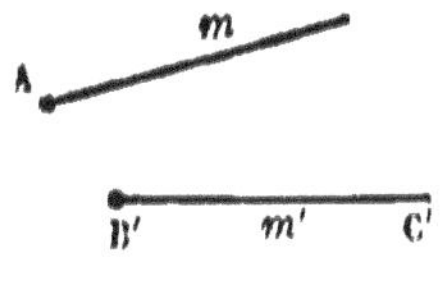

m
A
B′ m′ C′

$$\frac{\mathrm{A}m + \lambda\,.\,\mathrm{B}'m'}{\mathrm{C}'m'} = \mu.$$

En effet, soient A′ le point qui sur la seconde droite correspond au point A de la première, et α le rapport entre deux lignes homologues sur les deux droites, de sorte que $Am = \alpha . A'm'$. L'équation devient

$$\alpha A'm' + \lambda . B'm' = \mu . C'm' ;$$

ou

$$A'm' + \frac{\lambda}{\alpha} . B'm' = \frac{\mu}{\alpha} . C'm'.$$

Mais la relation déjà signalée entre les rectangles des segments formés par quatre points donne

$$\frac{\lambda}{\alpha} = \frac{C'A'}{B'C'}, \quad \text{et} \quad \frac{B'A'}{B'C'} = \frac{\mu}{\alpha}.$$

La première de ces deux équations fait connaître la position du point C', et ensuite la seconde donne la valeur de la raison μ, dans le cas où le point m' doit être pris entre A' et B', de même que dans le cas où ce point doit être pris en dehors du segment A'B.

Il est clair que le point B qui fixe les régions du point m sur la première droite Am, correspond au point donné B' de la seconde droite $A'm'$.

Ainsi le Porisme est démontré.

Porisme LXIII. — *Quand deux points variables* m, m' *divisent deux droites en parties proportionnelles, un point* A *étant donné sur la première et deux points* B' *et* C' *sur la seconde : on peut trouver un troisième point* A' *sur cette droite et deux raisons* λ *et* μ, *tels, que pour tous les points* m' *situés entre* A' *et* B' *quand le point* C' *se trouve au dehors du segment* A'B', *ou bien pour tous les points* m' *situés hors du segment* A'B' *quand le point* C' *est entre* A' *et* B', *on aura toujours la relation*

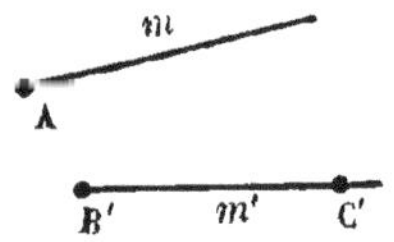

$$\frac{Am + \lambda . B'm'}{C'm'} = \mu.$$

En effet, le rapport de deux divisions étant α, on déterminera les deux raisons λ et μ par les expressions

$$\lambda = \alpha . \frac{C'A'}{B'C'}, \quad \mu = \alpha . \frac{B'A'}{B'C'};$$

A′ étant le point qui correspond sur la seconde droite au point donné A sur la première. Ce qui résulte du Porisme précédent.

Porisme LXIV. — *Si de chaque point* M *d'une droite* LM *on abaisse des perpendiculaires* Mm, Mm′ *sur deux autres droites* Am, B′m′, A et B′ *étant deux points donnés sur ces droites, et* λ *étant une raison aussi donnée : on pourra trouver un point* C′ *sur la droite* B′m′, *et une raison* μ, *tels, que pour tous les points de la droite* LM *répondant à des perpendiculaires dont le pied* m *tombe entre le point* A *et un certain point* B *qu'on saura déterminer, ou bien pour tous les points* LM *qui répondent à des perpendiculaires dont le pied* m *est situé hors du segment* AB, *on aura toujours la relation*

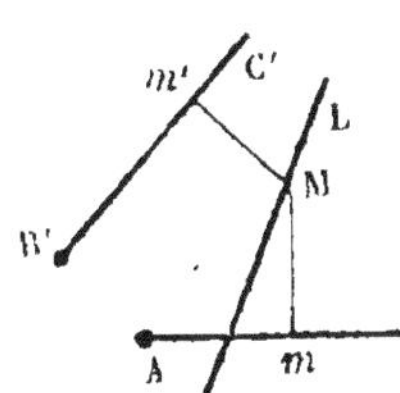

$$\frac{Am + \lambda . B'm'}{C'm'} = \mu .$$

En effet, les deux points m, m' forment sur les deux droites fixes deux divisions semblables : donc la proposition actuelle résulte du Porisme LXII. Il est clair que le point B de la droite Am correspond au point donné B′ sur la droite B′m'.

Porisme LXV. — *Si de chaque point d'une droite* LM *on abaisse sur deux autres droites fixes des perpendiculaires dont les pieds sont* m *et* m′ ; *un point* A *étant donné sur l'une de ces deux droites, et deux points* B′, C′ *sur l'autre : on pourra trouver un troisième point* A′ *sur cette droite, et deux raisons* λ *et* μ, *telles, que pour tous les points de la droite* LM *dont les perpendiculaires sur* B′C′

tombent entre A′ et B′ quand le point C′ est hors du segment A′B′; ou bien, pour tous les points de LM *dont les perpendiculaires tombent dehors du segment* A′B′, *quand le point* C′ *se trouve sur ce segment, on aura toujours la relation*

$$\frac{Am + \lambda . B'm'}{C'm'} = \mu.$$

C'est une conséquence du Porisme LXIII.

Porisme LXVI. — *Étant donnés deux droites parallèles* AX, B′Y, *deux points* A *et* B′ *sur ces droites, et une raison* λ; *si autour d'un point donné* ρ *on fait tourner une transversale qui rencontre les deux droites en* m *et* m′ : *on pourra trouver un point* C′ *sur* B′Y *et une raison* μ, *tels, que pour tous les points* m *situés sur le segment compris entre le point* A *et la droite* ρB′; *ou bien, pour tous les points* m *pris au dehors de ce segment, on aura toujours*

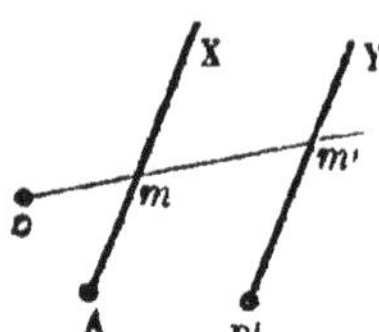

$$\frac{Am + \lambda . B'm'}{C'm'} = \mu.$$

En effet, les droites menées par le point ρ divisent les lignes AX, B′Y en parties proportionnelles : la proposition se déduit donc du Porisme général LXII.

Observation. Il est permis de supposer que les trois points A, B′, C′ soient donnés : alors on peut déterminer les deux raisons λ et μ de manière que l'équation ait toujours lieu. Ce qui se conclut du Porisme LXIII.

IV.

Porisme LXVII. — *Si de chaque point d'une droite* LM *on abaisse sur trois droites fixes des perpendiculaires dont les pieds sont* m, m′, m″; *deux points* A *et* B′ *étant donnés sur deux de ces trois droites, et une raison* λ *étant aussi donnée : on pourra trouver un point* C″ *sur la troisième droite et une raison* μ, *tels, que pour tous les points de la droite* LM *dont les perpendiculaires* Mm *ont le pied*

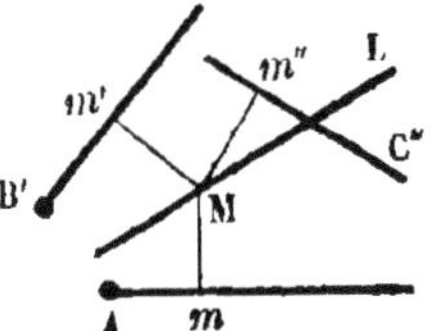

m *situé entre le point* A *et un certain point* B *qu'on saura déterminer; ou bien pour tous les points de* LM, *dont les perpendiculaires tombent en dehors du segment formé par les mêmes points* A *et* B, *on aura toujours entre les trois segments* Am, B′m′, C″m″ *la relation*

$$\frac{\mathrm{A}m + \lambda . \mathrm{B}'m'}{\mathrm{C}''m''} = \mu.$$

En effet, d'après le Porisme LXIV, on peut trouver un point C′ sur la seconde droite B′m' et une raison μ_1, tels, qu'on aura

$$\frac{\mathrm{A}m + \lambda . \mathrm{B}'m'}{\mathrm{C}'m'} = \mu_1 .$$

Or, on sait trouver un point C″ sur la troisième droite et une ligne μ satisfaisant à la condition

$$\mu_1 \, \mathrm{C}'m' = \mu . \mathrm{C}''m''.$$

On aura donc

$$\frac{\mathrm{A}m + \lambda . \mathrm{B}'m'}{\mathrm{C}''m''} = \mu.$$

C. Q. F. D.

Porisme LXVIII. — *Si de chaque point d'une droite* LM *on abaisse sur trois droites fixes quelconques des perpendiculaires dont les pieds sont* m, m′, m″; *un point* A *étant donné sur la première de ces droites, un point* B′ *sur la seconde, et un point* C″ *sur la troisième : on pourra trouver deux raisons* λ *et* μ, *telles, que pour tous les points de la droite* LM *dont les perpendiculaires* Mm *ont le pied* m *situé entre le point* A *et un certain point* B *qu'on saura déterminer; ou bien, pour tous les points de* LM *dont les perpendiculaires tombent en dehors du segment, formé par les mêmes points* A *et* B, *on aura toujours la relation*

$$\frac{Am + \lambda . B'm'}{C''m''} = \mu.$$

En effet, soit C' le point qui sur la seconde droite correspond au point C'' de la troisième; on peut trouver (d'après le Porisme LXII) une raison λ et une raison μ_1, qui entraînent, quel que soit m', l'égalité

$$\frac{Am + \lambda . B'm'}{C'm'} = \mu_1.$$

Or on sait que

$$C'm' = \alpha' . C''m'';$$

α' étant un rapport connu. Donc

$$\frac{Am + \lambda . B'm'}{C''m''} = \alpha' . \mu_1.$$

Ainsi la raison demandée μ est égale à $\alpha' . \mu_1$.

$$\mu = \alpha' . \alpha . \frac{B'A'}{B'C'} = \alpha' . \frac{BC}{B'C'} = \frac{BA}{B''C''}.$$

Porisme LXIX. — *Étant donnés trois droites parallèles, deux points* A *et* B' *sur les deux premières, et une raison* λ*; si autour d'un point fixe, on fait tourner une transversale qui rencontre les droites fixes en trois points* m, m', m'' *: on pourra trouver un point* C'' *sur la troisième et une raison* μ, *tels, que pour toutes les positions de la transversale comprises dans l'angle* A ρ B'*; ou bien, pour toutes les autres positions de cette droite, on aura toujours la relation suivante entre les trois segments* Am, B'm', C''m'' :

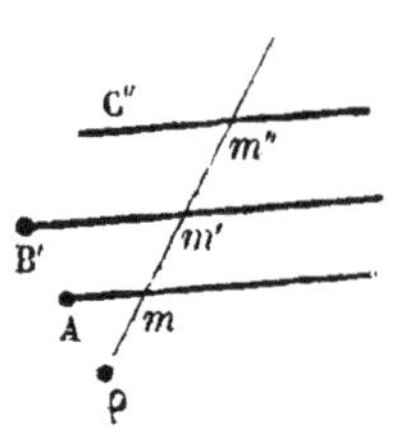

$$\frac{Am + \lambda . B'm'}{C''m''} = \mu.$$

Mais le point C′ *et la raison* μ *seront différents dans les deux cas.*

Les trois points m, m', m'' divisent évidemment les trois droites en parties proportionnelles : par conséquent, la proposition se démontre comme le Porisme LXVII.

Porisme LXX. — *Étant donnés trois droites parallèles, et trois points* A, B′, C″ *sur ces droites; si autour d'un point* ρ *on fait tourner une transversale qui les rencontre en* m, m′ *et* m″ : *on pourra trouver deux raisons* λ *et* μ, *telles, que pour toutes les transversales comprises dans l'angle* AρB′, *quand la droite* ρC″ *est au dehors de cet angle; ou bien, pour toutes les transversales menées hors de l'angle* AρB′, *quand la droite* ρC″ *est située dans l'angle; on aura toujours entre les segments* Am, B′m′, *et* C″m″ *la relation*

$$\frac{Am + \lambda . B'm'}{C''m''} = \mu.$$

Ce Porisme résulte, comme le LXVIIIe, de ce que les trois points m, m', m'' forment trois divisions semblables.

Remarque. Si des trois points A, B′, C″ on abaisse sur les transversales $\rho m m' m''$ des perpendiculaires p, q, r, elles seront proportionnelles aux trois segments Am, $B'm'$, $C''m''$. Par conséquent on aura l'équation.

$$\frac{p + \lambda . q}{r} = \mu.$$

De là ce nouveau Porisme :

Porisme LXXI. — *Étant donnés trois points* A, B′, C″, *si autour d'un autre point* ρ *on fait tourner une droite dont les distances à ces trois points, dans chacune de ses positions, sont représentées par* p, q, r : *on pourra trouver deux raisons* λ *et* μ, *telles, que pour toutes les positions de la droite*

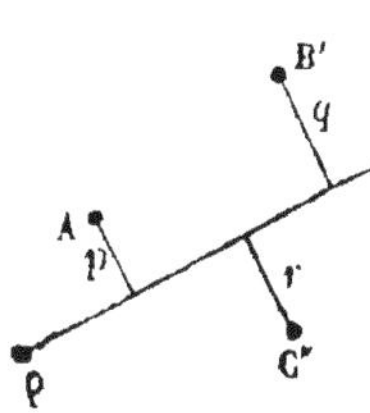

tournante comprises dans l'angle $A\rho B'$, *quand la droite* $\rho C''$ *est au dehors; ou bien, pour toutes les positions de la droite tournante hors de cet angle, quand la droite* $\rho C''$ *y est comprise; on aura toujours entre ces distances la relation*

$$\frac{p+\lambda.q}{r}=\mu.$$

XIIIe Genre.

Le triangle qui a pour sommet un point donné et pour base telle droite, est équivalent au triangle qui a pour sommet un point donné et pour base le segment compris entre tel point et un point donné.

Porisme LXXII. — *Si de chaque point* M *d'une droite* LM *on abaisse des perpendiculaires* Mm, Mm' *sur deux droites fixes* AX, BY; *le point* A *étant donné sur la première, un autre point* O *étant donné hors de cette droite, et une troisième droite* CZ *étant aussi donnée : on peut déterminer un point* A' *sur la droite* BY *et un point* O' *sur* CZ, *tels, que le triangle qui aura pour sommet le point* O *et pour base le segment* Am, *sera équivalent au triangle ayant pour sommet le point* O' *et pour base le segment* A'm'.

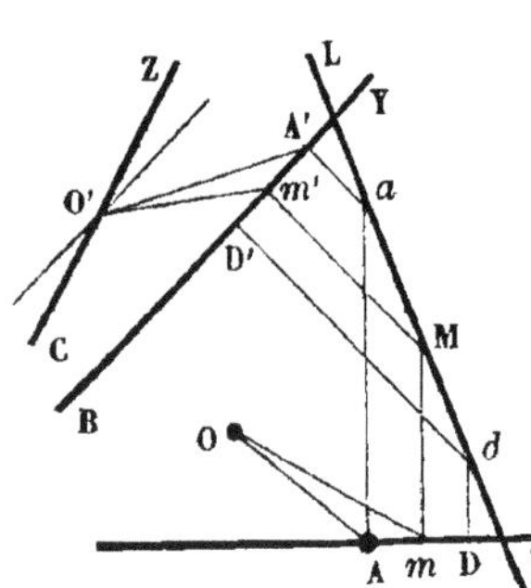

Que par le point A on elève la perpendiculaire Aa sur AX, et que par le point a où elle rencontre la droite donnée LM, on abaisse sur BY la perpendiculaire aA'; le pied A' est le point cherché sur cette droite.

Soit Op la distance du point donné O à la droite AX; qu'on prenne A'D' = Op sur BY et que par le point D' on mène à cette droite une perpendiculaire, qui rencontre la droite LM en d; que de ce point on abaisse sur AX, la perpendiculaire dont le pied est D. Le point cherché O sur la troisième droite CZ sera à une distance de BY égale à AD.

En effet, il suffit de prouver que l'on a toujours, quel que soit le point M pris sur LM,

$$Am.A'D' = A'm'.AD, \quad \text{ou} \quad \frac{Am}{A'm'} = \frac{AD}{A'D'}.$$

Cette proportion a lieu évidemment, car on a

$$\frac{Am}{AD} = \frac{aM}{ad} = \frac{A'm'}{A'D'}.$$

Donc, etc.

Porisme LXXIII. — *Si autour de deux points fixes* P, Q *on fait tourner deux droites qui se coupent successivement en chaque point* M *d'une droite* LE *et qui rencontrent, respectivement, deux droites fixes* AX, BY *parallèles à la base* PQ, *en deux points* m, m'; *le point* A *étant donné sur l'une* AX *de ces droites, et un autre point* O *quelconque étant aussi donné : on pourra trouver un point* A' *sur la droite* BY *et un point* O' *sur une droite donnée* CZ, *tels, que le triangle qui aura pour sommet ce point* O' *et pour base le segment* A'm', *sera équivalent au triangle ayant pour sommet le point* O *et pour base le segment* Am.

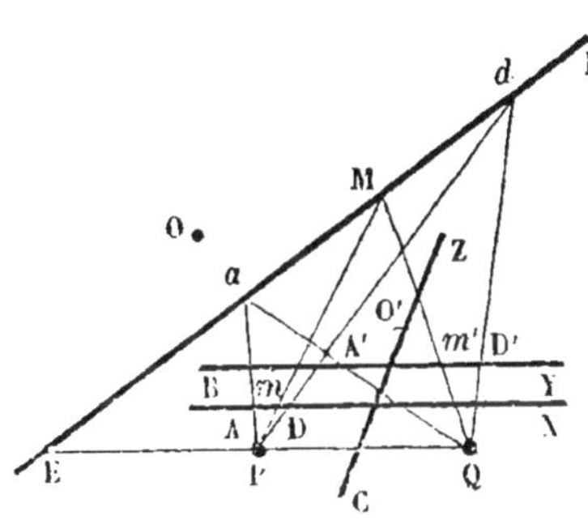

Qu'on mène PA qui coupe la droite LE en a; puis Qa qui rencontre BY en A'. Qu'on prenne sur cette dernière droite A'D' égal à la distance du point O et de la droite AX; qu'on mène QD' qui rencontre LE en d; puis Pd qui rencontre AX en D. Enfin qu'on prenne sur CZ le point O' à une distance de A'Y égale à AD. Les points A' et O' seront les points demandés.

En effet, les quatre droites Pa, PM, Pd, PQ coupées par

AX, EL donnent, d'après le Lemme XI,

$$\frac{Am}{AD} = \frac{aM}{ad} : \frac{EM}{Ed}.$$

Pareillement

$$\frac{A'm'}{A'D'} = \frac{aM}{ad} : \frac{EM}{Ed}.$$

Donc

$$\frac{Am}{AD} = \frac{A'm'}{A'D'}:$$

ou, en appelant Op, $O'p'$, les distances des deux points O, O' aux droites AX, BY respectivement,

$$\frac{Am}{O'p'} = \frac{A'm'}{Op}, \quad \text{ou} \quad Am.Op = A'm'.O'p'.$$

Ce qui démontre le Porisme.

XIVᵉ Genre.

Une droite, plus une autre, a un rapport donné avec tel segment compris entre un point donné et tel point.

Porisme LXXIV. — *Quand deux points variables* m, m' *divisent deux droites en parties proportionnelles ; deux points* A *et* B *étant donnés sur la première droite : on peut déterminer un point* C' *sur la seconde, et une raison* λ, *tels, qu'on aura toujours la relation*

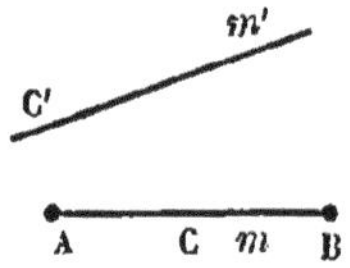

$$\frac{Am + Bm}{C'm'} = \lambda.$$

Qu'on prenne le point C milieu de AB, et son homologue C' sur l'autre droite : ce sera le dernier point cherché. Soit A' l'homologue du point A, on aura

$$\lambda = \frac{BA}{C'A'}.$$

En effet, puisque A′ et C′ correspondent sur la deuxième droite aux points A, C de la première, de même que m' à m, on a

$$\frac{\mathrm{C}m}{\mathrm{C}'m'} = \frac{\mathrm{CA}}{\mathrm{C}'\mathrm{A}'}; \quad \mathrm{C}m = \frac{\mathrm{CA}}{\mathrm{C}'\mathrm{A}'} \cdot \mathrm{C}'m',$$

ou

$$\frac{\mathrm{A}m + \mathrm{B}m}{2} = \frac{\mathrm{CA}}{\mathrm{C}'\mathrm{A}'} \cdot \mathrm{C}'m' :$$

par conséquent

$$\frac{\mathrm{A}m + \mathrm{B}m}{\mathrm{C}'m'} = \frac{2.\mathrm{CA}}{\mathrm{C}'\mathrm{A}'} = \frac{\mathrm{BA}}{\mathrm{C}'\mathrm{A}'} = \lambda.$$

C. Q. F. D.

Porisme LXXV. — *Si deux droites tournent autour de deux points fixes* P, Q *en se coupant sur une droite* LE, *et rencontrent deux autres droites* FX, F′X′ *parallèles à la base* PQ, *en deux points* m, m′; *deux points* A, B *étant donnés sur la droite* FX : *on pourra trouver un point* C′ *sur* F′X′ *et une raison* λ, *tels, qu'on aura toujours*

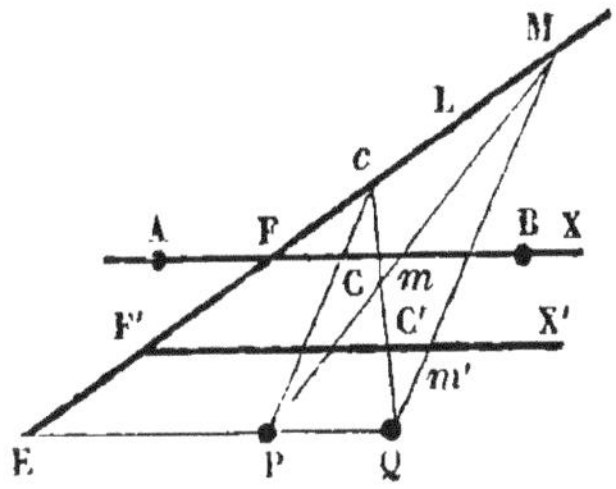

$$\frac{\mathrm{A}m + \mathrm{B}m}{\mathrm{C}'m'} = \lambda.$$

Soit C le milieu des deux points donnés A et B; qu'on mène la droite PC qui rencontre la droite LE en c; puis la droite Qc qui rencontre F′X′ en C′. Ce point C′ et la valeur $\lambda = 2\,\frac{\mathrm{PE}}{\mathrm{QE}} \cdot \frac{\mathrm{EF}}{\mathrm{EF}'}$, satisfont à la question.

En effet, les trois droites PM, Pc, PE coupées par FL et FX, donnent, d'après le lemme XI,

$$\frac{\mathrm{C}m}{\mathrm{CF}} = \frac{c\mathrm{M}}{c\mathrm{F}} : \frac{\mathrm{EM}}{\mathrm{EF}}.$$

On a de même à l'égard des trois droites QM, Qc et QE

coupées par F′L, F′X′,

$$\frac{C'm'}{C'F'} = \frac{cM}{cF'} : \frac{EM}{EF'},$$

donc

$$\frac{Cm}{C'm'} = \frac{CF}{cF}\, EF : \frac{C'F'}{cF'}\, EF'.$$

Mais

$$\frac{CF}{cF} = \frac{PE}{cE} \quad \text{et} \quad \frac{C'F'}{cF'} = \frac{QE}{cE};$$

donc

$$\frac{Cm}{C'm'} = \frac{PE}{QE} \cdot \frac{EF}{EF'};$$

et comme

$$Cm = \frac{Am + Bm}{2},$$

on obtient finalement

$$\frac{Am + Bm}{C'm'} = 2 \cdot \frac{PE}{QE} \cdot \frac{EF}{EF'}.$$

C. Q. F. D.

XVe Genre.

Telle droite forme sur deux autres droites données de position des segments dont le rectangle est donné.

Porisme LXXVI. — *Étant donnés deux droites* SL, SL′ *et un point* P, *si autour de ce point on fait tourner une transversale qui rencontre les deux droites en* m *et* m′ : *on pourra trouver deux points* A *et* B′ *sur ces droites, et un rectangle* ν, *tels, que le rectangle des deux segments* Am, B′m′ *sera toujours égal à ce rectangle* ν.

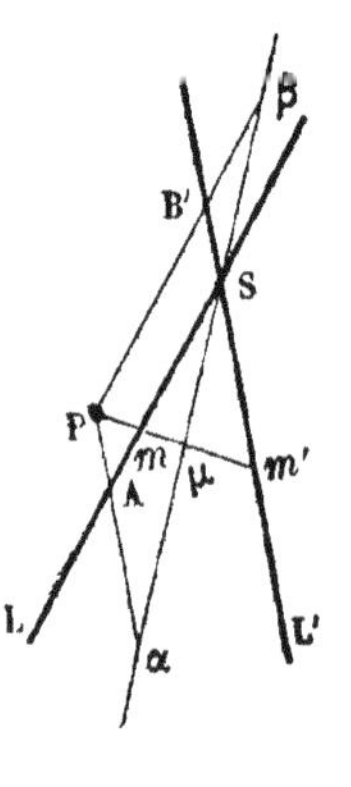

Que par le point P on mène la droite PA parallèle à SL′, et la droite PB′ parallèle à SL. Les deux points demandés A et B′ seront déterminés. Le rectangle ν sera égal à SA.SB'; de sorte qu'on aura

$$Am . B'm' = SA . SB'.$$

Cela se démontre par le Lemme XI. En effet, menons par le point S une droite qui coupe les trois PA, PB' et Pm en α, β et μ. On a par le Lemme cité

$$\frac{S\alpha}{\mu\alpha} : \frac{S\beta}{\mu\beta} = \frac{SA}{mA} = \frac{m'B'}{SB'}.$$

Donc

$$mA . m'B' = SA . SB'.$$

C. Q. F. D.

Ce Porisme a été rétabli par Simson et forme sa 41e proposition. « Quæ est Porisma, unum scilicet ex iis quæ » Pappus tradit inter Porismata Lib. I. Euclidis, hisce » verbis : Quod recta... aufert a positione datis segmenta » datum rectangulum comprehendentia. »

PORISME LXXVII. — *Étant donnés trois points* ρ, A, B', *on peut mener par les points* A, B' *deux droites fixes telles, que toute droite menée par le point* ρ *les rencontrant en deux points* m, m', *le rectangle* Am.B'm' *ait une valeur constante.*

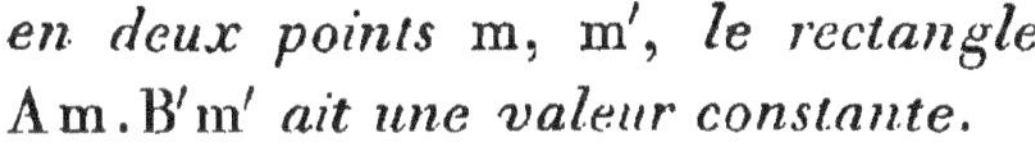

En effet, si par le point ρ on mène les deux droites ρA, ρB'; par le point A une droite parallèle à ρB', et par le point B' une droite parallèle à ρA : ces deux droites satisferont à la question.

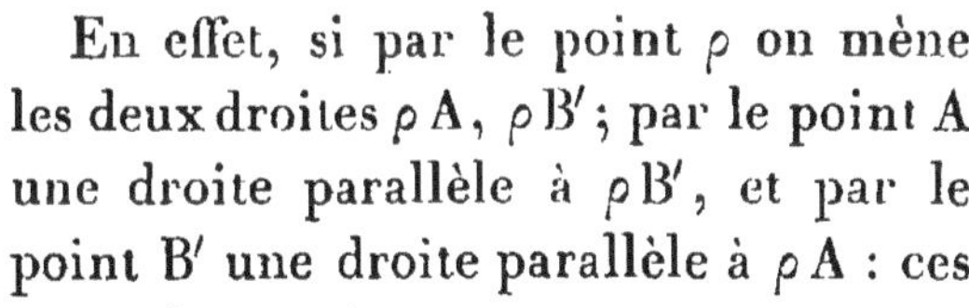

Cela résulte du Porisme précédent.

IIe LIVRE DES PORISMES.

Pappus dit : « Dans le second Livre les hypothèses sont » différentes, mais les choses cherchées sont pour la plu- » part les mêmes que dans le Ier Livre. Il y a en outre cel- » les-ci. »

Nous donnerons d'abord les Porismes qui appartiennent en propre au second Livre et qui y forment les genres XVI à XXI, puis, ceux qui rentrent dans les genres du Ier Livre.

XVIe Genre.

Tel rectangle seul, ou tel rectangle plus un certain espace donné est dans une raison donnée avec telle abscisse.

Porisme LXXVIII. — *Si deux points variables* m, m' *sur une même droite, sur laquelle sont donnés quatre points fixes dans l'ordre* a, c, a', c', *sont liés par l'équation*

$$\frac{am}{cm} = \lambda \cdot \frac{m'a'}{c'm'}:$$

on peut trouver un point b', *un rectangle* ν *et une ligne* μ, *tels, que, quand les deux segments* am, b'm' *se trouvent dirigés dans le même sens, on a toujours aussi la relation*

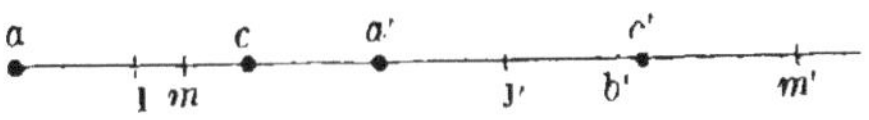

$$\frac{am \cdot b'm' + \nu}{mm'} = \mu.$$

En effet, l'équation proposée s'écrit :

$$am \cdot c'm' = \lambda \cdot m'a' \cdot cm.$$

Remplaçant cm par $(ca - ma)$ et $m'a'$ par $(m'c' + c'a')$, il vient

$$am.c'm' = \lambda[ca.m'c' + ca.c'a' - ma.m'c' - ma.c'a']$$

ou

$$am.c'm' + \frac{\lambda.c'a'}{\lambda+1}.ma - \frac{\lambda.ac}{\lambda+1}.c'm' - \frac{\lambda.ac}{\lambda+1}.a'c' = 0.$$

Prenons les deux points I et J' déterminés par les expressions

$$aI = \frac{\lambda.ac}{\lambda+1} \quad \text{et} \quad c'J' = \frac{\lambda.c'a'}{\lambda+1},$$

dans le sens des segments ac, $c'a'$, respectivement; l'équation devient

$$am.c'm' + c'J'.ma - aI.c'm' - aI.a'c' = 0.$$

Introduisons le point b', au lieu de c', en remplaçant $c'm'$ par $(b'm' - b'c')$ dans le premier terme, et par $(am' - ac')$ dans le troisième : on obtient, après les réductions,

$$am.b'm' + am.J'b' - aI.am' + aI.aa' = 0.$$

Le point b' est quelconque. Prenons-le de manière que $J'b' = aI$: il sera à la même distance que le point a du milieu des deux I et J'; et l'équation deviendra

$$am.b'm' - aI(am' - am) + aI.aa' = 0$$

ou

$$\frac{am.b'm' + aI.aa'}{mm'} = aI.$$

En la comparant à celle que l'on s'est proposé de démontrer, on conclut

$$\nu = aI.aa' \quad \text{et} \quad \mu = aI,$$

ou

$$\nu = \frac{\lambda.ac.aa'}{\lambda+1}, \quad \mu = \frac{\lambda.ac}{\lambda+1}.$$

Remarquons que le point I déterminé par l'expression

$a\mathrm{I} = \frac{\lambda . ac}{\lambda + 1}$ occupe la position que prend le point m quand m' est supposé infiniment éloigné. Car la relation donnée

$$\frac{am}{mc} = \lambda . \frac{a'm'}{c'm'}$$

se réduit alors à

$$\frac{am}{cm} = \lambda, \quad \text{ou} \quad am = \lambda . mc = \lambda\,(ac - am);$$

et, par suite,

$$am = \frac{\lambda . ac}{\lambda + 1}.$$

Ainsi le point m coïncide avec I.

Pareillement, quand le point m est infiniment éloigné, le point correspondant m' coïncide avec J' déterminé ci-dessus.

Observation. Nous avons supposé, dans l'énoncé du Porisme, que les quatre points donnés se trouvaient dans l'ordre a, c, a', c', que présente la figure, et auquel s'applique la démonstration. Mais, quel que soit l'ordre de ces points, sous la seule condition que les deux segments ac et aa' se trouvent dirigés dans le même sens, le Porisme a toujours lieu.

Il subsiste même encore, quand les deux segments ac, aa' ont des directions différentes; mais alors ce n'est plus à l'égard des couples de points m, m' qui font des segments am, $b'm'$ de même direction; c'est à l'égard des couples de points pour lesquels ces segments se trouvent de directions contraires.

Dans chaque cas la démonstration sera imitée de celle qui précède. Il est inutile d'ajouter que dans la Géométrie moderne une seule démonstration, de même qu'un seul énoncé de la proposition, suffisent pour tous les cas possibles.

Cas particulier. D'après la généralité du Porisme, quelle que soit la position relative des points donnés, on peut supposer que les deux points a et a' se confondent; alors le rectangle ν disparaît. Cela s'accorde avec l'énoncé du XVIe Genre, auquel appartient le Porisme.

Il est à remarquer encore que dans ce cas, où le point a' coïncide avec son homologue a, *le point* b′ *coïncide aussi avec son homologue.*

En effet, si a et a' coïncident, l'équation devient, en appelant e la position de ce point,

$$em.b'm' = e\mathrm{I}.mm'.$$

Et si l'on suppose que m' vienne en b', on a

$$o = e\mathrm{I}.mm'.$$

Donc $mm' = o$, c'est-à-dire que les deux points homologues m, m' coïncident. Mais m' est en b'. Donc ce point b' coïncide avec son homologue.

Porisme LXXIX. — *Si autour de deux points* P, Q *on fait tourner deux droites qui se coupent sur une droite donnée de position* LD *et qui rencontrent une autre droite aussi donnée de position* AX, *en deux points* m, m′; *le point* A *étant donné sur cette droite : on pourra déterminer un second point* B′, *un rectangle* ν, *lequel peut être nul, et une ligne* μ, *tels, que, pour certaines positions du point* M, *en nombre infini, sur la droite* AX, *on aura toujours la relation*

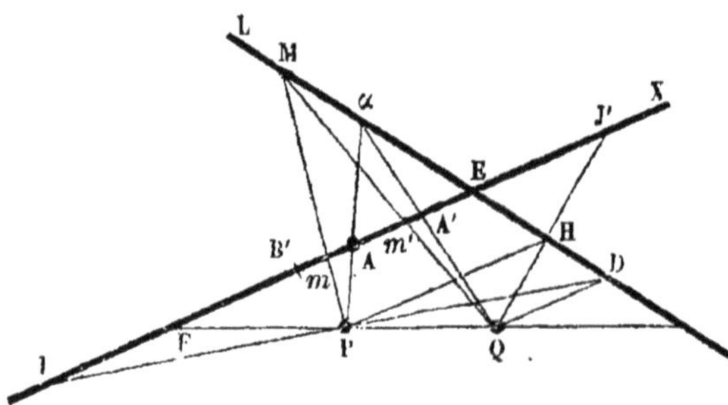

$$\frac{\mathrm{A}m.\mathrm{B}'m' + \nu}{mm'} = \mu.$$

En effet, d'après le Porisme XXIV (Corollaire III), il existe entre les deux points m, m' que les deux droites tournantes déterminent sur la droite AX, une relation telle que

$$Am.C'm' = \lambda.A'm'.Cm,$$

dans laquelle A et A' sont des positions particulières des deux points variables m, m' ; ainsi que C et C'.

Par conséquent, d'après le Porisme précédent, cette relation donne lieu à celle-ci :

$$Am.B'm' + \nu = \mu.mm'.$$

Il s'agit de déterminer la position du point B', le rectangle ν et la ligne μ.

Qu'on mène QD parallèle à AX, qui rencontre la droite LD en D, et PD qui rencontre AX en I. Puis, PH parallèle à AX, qui rencontre LD en H, et QH qui rencontre AX en J'. Qu'on prenne B' sur AX, à la même distance que A du milieu des deux points I et J'. Enfin qu'on mène PA qui rencontre LD en α, et Qα qui rencontre AX en A'. On aura

$$\mu = AI \quad \text{et} \quad \nu = AI.AA';$$

et, par suite,

$$\frac{Am.B'm' + AI.AA'}{mm'} = AI.$$

Car le point I qui vient d'être déterminé est évidemment la position que prend le point m quand m' est infiniment éloigné ; par conséquent, cette équation est celle qui a été démontrée dans le Porisme précédent.

On vérifiera aisément que dans le premier membre de cette égalité, le signe *plus* aura lieu, conformément à l'énoncé du Porisme, pour les positions du point M, telles (dans la figure ci-dessus), que les deux points m, m' se trouvent de côtés différents des points A et B', respectivement. De sorte que, sous cette condition, le Porisme sera démontré.

Quand le point A est situé en E où la droite LD rencontre AX, le point A' coïncide avec A, de sorte qu'on a AA' = o. Mais alors le point B' coïncide aussi avec son homologue ;

ce qui a lieu en F où la droite PQ rencontre AX. L'équation devient donc

$$\frac{\mathrm{E}m \,.\, \mathrm{F}m'}{mm'} = \mathrm{EI}.$$

Pareillement, quand le point A est en F sur la base PQ, B' est en E.

Ce sont les cas prévus par l'énoncé que Pappus a donné du XVIe Genre.

PORISME LXXX. — *Si par chaque point* M *d'une droite* LF *on mène une droite aboutissant à un point fixe* P *et une autre droite* MQ *parallèle à une droite donnée; et si ces deux droites rencontrent une autre droite donnée* AX *en deux points* m, m'; *le point* A *étant donné sur la droite* AX : *on peut déterminer un point* B', *sur cette droite, un rectangle* ν *et une ligne* μ, *tels, que pour des positions du point* M, *en nombre infini, sur* AX, *on aura toujours*

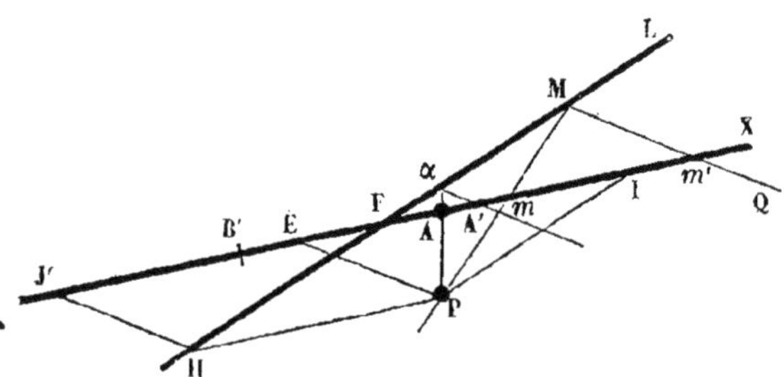

$$\frac{\mathrm{A}m \,.\, \mathrm{B}'m' + \nu}{mm'} = \mu.$$

En effet, qu'on mène à LF la parallèle PI qui rencontre AX en I; puis, à AX la parallèle PH qui rencontre LF en H; et parallèlement aux droites MQ, la droite HJ' qui rencontre AX en J'. Qu'on prenne sur AX le point B', à la même distance que le point A du milieu des deux points I, J'; et enfin qu'on mène PA qui rencontre LF en α, et par ce point une parallèle aux droites MQ, qui rencontre AX en A'. On démontrera, par les considérations employées pour les Porismes précédents, que

$$\mu = \mathrm{AI}, \quad \text{et} \quad \nu = \mathrm{AI} \,.\, \mathrm{AA}';$$

et que l'on a dès lors

$$\frac{Am.B'm' + AI.AA'}{mm'} = AI.$$

Ici (c'est-à-dire dans la figure ci-contre) le rectangle AI.AA' sera additif pour toutes les positions du point M qui seront telles, que les deux points m, m' soient du même côté des deux points A et B', respectivement.

Si le point A se trouve en E sur PE parallèle aux droites MQ, ou en F, A' coïncide avec A (et B' avec F, ou avec E), et le rectangle ν est nul : de sorte qu'on a

$$\frac{Em.Fm'}{mm'} = EI; \quad \text{ou} \quad \frac{Fm.Em'}{mm'} = FI.$$

Le Porisme est donc complétement démontré.

Porisme LXXXI. — *Par un point* O *donné sur une droite* OE, *on mène deux droites* Om, Om' *faisant avec* OE *des angles égaux, et rencontrant une droite fixe* AE *en deux points* m *et* m'; *le point* A *étant donné sur cette droite : on pourra trouver un autre point* B', *un rectangle* ν *et une ligne* μ, *tels, que pour des positions des points* m, m', *en nombre infini, on aura toujours l'égalité*

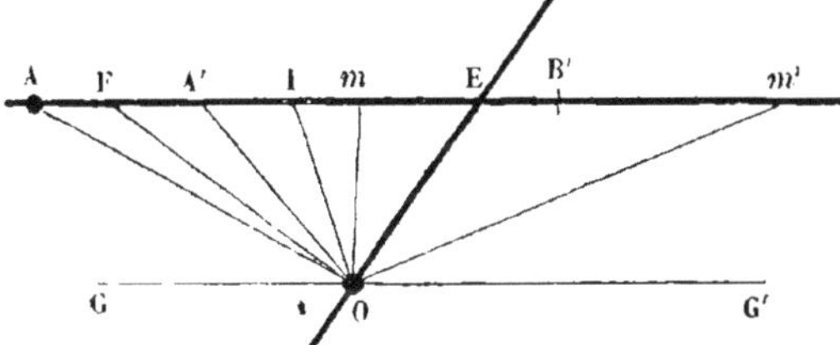

$$\frac{Am.B'm' + \nu}{mm'} = \mu.$$

Soient OF perpendiculaire à OE et I le milieu de FE; soit, en outre, l'angle FOA' égal à FOA ; on prendra IB' = AI, ν = AI.AA' et μ = AI ; de sorte qu'il faut démontrer que pour des positions des points m, m', on aura

$$\frac{Am.B'm' + AI.AA'}{mm'} = AI.$$

Les points m, m' devront se trouver du même côté des deux points A et B′, respectivement, lorsque le point A sera en dehors du segment FE, à droite ou à gauche indifféremment; et de côtés différents des deux points A et B′ lorsque le point A sera entre E et F.

Supposons le point A à gauche de F. Soit la droite GOG′ parallèle à AE. Les quatre droites OA, Om, OI, OG font entre elles des angles égaux à ceux des droites OA′, Om', OG′, OI; et l'on en conclut, par les corollaires des Lemmes III et XI (p. 83 et 84), la relation

$$Am.Im' = A'm'.AI.$$

Ecrivons

$$Am(IB' + B'm') = A'm'.AI,$$

ou, parce que $IB' = AI$,

$$Am.B'm' + Am.AI = A'm'.AI,$$
$$Am.B'm' + (AA' + A'm)AI = A'm'.AI,$$
$$Am.B'm' + AI.AA' = AI(A'm' - Am) = AI.mm';$$

et enfin

$$\frac{Am.B'm' + AI.AA'}{mm'} = AI.$$

La démonstration se fera par le même raisonnement, dans le cas où le point A sera pris entre E et F.

Si A coïncide avec un de ces deux derniers, le rectangle v sera nul évidemment, cas prévu par l'énoncé du XVIe Genre.

XVIIe Genre.

Le rectangle compris sous telle droite et telle autre droite est dans une raison donnée avec une certaine abscisse.

Porisme LXXXII. — *Si deux points variables sur une droite ef sont liés par la relation*

$$(1) \qquad \frac{em}{mf} = \lambda \frac{em'}{fm'};$$

on aura aussi entre ces deux points une relation telle que

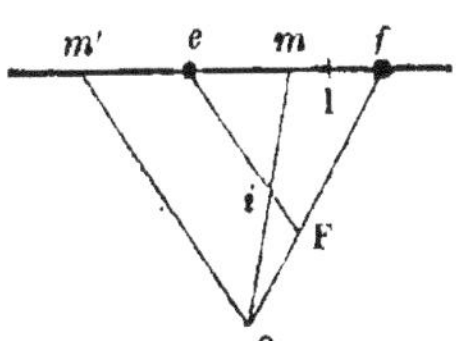

$$\frac{em.fm'}{mm'} = e\text{I};$$

c'est-à-dire qu'il existera sur la droite ef *un point* I *donnant lieu à cette relation.*

Le point I se détermine par l'équation

$$\frac{e\text{I}}{\text{I}f} = \lambda, \quad \text{d'où} \quad e\text{I} = \frac{\lambda.ef}{\lambda+1};$$

de sorte qu'il faut démontrer que l'on a

$$\frac{em.fm'}{mm'} = \frac{\lambda.ef}{\lambda+1}.$$

En effet, que l'on mène par le point m', et dans une direction quelconque, une droite m'O égale à $m'f$; puis, par le point e une parallèle à cette droite, et par le point O les droites Om, Of qui rencontrent cette parallèle en i et F.

Le Lemme XI donne, en considérant les trois droites Of, Om et Om' coupées par les deux ef, eF,

$$\frac{em}{mm'} : \frac{ef}{fm'} = \frac{ei}{e\text{F}}$$

ou, parce que $e\text{F} = ef$,

$$\frac{em.fm'}{mm'} = ei.$$

Mais on a encore

$$\frac{ei}{i\text{F}} = \frac{em}{mf} : \frac{em'}{fm'}.$$

Par conséquent, à cause de l'équation (1),

$$\frac{ei}{\text{F}i} = \lambda, \quad \text{d'où} \quad ei = \frac{\lambda.e\text{F}}{\lambda+1} = \frac{\lambda.ef}{\lambda+1}.$$

Donc

$$\frac{em \cdot fm'}{mm'} = \frac{\lambda \cdot ef}{\lambda + 1}.$$

Ce qu'il fallait démontrer.

Donc, etc.

Remarquons que la position du point I déterminée par l'équation $\frac{eI}{fI} = \lambda$, est précisément celle que prend le point m quand le point m' s'éloigne infiniment.

Car, dans ce cas, l'équation (1) se réduit à $\frac{em}{mf} = \lambda$ et donne pour le point m la position même du point I.

Autrement. L'équation (1) s'écrit

$$em \cdot fm' = \lambda \cdot em' \cdot mf.$$

Or il existe entre les quatre points e, f, m, m', d'après le Porisme LIX, l'identité

$$mm' \cdot ef = em \cdot fm' + em' \cdot mf,$$

d'où

$$em' \cdot mf = mm' \cdot ef - em \cdot fm'.$$

L'équation proposée devient donc

$$em \cdot fm' = \lambda \cdot mm' \cdot ef - \lambda \cdot em \cdot fm';$$

d'où

$$\frac{em \cdot fm'}{mm'} = \frac{\lambda \cdot ef}{\lambda + 1}.$$

Donc, etc.

Porisme LXXXIII. — *Si autour de deux points fixes* P, Q *on fait tourner deux droites qui se coupent sur une droite donnée de position* LF, *et qui rencontrent une droite fixe* AX *en deux points* m, m'; E, F *étant les points où la droite* AX *rencontre la base* PQ *et la droite* LF : *on pourra trouver*

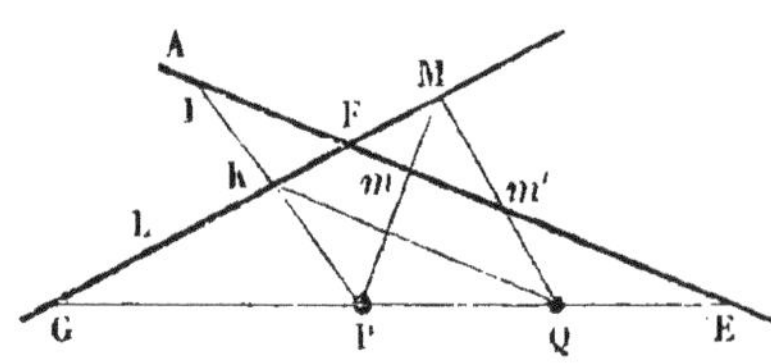

une ligne μ, telle, que l'on aura toujours

$$\frac{\mathrm{E}m.\mathrm{F}m'}{mm'} = \mu.$$

Ce Porisme est une conséquence du Lemme XVI (proposition 142), d'après lequel les quatre droites ML, MP, MQ, ME, coupées par les deux AX et LF entraînent l'équation

$$\frac{m\mathrm{E}}{mm'} : \frac{\mathrm{FE}}{\mathrm{F}m'} = \frac{\mathrm{PE}}{\mathrm{PQ}} : \frac{\mathrm{GE}}{\mathrm{GQ}}.$$

Que l'on mène par le point Q une parallèle à EF, qui rencontre la droite LF en K : et qu'on mène PK qui rencontre EF en I.

Les trois droites KQ, KP, KG, coupées par les deux EG, EF, donnent

$$\frac{\mathrm{PE}}{\mathrm{PQ}} : \frac{\mathrm{GE}}{\mathrm{GQ}} = \frac{\mathrm{EI}}{\mathrm{EF}}. \quad \text{(Lemme XI.)}$$

On a donc

$$\frac{m\mathrm{E}}{mm'} : \frac{\mathrm{FE}}{\mathrm{F}m'} = \frac{\mathrm{EI}}{\mathrm{EF}}, \quad \text{ou} \quad \frac{\mathrm{E}m.\mathrm{F}m'}{mm'} = \mathrm{EI}.$$

Par conséquent, il suffit de poser $\mu = \mathrm{EI}$.

Donc, etc.

Porisme LXXXIV. — *Si par un point* P *on mène deux droites faisant des angles égaux avec une droite fixe* PX, *et rencontrant une autre droite* AY *en deux points* m, m' : *on pourra trouver deux points* E, F *sur cette dernière et une ligne* μ, *tels, que le rectangle* E*m*.F*m'* *sera toujours égal au rectangle* μ.mm'.

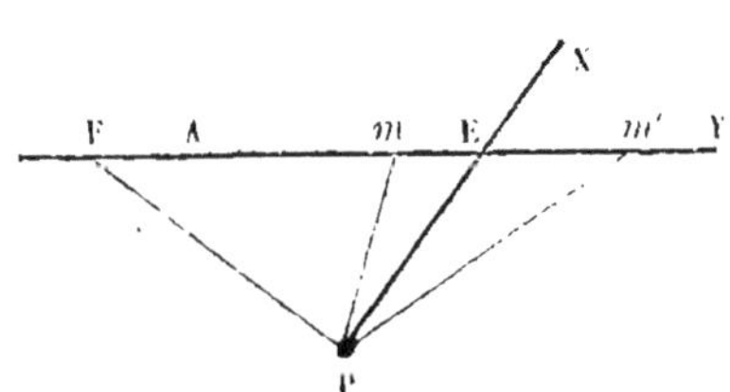

Les deux points E, F sont ceux où la droite PX et sa perpendiculaire menée par le point P rencontrent l'autre droite donnée AY. La constante μ est égale à $\frac{\mathrm{EF}}{2}$.

En effet, les deux droites PE, PF sont les bissectrices de l'angle mPm' et de son supplément, par conséquent les deux points m, m' divisent harmoniquement le segment EF, c'est-à-dire que l'on a

$$\frac{\mathrm{E}m}{\mathrm{F}m} = \frac{\mathrm{E}m'}{m'\mathrm{F}}.$$

On démontrera donc, comme pour le Porisme LXXXII, ou l'on conclura de ce Porisme même, que

$$\frac{\mathrm{E}m.\mathrm{F}m'}{mm'} = \frac{\mathrm{EF}}{2}.$$

Donc, etc.

XVIIIe Genre.

Tel rectangle ayant pour côtés la somme de deux droites et la somme de deux autres droites a un rapport donné avec telle abscisse.

Porisme LXXXV. — *Quand deux droites tournent autour de deux points fixes* P, Q *en se coupant toujours sur une droite donnée de position* LE, *et qu'elles rencontrent une autre droite fixe* AC', *en deux points* m, m'; *les deux points* A *et* C' *étant donnés sur cette droite : on peut trouver deux autres points* B *et* D', *et une ligne* μ, *tels, que pour chaque couple de points* m, m' *dont le premier se trouvera hors du segment* AB, *et le second hors du segment* C'D', *on aura toujours la relation*

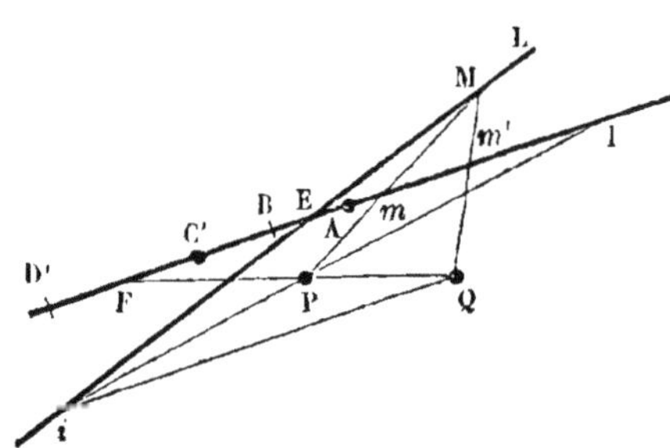

$$\frac{(\mathrm{A}m + \mathrm{B}m)(\mathrm{C}'m' + \mathrm{D}'m')}{mm'} = \mu.$$

Soient E, F les points d'intersection de la droite AC' par les droites LE et PQ.

Qu'on prenne BE = EA, D'F = FC'. Les deux points B et D' sont déterminés.

Qu'on mène par le point Q une parallèle à AC', qui rencontre LE en i; puis, qu'on mène Pi qui rencontre AC' en I; on aura $\mu = 4$EI. De sorte que l'équation à démontrer est

$$\frac{(Am + Bm)(C'm' + D'm')}{mm'} = 4\,EI.$$

En effet, les points E, F, I satisfont aux conditions du Porisme LXXXIII : et, par suite, ils ont avec les points m, m' la relation constante

$$\frac{Em \,.\, Fm'}{mm'} = EI.$$

Mais, de plus, le point E est le milieu de AB : donc

$$Em = \frac{Am + Bm}{2}.$$

Et pareillement, le point F est le milieu de B'C' : ainsi

$$Fm' = \frac{C'm' + D'm'}{2}.$$

L'équation devient dès lors

$$\frac{(Am + Bm)(C'm' + D'm')}{mm'} = 4 \,.\, EI.$$

C. Q. F. D.

Porisme LXXXVI. — *Autour d'un point* O *pris sur une droite fixe* OH, *on fait tourner deux droites* Om, Om' *dont les angles avec cette droite* OH *sont toujours égaux, et qui rencontrent une autre droite donnée* AC' *en deux points* m, m'; *les deux points* A *et* C' *étant donnés : on pourra trouver deux autres points* B *et* D' *sur la même droite* AC', *et*

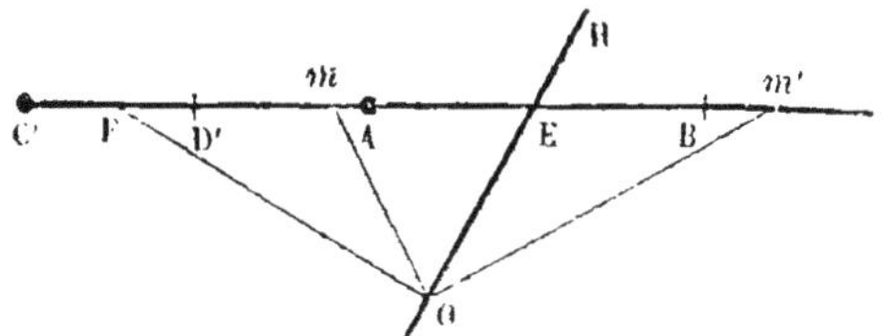

une ligne μ, *tels, que quand les deux droites* O*m*, O*m'* *seront au dehors des angles* AOB, C'OD', *respectivement, on aura toujours l'égalité*

$$\frac{(Am + Bm)(C'm' + D'm')}{mm'} = \mu.$$

La droite donnée OH et sa perpendiculaire menée par le point O rencontrent AC' en deux points E et F. On aura

$$\mu = 2EF.$$

Qu'on prenne ensuite EB = AE, et FD' = C'F ; les deux points demandés B et D' seront déterminés.

L'égalité proposée résulte alors du Porisme LXXXIV, en appliquant à la relation qu'il établit entre les points E, F, m, m' des transformations semblables à celles du Porisme précédent.

XIXe Genre.

Un rectangle qui a pour côtés telle droite et une autre droite augmentée d'une seconde qui a un rapport donné avec telle autre, et le rectangle construit sur telle droite et une autre qui a un rapport donné avec telle autre, ont leur somme dans un rapport donné avec une certaine abscisse.

Porisme LXXXVII. — *Quand deux droites tournent autour de deux points fixes* P, Q *en se coupant sur une droite* LF, *et rencontrant une autre droite fixe en deux points* m, m'; *si quatre points* A, B, C', D' *sont donnés sur cette autre droite : on peut trouver un cinquième point* E', *deux raisons* λ *et* μ, *et une ligne* ν, *tels, qu'on aura la relation*

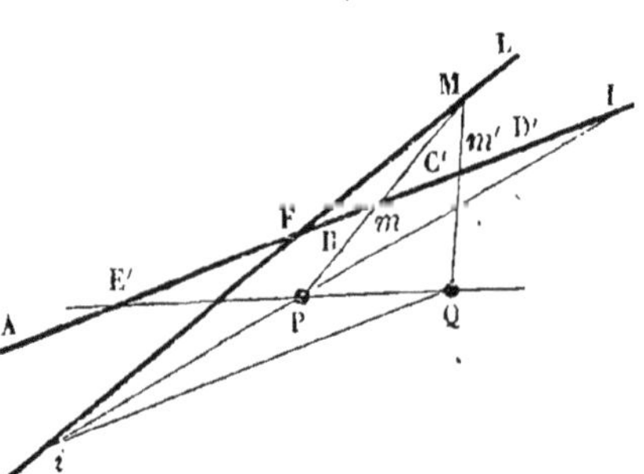

$$\frac{Am(C'm' + \lambda . D'm') + \mu . Bm . E'm'}{mm'} = \nu.$$

En effet, soient E′ et F les points d'intersection de la droite AB par PQ et LF, et I le point déterminé comme dans le Porisme LXXXIII : on aura, d'après ce Porisme,

$$(1)\qquad \frac{E\,m'.F\,m}{mm'} = FI.$$

Mais on sait qu'il existe entre les quatre points F, m, A, B, la relation

$$Fm.AB = AF.Bm + FB.Am$$

ou

$$Fm = \frac{FA}{AB}\cdot Bm + \frac{FB}{AB}Am.$$

Et, pareillement, entre les quatre points E′, m', C′, D′,

$$E'm' = \frac{C'E'}{C'D'}\cdot D'm' + \frac{E'D'}{C'D'}C'm'.$$

Par conséquent l'équation (1) devient

$$\frac{\frac{FB}{AB}Am.\left(\frac{E'D'}{C'D'}C'm' + \frac{C'E'}{C'D'}D'm'\right) + \frac{AF}{AB}Bm.E'm'}{mm'} = FI,$$

ou

$$\frac{Am.\left(C'm' + \frac{C'E'}{E'D'}D'm'\right) + \frac{AF}{FB}\cdot\frac{C'D'}{E'D'}\cdot Bm.E'm'}{mm'} = \frac{AB}{FB}\cdot\frac{C'D'}{E'D'}FI.$$

Il suffit donc de prendre

$$\lambda = \frac{C'E'}{E'D'},\quad \mu = \frac{AF}{FB}\cdot\frac{C'D'}{E'D'},\quad \nu = \frac{AB}{FB}\cdot\frac{C'D'}{E'D'}FI,$$

pour que le Porisme soit démontré.

Observation. Cette proposition donne lieu à d'autres Porismes.

Par exemple, on peut supposer que les deux raisons λ et μ soient données ainsi que les trois points A, C′, E′ : on déterminera la ligne ν et les deux points B et D′.

Ou bien encore, si l'on donne la raison λ et la ligne ν avec les mêmes points, on déterminera la raison μ et le deux points B, D'.

XXe Genre.

La somme de ces deux rectangles est dans un rapport donné avec le seg ment compris entre tel point et un point donné.

PORISME LXXXVIII. — *Étant donnés sur une droit quatre points, placés dans l'ordre* a, a', b, b' : *on peu trouver un cinquième point* (*et une ligne* μ, *tels, que pou tout autre point* m, *pris entr* a *et* a' *ou entre* b et b' *indifféremment, on aura toujour la relation*

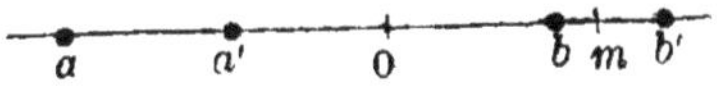

$$\frac{ma\,.\,ma' + mb\,.\,mb'}{mO} = \mu.$$

Le point O se détermine par la relation

$$Oa\,.\,Oa' = Ob\,.\,Ob';$$

et la ligne μ est égale au double de la distance $\alpha\beta$ des mi lieux des deux segments aa', bb'.

En effet, soit le point m situé sur bb', on a

$$\begin{aligned} ma\,.\,ma' &= (mO + Oa)(mO + Oa') \\ &= \overline{mO}^2 + mO(Oa + Oa') + Oa\,.\,Oa', \\ mb\,.\,mb' &= (mO - Ob)(Ob' - mO) \\ &= -\overline{mO}^2 + mO(Ob + Ob') - Ob\,.\,Ob'. \end{aligned}$$

Ajoutant ces équations membre à membre, ayant égard l'égalité qui sert à déterminer le point O, et observant qu si α et β sont les milieux des segments aa', bb', il en résult

$$Oa + Oa' = 2O\alpha \quad \text{et} \quad Ob + Ob' = 2O\beta;$$

on obtient

$$ma\,.\,ma' + mb\,.\,mb' = 2mO(O\alpha + O\beta) = 2mO\,.\,\alpha\beta,$$

$$\frac{ma.ma' + mb.mb'}{mO} = 2\alpha 6.$$

C. Q. F. D.

)bservation. On vérifie aisément que la relation qui stitue ce Porisme, et le Porisme même, par conséquent, lieu quelle que soit la position relative des quatre nts a, a', b, b', pourvu qu'on prenne le point m dans régions différentes, déterminées par cette simple règle : nd les deux segments ma, ma' ont la même direction, deux mb, mb' doivent avoir, l'un par rapport à l'autre, directions différentes ; et réciproquement.

;e Porisme se trouve, sous un tout autre énoncé, parmi Lemmes de Pappus relatifs au second Livre de la *Section erminée* d'Apollonius. Il est reproduit dans douze Lem-; consécutifs (propositions 45-56) qui répondent aux érentes positions que peut avoir le point m, en raison positions relatives des quatre points a, a', b, b'.

)ans la Géométrie moderne on comprend tous ces cas ıs la seule formule

$$\frac{ma.ma' - mb.mb'}{mO} = 2\,6\alpha,$$

donnant des signes aux segments (voir *Traité de Géométrie supérieure*, p. 154).

ʼORISME LXXXIX. — *Deux droites* SL, SL' *étant données de position ; un point* A *étant donné sur la première, et un point* C' *sur la seconde : on peut trouver deux points* B *et* B' *sur ces droites, et une ligne* μ, *tels, que si autour d'un point donné* P *on fait tourner une transversale qui rencontre les deux droites* SL, SL' *en deux points* m, m', *on aura toujours pour chaque position de cette transversale comprise à la*

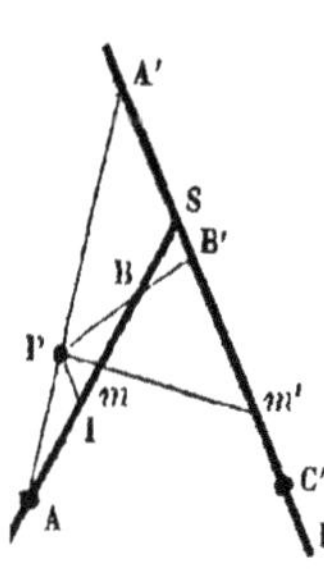

fois dans les deux angles APB, C'PB', *ou située au dehors, la relation*

$$\frac{Am.B'm' + Bm.C'm'}{Bm} = \mu.$$

Que par le point P on mène une parallèle à SL', qui coupe SL en I; qu'on prenne BI = AI, le point B est déterminé; et la droite PB marque sur SL' le point B'. La droite PA rencontre SL' en A'; qu'on prenne μ = C'A': la ligne μ est déterminée.

Supposons que la transversale soit intérieure aux angles APB, C'PB'; il faut démontrer que

$$\frac{Am.B'm' + Bm.C'm'}{Bm} = C'A'.$$

Or $C'A' = C'm' + m'A'$; par conséquent, il suffit de faire voir que

$$Am.B'm' = Bm.m'A'.$$

En effet, les quatre droites qui partent du point P font sur les deux transversales SL, SL' des segments tels, que

$$\frac{Am}{Bm} : \frac{AI}{IB} = \frac{m'A'}{B'm'}, \quad \text{(Lemme XI.)}$$

ou bien, puisque AI = IB par construction,

$$\frac{Am}{Bm} = \frac{m'A'}{B'm'},$$

ou enfin

$$Am.B'm' = Bm.m'A'.$$

C. Q. F. D.

Donc, etc.

Lemme. — *Quand deux points variables* m, m' *sur deux droites* ab, a'b' *sont liés par la relation*

$$\frac{am}{bm} = \lambda . \frac{a'm'}{b'm'},$$

si l'on prend deux points arbitraires c, d *sur la première droite, et les deux points* c', d' *qui leur correspondent sur la deuxième droite : on peut déterminer une constante* μ, *telle, qu'on aura toujours*

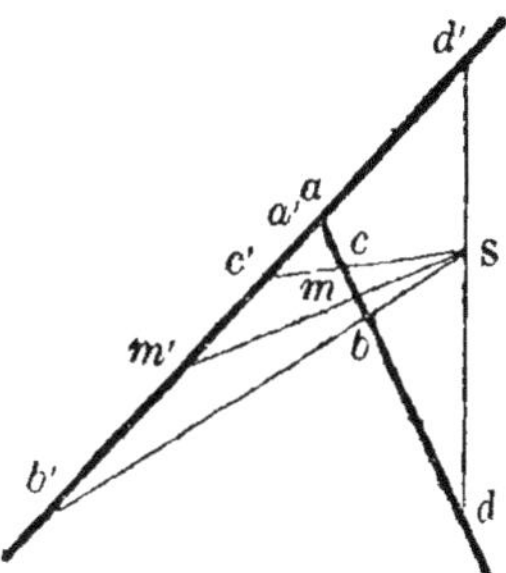

$$\frac{cm}{dm}=\mu\frac{c'm'}{d'm'}.$$

La valeur de cette constante est

$$\mu=\frac{\lambda\, bc+ca}{\lambda\, bd-ad}.$$

En effet, qu'on place les deux droites ab, $a'b'$ de manière que les deux points a, a' coïncident, les quatre droites bb', cc', dd' et mm' concourent en un même point. Car on a, par hypothèse,

$$\frac{am}{bm}=\lambda\frac{a'm'}{b'm'} \quad \text{et} \quad \frac{ac}{bc}=\lambda\cdot\frac{a'c'}{b'c'}.$$

Donc

$$\frac{am}{bm}:\frac{ac}{bc}=\frac{a'm'}{b'm'}:\frac{a'c'}{b'c'}.$$

Ce qui prouve (Lemme XVI) que les trois droites bb', cc' et mm' concourent en un même point. Et le même raisonnement s'applique à la droite dd'.

D'après cela, il existe entre les deux systèmes de quatre points a, c, d, m et a', c', d', m' (Lemme III ou Lemme XVI), la relation

$$\frac{cm}{dm}:\frac{ca}{da}=\frac{c'm'}{d'm'}:\frac{c'a'}{d'a'},$$

ou

$$\frac{cm}{dm}=\frac{c'm'}{d'm'}\cdot\left(\frac{ca}{da}:\frac{c'a'}{d'a'}\right).$$

Or

$$\frac{ac}{bc}=\lambda\cdot\frac{a'c'}{b'c'}:$$

d'où

$$\lambda bc.a'c' = ac.b'c' = ac.(b'a' - c'a'),$$
$$(\lambda bc + ca)a'c' = ac.b'a'.$$

Pareillement

$$(\lambda bd - ad)a'd' = ad.b'a'.$$

Donc

$$\frac{a'c'}{a'd'} = \frac{ac}{ad} : \frac{\lambda bc + ca}{\lambda bd - ad}, \quad \text{ou} \quad \frac{ac}{ad} : \frac{a'c'}{a'd'} = \frac{\lambda bc + ca}{\lambda bd - ad}.$$

Et, par conséquent,

$$\frac{cm}{dm} = \frac{c'm'}{d'm'} \cdot \frac{\lambda bc + ca}{\lambda bd - ad}.$$

C. Q. F. D.

Corollaire I. Si l'on suppose que le point c coïncide avec a, il s'ensuit que l'équation

$$\frac{am}{bm} = \lambda \cdot \frac{a'm'}{b'm'}$$

donne lieu à celle-ci :

$$\frac{am}{dm} = \frac{a'm'}{d'm'} \cdot \frac{\lambda . ba}{\lambda . bd - ad}.$$

Corollaire II. On peut prendre le point d de manière que l'équation devienne

$$\frac{am}{md} = \frac{a'm'}{d'm'}.$$

En effet, il suffit de faire

$$\frac{\lambda . ab}{\lambda . bd - ad} = 1, \quad \lambda . ab = \lambda . bd - ad,$$

$$\lambda . ab = \lambda . (ad - ab) - ad, \quad ad = \frac{2\lambda . ab}{\lambda - 1}.$$

Cette dernière expression fait connaître la position du point d.

Il existe une autre détermination très-simple de ce point.

Soit I la position que prend le point m quand m' est à l'infini ; position qu'on détermine par l'équation

$$\frac{a\mathrm{I}}{b\mathrm{I}} = \lambda.$$

L'équation

$$\frac{am}{md} = \frac{a'm'}{d'm'}$$

devient

$$\frac{a\mathrm{I}}{\mathrm{I}d} = 1, \quad a\mathrm{I} = d\mathrm{I}.$$

Ainsi le point I est le milieu entre les deux points a et d; et cette considération sert à déterminer le point d.

Porisme XC. — *Quand deux points variables* m, m' *sur deux droites* ab, a'b' (*qui peuvent être coïncidentes*), *sont liés par la relation*

$$\frac{am}{bm} = \lambda . \frac{a'm'}{b'm'}:$$

on peut prendre arbitrairement un point d' *et déterminer deux autres points* c, g *et une ligne* μ, *tels, que si les segments* am, cm *se trouvent de même direction ou de*

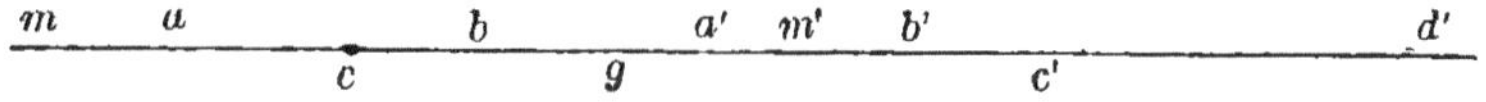

m a b a' m' b' d'
c g c'

directions contraires, et si les segments b'm' *et* d'm' *sont aussi de même direction ou de directions contraires, on aura toujours la relation*

$$\frac{am.b'm' + cm.d'm'}{gm} = \mu.$$

En effet, d'après le Corollaire II du Lemme qui vient d'être démontré, on peut trouver deux points c et c', tels, qu'on ait toujours l'équation

$$\frac{am}{mc} = \frac{a'm'}{c'm'}, \quad \text{ou} \quad am.c'm' = mc.a'm'.$$

Écrivons :

$$am.(c'b' + b'm') = mc(a'd' - m'd'),$$
$$am.b'm' + mc.m'd' = mc.a'd' - am.c'b'.$$

Introduisons un point g, en remplaçant dans le second membre am par $(gm - ga)$, et mc par $(mg - cg)$; il vient

$$am.b'm' + cm.d'm' = gm(d'a' - c'b') + ga.c'b' - gc.d'a'.$$

Qu'on détermine le point g par l'équation

$$\frac{ga}{gc} = \frac{d'a'}{c'b'},$$

et la constante μ ainsi

$$\mu = d'a' - c'b' ;$$

l'équation devient

$$am.b'm' + cm.d'm' = \mu.gm.$$

C. Q. F. D.

Porisme XCI. — *De chaque point* M *d'une droite* LM *on mène à un point fixe* P *un rayon qui rencontre une droite* AX *en* m; *et du même point* M *on abaisse une perpendiculaire* Mm′ *sur une autre droite* B′D′; *le point* A *étant donné sur la droite* AX, *et les points* B′, D′ *sur la deuxième droite* B′D′ : *on pourra trouver deux points* C *et* G *sur la droite* AX, *et une ligne* μ, *tels, que, quand les points* m *et* m′ *se trouveront à la fois entre* A *et* C, *et entre* B′ *et* D′, *respectivement, ou bien lorsqu'ils seront à la fois hors de* AC *et de* B′D′, *la somme des deux rectangles* Am.B′m′ *et* Cm.D′m′ *sera au segment* Gm *dans le rapport de la ligne* μ *à l'unité.*

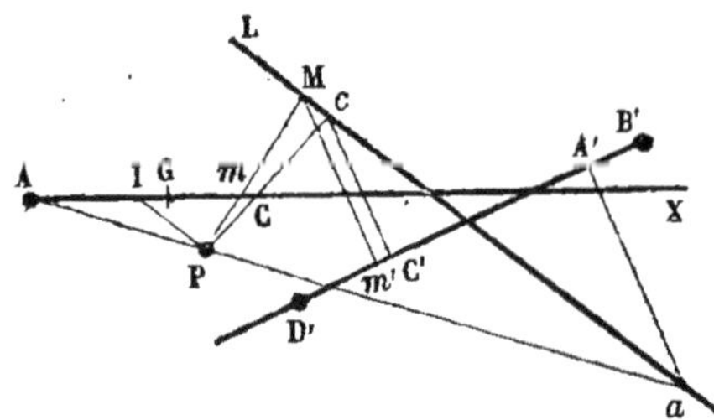

Il s'agit de démontrer l'égalité

$$\frac{\mathrm{A}m.\mathrm{B}'m' + \mathrm{C}m.\mathrm{D}'m'}{\mathrm{G}m} = \mu.$$

Qu'on mène à la droite LM, par le point P une parallèle qui rencontrera la droite AX en I, et qu'on prenne le point C sur le prolongement de AI, à la distance IC = AI.

La droite PC rencontre la droite LM en un point c d'où l'on abaisse la perpendiculaire cC' sur B'D'. Du point a où PA rencontre LM, on abaisse sur B'D' la perpendiculaire aA'. Le point G se détermine par la proportion

$$\frac{\mathrm{GA}}{\mathrm{GC}} = \frac{\mathrm{A}'\mathrm{D}'}{\mathrm{B}'\mathrm{C}'};$$

et l'on a

$$\mu = \mathrm{D}'\mathrm{A}' - \mathrm{C}'\mathrm{B}'.$$

En effet, les quatre droites PA, PC, Pm, PI coupées par AX et LM, donnent

$$\frac{\mathrm{A}m}{m\mathrm{C}} : \frac{\mathrm{AI}}{\mathrm{IC}} = \frac{a\mathrm{M}}{c\mathrm{M}}, \quad \text{(Lemme XI.)}$$

ou

$$\frac{\mathrm{A}m}{m\mathrm{C}} = \frac{a\mathrm{M}}{c\mathrm{M}},$$

puisque AI = IC.

Or, à cause des parallèles aA', Mm', cC',

$$\frac{a\mathrm{M}}{c\mathrm{M}} = \frac{\mathrm{A}'m'}{\mathrm{C}'m'}.$$

Donc

$$\frac{\mathrm{A}m}{m\mathrm{C}} = \frac{\mathrm{A}'m'}{\mathrm{C}'m'}.$$

D'après cela, la démonstration du Porisme précédent s'applique au Porisme actuel.

Donc, etc.

Porisme XCII. — *Autour de deux points fixes* P, Q

on fait tourner deux droites se coupant toujours sur une droite donnée de position LM, *et rencontrant, respectivement, en* m *et* m′ *deux autres droites données de position; si deux points* A *et* C′ *sont donnés chacun sur l'une de ces dernières droites : on pourra trouver un point* B *sur* Am, *un point* B′ *sur* C′m′, *et une ligne* μ, *tels, que, quand les segments* Am, Bm *se trouveront de même direction ou de directions contraires, si les segments* B′m′ *et* C′m′ *ont aussi entre eux la même direction ou des directions opposées, on aura toujours la relation*

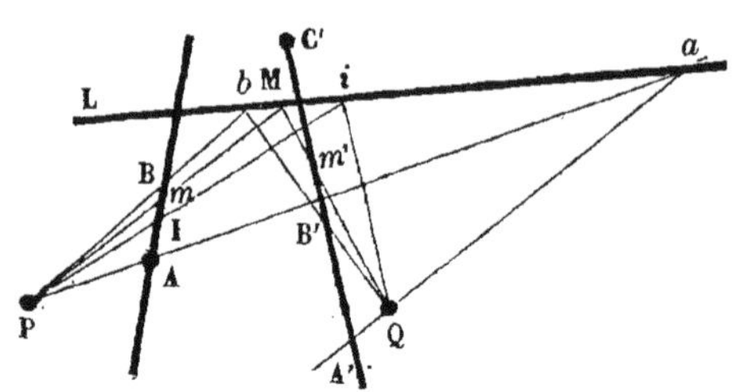

$$\frac{Am.B'm' + Bm.C'm'}{Bm} = \mu.$$

Qu'on mène à la droite $C'm'$ par le point Q une parallèle qui rencontre la droite LM en i; la droite Pi coupera Am en I : et en prenant $BI = IA$, le point B sera déterminé.

Qu'on mène PB qui rencontre LM en b; la droite Qb déterminera sur $C'm'$ le point B′. Enfin, qu'on mène PA qui rencontre LM en a, et Qa qui rencontre $C'm'$ en A′; et qu'on prenne $\mu = C'A'$.

Il faut donc démontrer que

$$\frac{Am.B'm' + Bm.C'm'}{Bm} = C'A'.$$

Or, en supposant avec la figure, que les points m et m' soient situés sur les segments respectifs AB, C′B′, on aura

$$C'A' = C'm' + m'A'.$$

Par conséquent, il reste seulement à prouver que

$$Am.B'm' = Bm.m'A'.$$

En effet, d'une part les segments que les quatre droites PA, PB, Pm, PI font sur AB et LM ont entre eux, d'après le Corollaire I du Lemme III (p. 82), la relation

$$\frac{\mathrm{A}m}{\mathrm{B}m} : \frac{\mathrm{AI}}{\mathrm{IB}} = \frac{a\mathrm{M}}{b\mathrm{M}} : \frac{ai}{ib}.$$

Et d'autre part, on a, en vertu du Corollaire du Lemme XI (p. 83), appliqué aux quatre droites partant du point Q et coupées par les deux LM, A'B',

$$\frac{a\mathrm{M}}{b\mathrm{M}} : \frac{ai}{bi} = \frac{m'\mathrm{A}'}{\mathrm{B}'m'}.$$

Donc

$$\frac{\mathrm{A}m}{\mathrm{B}m} : \frac{\mathrm{AI}}{\mathrm{IB}} = \frac{m'\mathrm{A}'}{\mathrm{B}'m'}.$$

Mais AI = IB. Donc

$$\frac{\mathrm{A}m}{\mathrm{B}m} = \frac{m'\mathrm{A}'}{\mathrm{B}'m'}, \quad \text{ou} \quad \mathrm{A}m.\mathrm{B}'m' = \mathrm{B}m.m'\mathrm{A}'.$$

C. Q. F. D.

XXIe Genre.

Le rectangle compris sous telle droite et telle autre est donné.

Porisme XCIII. — *Quand deux points variables* m, m' *sur deux droites* ab, a'b' *sont liés par la relation*

$$\frac{am.b'm'}{bm.a'm'} = \lambda,$$

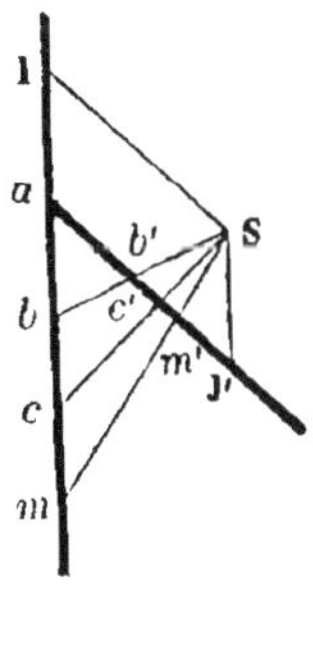

on peut trouver deux points I, J' *sur les deux droites et un espace* ν, *tels, que le rectangle* Im.J'm' *soit toujours égal à cet espace.*

Soient c, c' deux positions correspondantes des points m, m' sur les deux droites, de sorte qu'on ait

$$\frac{ac.b'c'}{bc.a'c'} = \lambda,$$

et, par conséquent,

$$\frac{am \,.\, b'm'}{bm \,.\, a'm'} = \frac{ac \,.\, b'c'}{bc \,.\, a'c'},$$

ou

$$\frac{am \,.\, bc}{bm \,.\, ac} = \frac{a'm' \,.\, b'c'}{b'm' \,.\, a'c'}.$$

Supposons qu'on place les deux droites de manière que les deux points a, a' coïncident : les deux droites bb', cc' se coupent en un point S, et la droite mm' passe toujours par ce point ; ce qui résulte de l'équation ci-dessus, d'après le Lemme XVI de Pappus. Qu'on mène les droites SI, SJ' parallèles aux deux droites $a'b'$, ab, respectivement. On a, par les triangles semblables,

$$\frac{am}{\mathrm{SJ}'} = \frac{m'a}{\mathrm{J}'m'}, \quad \text{ou} \quad \frac{am}{\mathrm{I}a} = \frac{m'a}{\mathrm{J}'m'}.$$

Écrivons

$$\frac{\mathrm{I}m - \mathrm{I}a}{\mathrm{I}a} = \frac{\mathrm{J}'a - \mathrm{J}'m'}{\mathrm{J}'m'}.$$

Cette égalité se réduit à

$$\frac{\mathrm{I}m}{\mathrm{I}a} = \frac{\mathrm{J}'a'}{\mathrm{J}'m'},$$

ou

$$\mathrm{I}m \,.\, \mathrm{J}'m' = \mathrm{I}a \,.\, \mathrm{J}'a'.$$

Par conséquent $\nu = \mathrm{I}a \,.\, \mathrm{J}'a'$. Et le Porisme est démontré.

Remarque. La position du point I se détermine par l'expression

$$\frac{\mathrm{I}a}{\mathrm{I}b} = \lambda.$$

Car en considérant les quatre droites Sa, Sb, Sc, SI coupées par les deux ab, $a'b'$, on a, d'après le Lemme XI,

$$\frac{\mathrm{I}a}{\mathrm{I}b} : \frac{ca}{cb} = \frac{c'b'}{c'a'},$$

ou

$$\frac{\mathrm{I}a}{\mathrm{I}b} = \frac{ca}{cb} : \frac{c'a'}{c'b'} = \frac{ca.c'b'}{cb.c'a'} = \lambda.$$

On a de même

$$\frac{\mathrm{J}'a'}{\mathrm{J}'b'} = \frac{1}{\lambda}.$$

Porisme XCIV. — *Étant donné un parallélogramme* ABCD, *si de ses sommets* A, B *on mène deux droites à chaque point* M *du côté opposé* CD, *lesquelles rencontrent la droite* EF *qui joint les milieux des deux côtés* AB, CD, *en deux points* m, m' : *on peut trouver un point* I *sur cette droite* EF *et un espace* ν, *tels, que le rectangle* Im.Im' *sera égal à cet espace.*

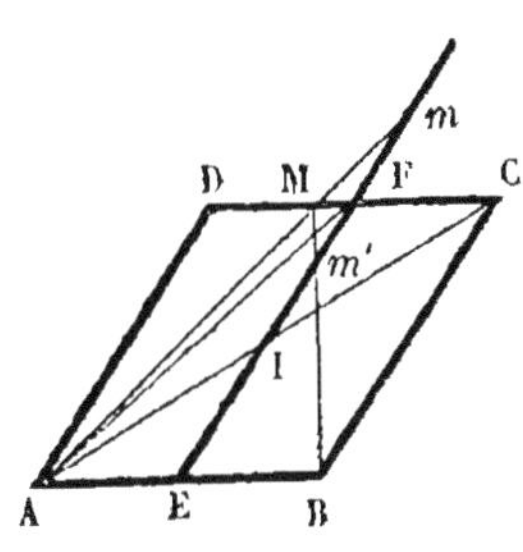

En effet, on aura

$$\mathrm{I}m.\mathrm{I}m' = \overline{\mathrm{IF}}^2.$$

Car les quatre droites AC, AD, AM, AF coupées par les deux FC, FE donnent, en vertu du Lemme XI,

$$\frac{\mathrm{I}m}{\mathrm{IF}} = \frac{\mathrm{CM}}{\mathrm{CF}} : \frac{\mathrm{DM}}{\mathrm{DF}}.$$

De même

$$\frac{\mathrm{I}m'}{\mathrm{IF}} = \frac{\mathrm{DM}}{\mathrm{DF}} : \frac{\mathrm{CM}}{\mathrm{CF}}.$$

Et, par conséquent,

$$\mathrm{I}m.\mathrm{I}m' = \overline{\mathrm{IF}}^2.$$

C. Q. F. D.

Porisme XCV. — *Étant donnés un parallélogramme* ABCD, *et deux points* P, Q *sur ses côtés* AD, CD, *si par ces points on mène dans une direction quelconque deux droites parallèles qui rencontrent en* m *et* m′ *les deux côtés* AB, CB : *le rectangle* Am.Cm′ *est donné.*

Soient N, N′ les points dans lesquels la droite PQ rencontre les deux côtés AB, CB, on a

$$\mathrm{A}m.\mathrm{C}m' = \mathrm{AN}.\mathrm{CN}'.$$

En effet, on voit par les triangles semblables que

$$\frac{\mathrm{A}m}{\mathrm{AP}} = \frac{\mathrm{CQ}}{\mathrm{C}m'} \quad \text{et} \quad \frac{\mathrm{AP}}{\mathrm{AN}} = \frac{\mathrm{CN}'}{\mathrm{CQ}};$$

par conséquent

$$\frac{\mathrm{A}m}{\mathrm{AN}} = \frac{\mathrm{CN}'}{\mathrm{C}m'},$$

ou

$$\mathrm{A}m.\mathrm{C}m' = \mathrm{AN}.\mathrm{CN}'.$$

C. Q. F. D.

Porisme XCVI. — *Si autour de deux points fixes* P, Q *on fait tourner deux droites qui se coupent sur une droite donnée de position* LF, *et rencontrent une autre droite fixe* AX *en deux points* m, m′ : *on pourra trouver deux points* I, J′ *sur cette dernière droite, et un rectangle* ν, *tels, que le produit des deux segments* Im, J′m′ *sera toujours égal à ce rectangle* ν.

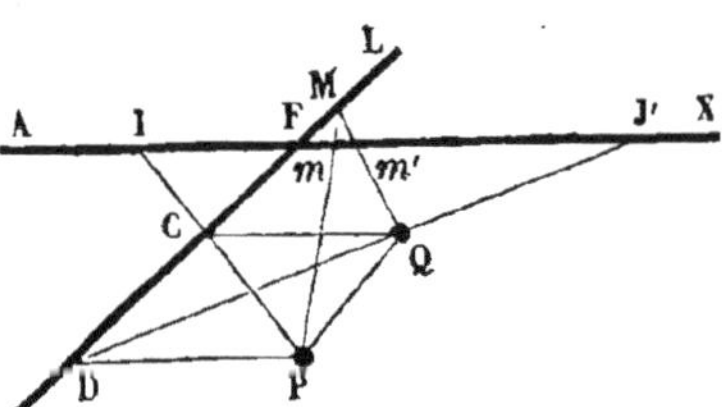

Qu'on mène parallèlement à la droite fixe AX la droite QC qui rencontre LF en C : la droite PC coupera AX en I. Que pareillement on mène la droite PD parallèle à AX, laquelle rencontre LF en D : la droite QD coupera AX en J′. Les deux points cherchés I, J′ sont ainsi déterminés.

Quant à la constante ν, soit F le point de rencontre de la droite LF et de AX ; on aura

$$\nu = \text{IF} . \text{J}'\text{F}.$$

Il faut prouver dès lors que

$$\text{I}m . \text{J}'m' = \text{IF} . \text{J}'\text{F}.$$

Or cela résulte, sans difficulté, du Lemme XI (proposition 137). En effet, d'une part, en considérant les quatre droites PM, PF, PC, PD coupées par les deux AX et LF, on trouve

$$\frac{\text{I}m}{\text{IF}} = \frac{\text{CM}}{\text{CF}} : \frac{\text{DM}}{\text{DF}};$$

et, d'autre part, en considérant les quatre droites QM, QF, QC, QD coupées par les deux mêmes

$$\frac{\text{J}'\text{F}}{\text{J}'m'} = \frac{\text{CM}}{\text{CF}} : \frac{\text{DM}}{\text{DF}}.$$

Donc

$$\frac{\text{I}m}{\text{IF}} = \frac{\text{JF}}{\text{J}'m'},$$

ou

$$\text{I}m . \text{J}'m' = \text{IF} . \text{J}'\text{F}.$$

C. Q. F. D.

Porisme XCVII. — *Quand deux droites tournent autour de deux points fixes en faisant entre elles un angle de grandeur donnée, et qu'elles rencontrent en deux points* m, m' *deux droites données de position : on peut trouver sur ces dernières droites deux points fixes* I *et* J', *et un rectangle* ν, *tels, que le rectangle* Im . J'm' *soit toujours égal à ce rectangle* ν.

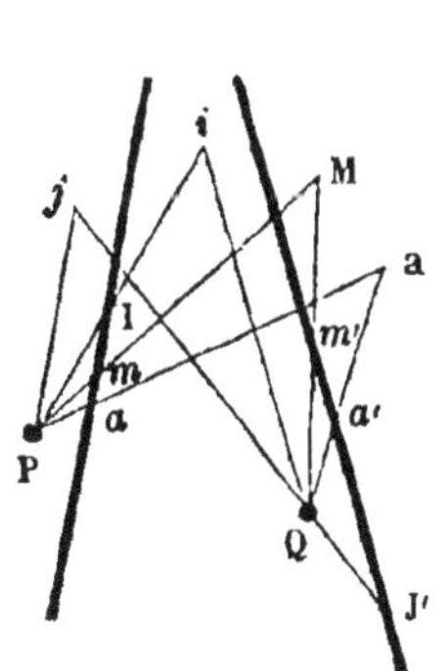

En effet, considérons quatre systèmes de deux droites

inclinées entre elles sous l'angle donné. Dans le premier système les deux droites rencontrent, respectivement, les deux droites données en a et a'; dans le deuxième système, en m et m'; dans le troisième système, la droite menée par le point Q est Qi parallèle à l'une des deux droites données, et la droite menée par le point P rencontre l'autre droite donnée au point I; enfin, dans le quatrième système, la droite issue du point P est Pj parallèle à cette dernière droite donnée, et la droite issue du point Q rencontre l'autre en J'.

Les droites Pa, Pm, PI et Pj coupent la droite $a'm'$ en quatre points que nous appellerons A, M, i et J. On a entre ces points et les trois a, m, I la relation

$$\frac{\mathrm{I}m}{\mathrm{I}a} = \frac{i\mathrm{M}}{i\mathrm{A}} : \frac{\mathrm{JM}}{\mathrm{JA}}. \quad \text{(Lemme XI.)}$$

Mais ces quatre droites font entre elles les mêmes angles que les quatre droites correspondantes Qa', Qm', Qi et QJ' : par conséquent, on a entre les quatre mêmes points A, M, J, i et les trois a', m', J', la relation

$$\frac{i\mathrm{M}}{i\mathrm{A}} : \frac{\mathrm{JM}}{\mathrm{JA}} = \frac{\mathrm{J}'a'}{\mathrm{J}'m'}. \quad \text{(Corollaire II, p. 83.)}$$

Donc

$$\frac{\mathrm{I}m}{\mathrm{I}a} = \frac{\mathrm{J}'m'}{\mathrm{J}'a'}, \quad \text{ou} \quad \mathrm{I}m.\mathrm{J}'m' = \mathrm{I}a.\mathrm{J}'a'.$$

Ainsi $\nu = \mathrm{I}a.\mathrm{J}'a' =$ const. Ce qui démontre le Porisme.

Observation. Si les deux points P, Q coïncidaient, auquel cas il y aurait à considérer un angle de grandeur donnée tournant autour de son sommet, et dont les côtés rencontreraient les deux droites fixes en deux points m, m' : la proposition qui vient d'être démontrée permet de conclure qu'il existe dans ce cas sur les deux droites deux points I et J' donnant lieu à la relation constante

$$\mathrm{I}m.\mathrm{J}'m' = \text{const.}$$

Porisme XCVIII. — *Si autour de deux points* P, Q *on fait tourner deux droites faisant, respectivement, avec deux droites fixes* PX, QY *deux angles égaux, mais en sens contraire; ces deux droites tournantes rencontreront deux droites fixes* AZ, B′U′ *en deux points* m, m′ : *et l'on pourra trouver sur ces dernières droites deux points* I, J′, *tels, que le rectangle* Im.J′m′ *soit égal à un rectangle déterminé.*

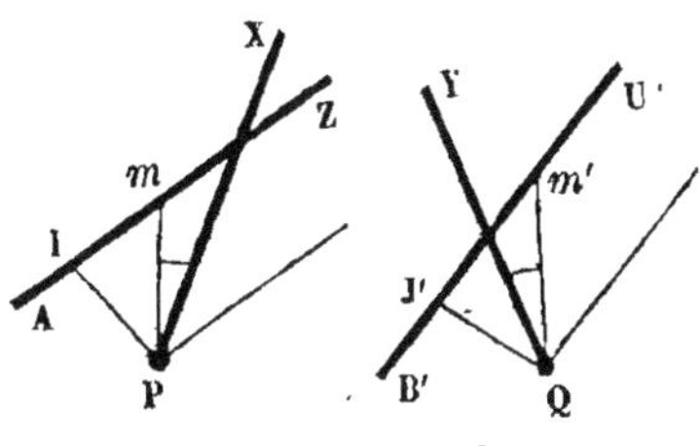

Qu'on mène la droite PI faisant l'angle IPX égal à l'angle qu'une parallèle à B′U′, menée par le point Q, fait avec la droite QY; le point où cette droite PI rencontre AZ est le point I demandé. On détermine, semblablement, le point J′ sur B′U′, en faisant l'angle J′QY égal à celui qu'une parallèle à AZ, menée par le point P, fait avec la droite PX.

La démonstration de ce Porisme est semblable à celle du Porisme précédent.

Porisme XCIX.—*Si de chaque point* M *d'une droite* LM *on mène une perpendiculaire* Mm *sur une droite fixe* AX, *et une droite* MP *aboutissant à un point fixe* P, *laquelle rencontre une troisième droite* BY *en un point* m′: *on peut trouver sur les deux droites* AX, BY *deux points* I, J′, *tels, que le rectangle* Im.J′m′ *sera égal à un rectangle déterminé* ν.

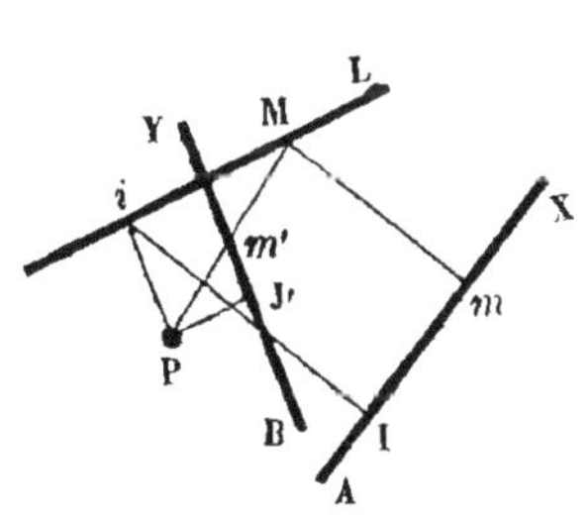

Qu'on mène par le point P une parallèle à BY, qui rencontre la droite LM en *i*, et que de ce point on abaisse une perpendiculaire *i*I sur la droite AX. Le pied de cette perpendiculaire est le point cherché I. L'autre point J′ sera situé à l'intersection de la droite BY et d'une parallèle à la droite LM, menée par le même point P. Et l'on aura

$$\mathrm{I}m.\mathrm{J}'m' = \text{const.} = \nu.$$

La démonstration n'offre aucune difficulté, d'après ce qui précède.

Porisme C. — *Étant donnés un triangle* ABC *et une droite* DE *parallèle à la base* AB, *si autour d'un point* P *situé sur cette droite on fait tourner une transversale qui rencontre les deux côtés du triangle en deux points* a, b, *et qu'on mène les droites* Aa, Bb *qui rencontrent* DE *en* m *et* m′, *le rectangle* Pm.Pm′ *sera constant.*

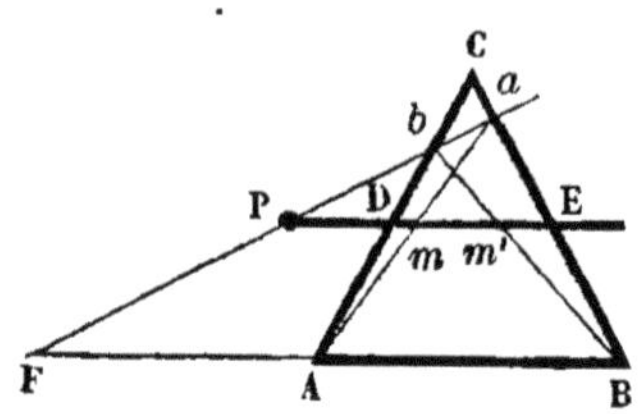

Ce théorème est une conséquence du Lemme XI. En effet, les trois droites AB, AC, Aa coupées par les deux PD, Pa, donnent, d'après ce Lemme,

$$\frac{\mathrm{P}m}{\mathrm{PD}} = \frac{\mathrm{P}a}{\mathrm{P}b} : \frac{\mathrm{F}a}{\mathrm{F}b}.$$

De même les trois droites BA, BC, Bb donnent

$$\frac{\mathrm{PE}}{\mathrm{P}m'} = \frac{\mathrm{P}a}{\mathrm{P}b} : \frac{\mathrm{F}a}{\mathrm{F}b}.$$

On a donc

$$\frac{\mathrm{P}m}{\mathrm{PD}} = \frac{\mathrm{PE}}{\mathrm{P}m'},$$

ou

$$\mathrm{P}m.\mathrm{P}m' = \mathrm{PD}.\mathrm{PE}.$$

Ce qui démontre le Porisme.

Porisme CI. — *Étant données deux droites* OA, OL, *et un point* A *sur la première, si par ce point on mène arbitrairement deux droites* AM, AM′ *qui rencontrent la droite* OL *en* M *et* M′, *et que par ces points on mène*

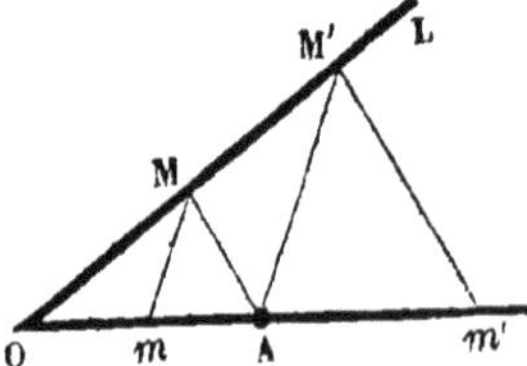

deux autres droites Mm, M'm' *parallèles, respectivement, à* AM', AM, *et qui coupent* OA *en* m *et* m' : *le rectangle* Om.Om' *est donné*.

On a, en effet,

$$Om.Om' = \overline{OA}^2.$$

Car les triangles semblables formés par les parallèles donnent

$$\frac{Om}{OA} = \frac{OM}{OM'} \quad \text{et} \quad \frac{OA}{Om'} = \frac{OM}{OM'}.$$

Donc

$$\frac{Om}{OA} = \frac{OA}{Om'}, \quad \text{ou} \quad Om.Om' = \overline{OA}^2.$$

Remarque. Il existe encore d'autres relations entre les segments déterminés par la construction de ce Porisme.

Telle est la relation

$$\frac{Om}{Om'} = \frac{\overline{Am}^2}{\overline{Am'}^2},$$

qui se déduit des mêmes triangles semblables.

En effet,

$$\frac{Om}{Am} = \frac{OM}{MM'}; \quad \frac{Om'}{Am'} = \frac{OM'}{MM'}.$$

D'où

$$\frac{Om}{Om'} = \frac{Am}{Am'} \cdot \frac{OM}{OM'}.$$

Mais

$$\frac{Am}{Am'} = \frac{mM}{AM'} = \frac{OM}{OM'}.$$

Donc

$$\frac{Om}{Om'} = \frac{\overline{Am}^2}{\overline{Am'}^2}.$$

On a aussi cette autre relation

$$\overline{Am}^2 = 2A\mu.Om,$$

μ étant le milieu de mm'.

On voit effectivement que

$$\frac{Am}{Om} = \frac{MM'}{OM};$$

et que de plus

$$\frac{Am' - Am}{Am} = \frac{Am'}{Am} - 1 = \frac{OM'}{OM} - 1 = \frac{OM' - OM}{OM} = \frac{MM'}{OM}.$$

Donc

$$\frac{Am}{Om} = \frac{Am' - Am}{Am} = \frac{2A\mu}{Am},$$

ou

$$\overline{Am}^2 = 2A\mu . Om$$

IIe Genre (1).

Porisme CII. — *Étant données deux droites* SA, SA', *si par un point donné* P *on mène une droite qui les rencontre en* a, a', *et sur laquelle on prend le point* m *déterminé par l'égalité*

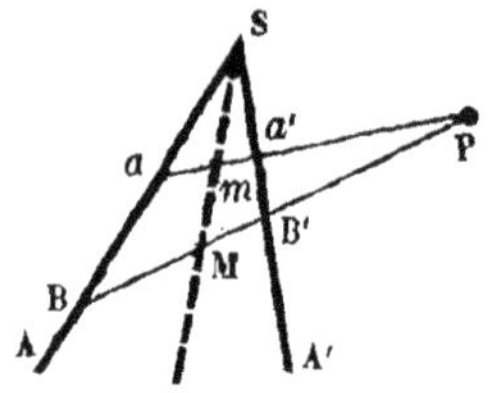

$$\frac{ma}{ma'} = \frac{Pa}{Pa'};$$

ce point est situé sur une droite donnée de position.

Cela résulte du Lemme XIX (proposition 145). Car soient PBB' une position de la droite menée par le point P, et M le point déterminé par l'équation

$$\frac{MB}{MB'} = \frac{PB}{PB'}.$$

D'après le Lemme, le point m, quelle que soit la direction de la droite Paa', sera situé sur la droite SM.

---

(1) Voir l'énoncé de ce Genre, p. 117.

Porisme CIII. — *Étant donnés deux droites* SA, SB *et un point* P, *si par ce point on mène deux droites quelconques qui rencontrent les deux droites données en* a, a′ *et* b, b′ : *le point de concours des diagonales* ab′, ba′ *sera sur une droite donnée de position.*

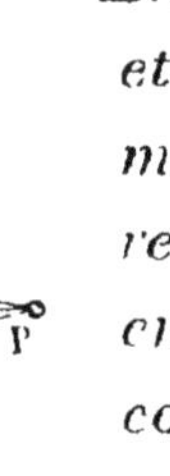

Ce Porisme est encore une conséquence du seul Lemme XIX.

En effet, soient α, β les points déterminés par les égalités

$$\frac{\alpha a}{\alpha a'} = \frac{\mathrm{P}a}{\mathrm{P}a'}, \quad \frac{\beta b}{\beta b'} = \frac{\mathrm{P}b}{\mathrm{P}b'}.$$

Il résulte du Lemme XIX que la droite $\alpha\beta$ passe par le point S, intersection des deux droites ab, $a'b'$, et aussi par le point m, intersection des deux droites ab', $a'b$.

Mais d'après le Porisme précédent, la droite S$\alpha\beta$ est déterminée de position ; donc le point m est sur une droite déterminée de position.

C. Q. F. D.

Porisme CIV. — *Trois droites étant données de position et trois points* A, B′, C″ *étant donnés sur ces droites, si l'on cherche un point* M, *tel, que les pieds des perpendiculaires abaissées de ce point sur les trois droites étant* m, m′, m″, *on ait entre les segments* Am, B′m′, C″m″ *la relation*

$$\frac{\mathrm{A}m + \lambda.\mathrm{B}'m'}{\mathrm{C}''m''} = \mu ;$$

λ *et* μ *étant deux raisons données : le point* M *sera sur une droite déterminée de position.*

Cette proposition est une conséquence du Porisme LXVIII, d'après lequel, si l'on détermine deux points M_1, M_2 satisfaisant à la question, c'est-à-dire à l'équation

$$\frac{\mathrm{A}m + \lambda.\mathrm{B}'m'}{\mathrm{C}''m''} = \mu,$$

une infinité d'autres points de la droite M_1M_2 satisferont aussi à cette équation.

Porisme CV. — *Trois droites étant données de position, si l'on cherche un point* M, *tel, que les obliques* Mp, Mp', Mp'' *abaissées de ce point sur les trois droites, sous des angles donnés, aient entre elles la relation constante*

$$\frac{Mp + \lambda . Mp'}{Mp''} = \mu:$$

λ et μ étant des raisons données : le point M *sera sur une droite donnée de position.*

Ce Porisme se déduit sur-le-champ du précédent; car si par un point A de la première droite sur laquelle tombent les obliques Mp on mène une parallèle AX à ces obliques; et par chaque point M des parallèles à la première droite : ces parallèles feront sur AX des segments Am égaux, respectivement, aux obliques Mp. Si l'on remplace, semblablement, les autres obliques Mp', Mp'' par des segments $B'm'$, $C''m''$; on aura, entre les trois segments correspondant au même point M, la relation

$$\frac{Am + \lambda . B'm'}{C''m''} = \mu,$$

et, conséquemment, le point M sera sur une droite déterminée de position.

Remarque. Ce Porisme est un cas particulier d'une proposition des Lieux plans d'Apollonius, rapportée par Pappus, en ces termes :

Plusieurs droites étant données, si d'un point on abaisse sur ces droites des obliques sous des angles donnés, et que le rectangle d'une oblique et d'une (ligne) donnée, plus le rectangle d'une autre oblique et d'une donnée, fasse une somme égale au rectangle d'une autre oblique et d'une donnée, et semblablement pour les rectangles des obliques restantes : le point sera sur une droite donnée de position.

Porisme CVI. — *Quand deux angles de grandeur constante* MPm, MQm *tournent autour de leurs sommets* P, Q *de manière que les côtés* PM, QM *se croisent toujours sur une droite* LM *donnée de position, l'angle* P *étant donné de grandeur : on peut déterminer la grandeur de l'angle* Q, *de manière que le point d'intersection des côtés* Pm, Qm *des deux angles soit aussi toujours sur une droite donnée de position.*

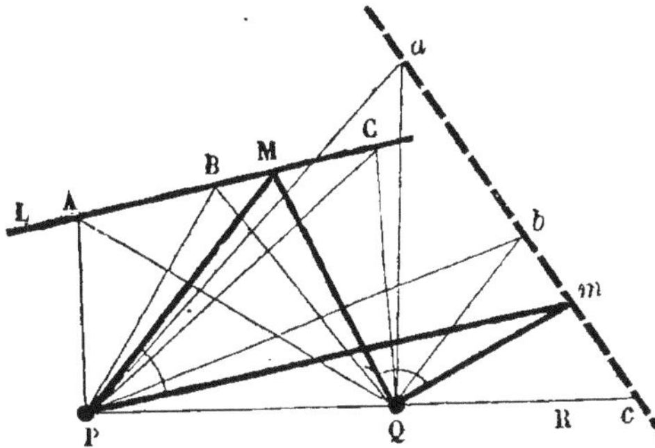

Que l'on place l'angle P de manière que son second côté Pm coïncide avec la droite PQ, son premier côté PM viendra couper la droite LM en un point C; que l'on prenne l'angle Q égal à CQR, dont le premier côté est QC et le second QR prolongement de PQ. Cet angle satisfera à la question.

En effet, considérons les deux angles mobiles dans quatre positions, où leurs premiers côtés se croisent sur la droite LM en quatre points A, B, M, C. Dans les trois premières positions, leurs seconds côtés se croiseront en trois points a, b, m; et dans la quatrième position, ils coïncideront suivant la droite PQ.

Soit c le point où la droite ab rencontre PQ; et supposons qu'elle coupe les deux côtés Pm, Qm en deux points m_1, m_2.

On a entre les quatre points A, B, M, C et les quatre a, b, m_1, c (par le Corollaire III du Lemme III, p. 84),

$$\frac{am_1}{bm_1} : \frac{ac}{bc} = \frac{\mathrm{AM}}{\mathrm{BM}} : \frac{\mathrm{AC}}{\mathrm{BC}}.$$

Pareillement

$$\frac{am_2}{bm_2} : \frac{ac}{bc} = \frac{\mathrm{AM}}{\mathrm{BM}} : \frac{\mathrm{AC}}{\mathrm{BC}}.$$

Donc

$$\frac{am_1}{bm_1} = \frac{am_2}{bm_2}.$$

Ce qui prouve que les deux points m_1, m_2 coïncident, c'est-à-dire que le point m se trouve sur la droite ab.

Le Porisme est donc démontré.

Porisme CVII. — *Quand deux droites* LA, L'A' *sont divisées en parties proportionnelles par deux points variables* a, a', *entre lesquels a lieu, par conséquent, une relation telle que* $\frac{Aa}{A'a'} = \lambda$, *si l'on prend sur chaque droite* aa' *le point* m *qui la divise dans un rapport donné* μ : *ce point est sur une droite donnée de position; et cette droite est une de celles qui divisent* LA *et* L'A' *en parties proportionnelles.*

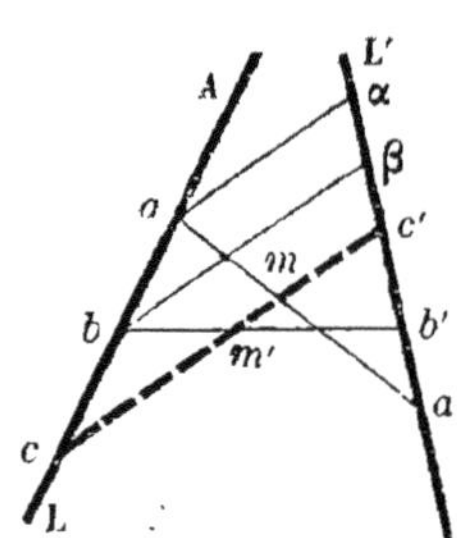

En effet, soient m et m' les points qui divisent les deux droites aa', bb' dans le rapport donné μ. La droite mm' rencontre les deux droites LA, L'A' en c et c'. Des parallèles à cette droite mm', menées par les points a, b, coupent L'A' en α et β.

On a, par les triangles semblables,

$$\frac{c'\alpha}{c'a'} = \frac{ma}{ma'} = \mu.$$

Et de même

$$\frac{c'\beta}{c'b'} = \frac{m'b}{m'b'} = \mu.$$

Donc

$$\frac{c'\alpha}{c'a'} = \frac{c'\beta}{c'b'}, \quad \text{ou} \quad \frac{c'\alpha}{c'\beta} = \frac{c'a'}{c'b'}.$$

Mais à cause des parallèles $a\alpha$, $b\beta$, cc', $\frac{c'\alpha}{c'\beta} = \frac{ca}{cb}$.

Donc

$$\frac{ca}{cb} = \frac{c'a'}{c'b'}.$$

Ce qui prouve que la droite mm' ou cc' est du nombre des droites aa', bb',..., qui divisent les deux LA, L'A' en parties proportionnelles. Or par le point m on ne peut mener qu'une telle droite (1). Donc les points m'', m''',... qui divisent d'autres droites dd', ee',... dans le rapport μ, seront sur la droite cc'. Donc, etc.

Corollaire. Puisque chaque droite qui divise en parties proportionnelles les deux droites aa', bb' est une de celles qui divisent en parties proportionnelles les deux droites données LA, L'A', on en conclut ce théorème :

Quand deux droites LA, L'A' *sont divisées en parties proportionnelles par un système de droites* aa', bb',..., *deux quelconques de celles-ci sont divisées en parties proportionnelles par toutes les autres, y compris les deux* LA, L'A'.

PORISME CVIII. — *Quand trois points variables* m, m', m'' *sur trois droites fixes* L, L', L'' *divisent ces droites en parties proportionnelles, le centre de gravité du triangle* mm'm'' *est situé sur une droite déterminée de position.*

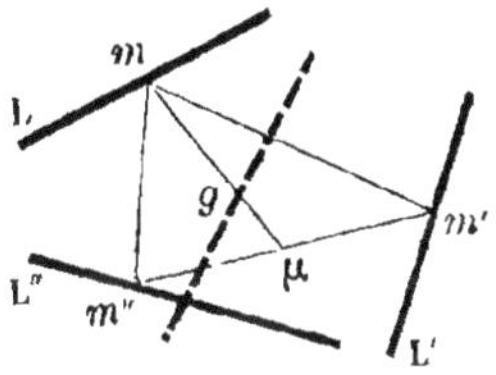

En effet, le centre de gravité g du triangle $mm'm''$ est situé sur la droite menée du point m au milieu μ de $m'm''$ à

---

(1) En effet, si trois droites aa', bb', cc' passaient par un même point m, on aurait, en appelant S le point de rencontre des deux droites LA, L'A', l'équation

$$\frac{ab}{ac}:\frac{Sb}{Sc}=\frac{a'b'}{a'c'}:\frac{Sb'}{Sc'},\quad \text{(Lemme III de Pappus.)}$$

Or, par hypothèse, $\frac{ab}{ac}=\frac{a'b'}{a'c'}$. Donc $\frac{Sb}{Sc}=\frac{Sb'}{Sc'}$.

Mais cette proportion exprime que les deux droites bb', cc' sont parallèles ; ce qui est contraire à l'hypothèse. Donc trois droites qui divisent en parties proportionnelles deux droites données LA, L'A' non parallèles, ne peuvent pas passer par un même point.

une distance $mg = \frac{2}{3} m\mu$. Or le point μ est sur une droite déterminée de position, qui est une des droites $m'm''$ (Porisme précédent). Et le point μ fait sur cette droite des divisions proportionnelles aux divisions que le point m' fait sur L′ (Corollaire précédent), et, par conséquent, proportionnelles aux divisions que le point m fait sur L. Donc le point g qui divise la droite $m\mu$ dans un rapport donné, est situé sur une droite déterminée de position.

C. Q. F. D.

Porisme CIX. — *Si de chaque point* M *d'une droite* L *donnée de position on abaisse des perpendiculaires sur trois droites fixes, le triangle déterminé par les pieds de ces perpendiculaires a son centre de gravité situé sur une droite donnée de position.*

En effet, les pieds des perpendiculaires divisent les trois droites en parties proportionnelles. Par conséquent, le Porisme est une conséquence du précédent.

IIIe Genre (1).

Porisme CX. — *Quand deux angles égaux* APA′, AQA′ *sous-tendent une même corde* AA′, *si l'on fait tourner le premier* P *autour de son sommet: les cordes* aa′, bb′,..., mm′ *que ses côtés interceptent entre les côtés du second* Q, *seront divisées toutes par la droite* AA′, *dans une raison donnée.*

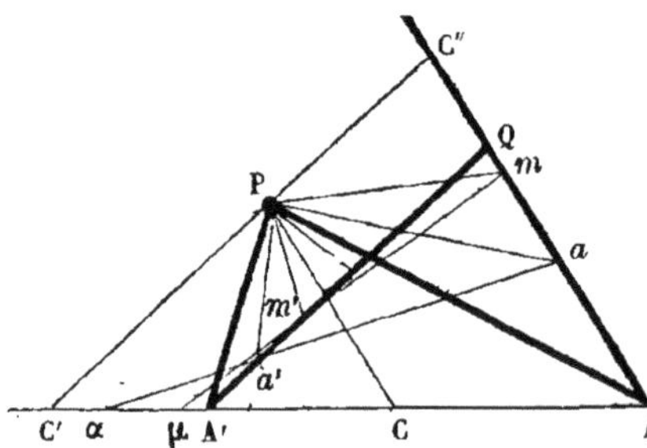

Les deux points variables m, m' forment sur les deux droites indéfinies QA, QA′ deux divisions *semblables*, et

(1) Voir l'énoncé de ce Genre, p. 133.

l'on a

$$\frac{\mathrm{A}m}{\mathrm{A}'m'} = \text{const.} = \frac{\mathrm{A}a}{\mathrm{A}'a'}.$$

En effet, quand le côté PA de l'angle mobile devient PC parallèle à la droite QA, l'autre côté PA' devient en même temps PC' parallèle à QA'. Les quatre droites PA, Pa, Pm et PC ont leurs angles égaux, respectivement, à ceux des droites PA', Pa', Pm' et PC'. Appelons A'', a'', m'', C'' les points où ces droites rencontrent QA. Ces points et les trois A, a, m donnent lieu (d'après les Corollaires des Lemmes III et XI, p. 83) à l'équation

$$\frac{\mathrm{A}a}{\mathrm{A}m} = \frac{\mathrm{A}''a''}{\mathrm{A}''m''} : \frac{\mathrm{C}''a''}{\mathrm{C}''m''}.$$

On a, pareillement, entre les quatre mêmes points A'', a'', m'', C'' et les trois A', a', m',

$$\frac{\mathrm{A}'a'}{\mathrm{A}'m'} = \frac{\mathrm{A}''a''}{\mathrm{A}''m''} : \frac{\mathrm{C}''a''}{\mathrm{C}''m''}.$$

Donc

$$\frac{\mathrm{A}m}{\mathrm{A}a} = \frac{\mathrm{A}'m'}{\mathrm{A}'a'},$$

ou

$$\frac{\mathrm{A}m}{\mathrm{A}'m'} = \frac{\mathrm{A}a}{\mathrm{A}'a'} = \text{const.}$$

Ainsi les deux droites QA, QA' sont divisées en parties proportionnelles par les cordes mm'. Dès lors, d'après le Porisme CVII, l'une de ces cordes, par exemple AA', divise aussi toutes les autres en parties proportionnelles. Si donc α et μ sont les points où les deux cordes aa' et mm' rencontrent AA', on a

$$\frac{\mu m}{\mu m'} = \frac{\alpha a}{\alpha a'} = \text{const.}$$

C. Q. F. D.

Ve Genre (1).

PORISME CXI. — *Étant données trois droites* A, B, C *et deux raisons* λ *et* μ : *on peut trouver une quatrième droite* D, *telle, que toute droite coupée par les trois premières en trois points* a, b, c *faisant des segments* ab, bc *dans le rapport* λ, *sera coupée par la quatrième* D *en un quatrième point* d, *qui déterminera des segments* da, db *dans le rapport donné* μ.

En effet, si les droites abc, $a'b'c'$, $a''b''c''$, ... sont divisées en parties proportionnelles par les trois droites A, B, C, deux de ces dernières, A, B, sont elles-mêmes divisées en parties proportionnelles par les droites abc, $a'b'c'$, ... C'est ce qui résulte du corollaire du Porisme CVII. Donc, d'après ce Porisme même, si l'on prend sur celles-ci les points d, d', ..., tels, que l'on ait

$$\frac{da}{db}=\mu,\quad \frac{d'a'}{d'b'}=\mu,\ldots,$$

ces points d, d', ... seront sur une quatrième droite D déterminée de position. Ce qui démontre le Porisme énoncé.

VIe Genre (2).

PORISME CXII. — *Étant donnés trois points* A, B, C *et deux raisons* λ *et* μ, *si l'on demande une droite telle, que les perpendiculaires* p, q, r *abaissées des trois points sur cette droite aient entre elles la relation*

$$\frac{p+\lambda.q}{r}=\mu:$$

cette droite passera toujours par un même point.

Cela résulte du Porisme LXXI, d'après lequel, si l'on

(1) Voir l'énoncé de ce Genre, p. 136.
(2) Voir l'énoncé de ce Genre, p. 139.

détermine deux droites satisfaisant à l'équation proposée, toute autre droite menée par leur point d'intersection y satisfera aussi.

PORISME CXIII. — *Étant donnés deux droites* SA, SA′ *et deux points* P, P′ *en ligne droite avec le point* S, *si autour de ces points on fait tourner deux droites parallèles qui rencontrent, respectivement,* SA *et* SA′ *en* m *et* m′ : *la droite* mm′ *passera par un point donné.*

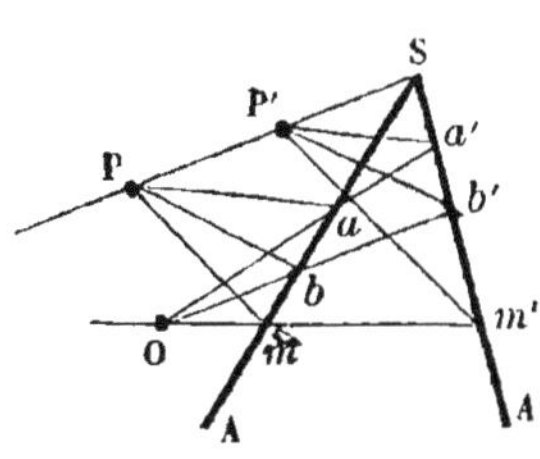

En effet, soient Pa, et P′a' deux droites parallèles, et Pb, P′b' deux autres droites parallèles; les quatre droites PS, Pa, Pb, Pm font entre elles, deux à deux, des angles égaux aux angles formés par les quatre droites P′S, P′a', P′b', P′m'. Par conséquent, on a (d'après le Corollaire III du Lemme III, p. 84),

$$\frac{Sa \cdot mb}{Sb \cdot ma} = \frac{Sa' \cdot m'b'}{Sb' \cdot m'a'}.$$

Et cette équation prouve, d'après le Lemme XVI, que la droite mm' passe par le point d'intersection des deux droites aa', bb'. Ce qui démontre le Porisme.

PORISME CXIV. — *Un triangle* ABC *étant donné, si par le pied de la perpendiculaire abaissée du sommet* C *sur la base* AB, *on mène deux droites faisant des angles égaux avec la perpendiculaire et rencontrant, respectivement, les côtés* CA, CB *en* a *et* b : *la droite* ab *passera par un point donné.*

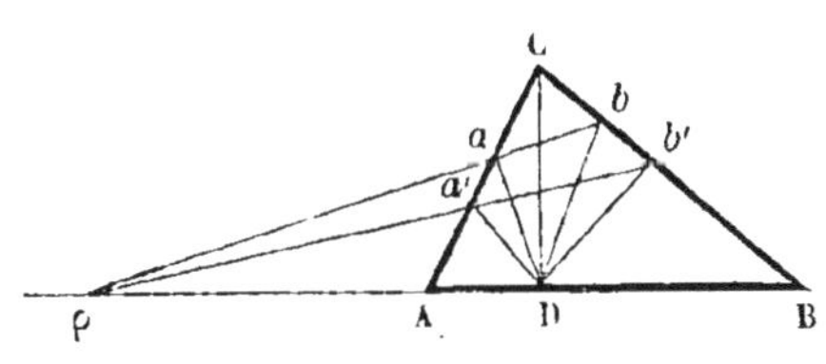

Soit $a'b'$ une deuxième droite semblablement déterminée. Les quatre droites DC, Da, Da' et DA font entre elles des angles égaux à ceux des droites DC, Db, Db' et DB. Par conséquent, on a entre les deux systèmes de quatre points C, a, a', A et C, b, b', B (d'après le Corollaire III du Lemme III, p. 84), l'équation

$$\frac{Ca}{Ca'} : \frac{Aa}{Aa'} = \frac{Cb}{Cb'} : \frac{Bb}{Bb'}, \quad \text{ou} \quad \frac{Ca.Aa'}{Ca'.Aa} = \frac{Cb.Bb'}{Cb'.Bb}.$$

Donc, d'après le Lemme XI ou le Lemme XVI, les trois droites ab, $a'b'$ et AB passent par un même point. Ce qui démontre le Porisme.

Porisme CXV. — *Si de chaque point d'une droite donnée de position* LE, *on abaisse sur deux droites parallèles deux obliques sous des angles donnés : la droite qui joindra les pieds de ces obliques passera toujours par un même point.*

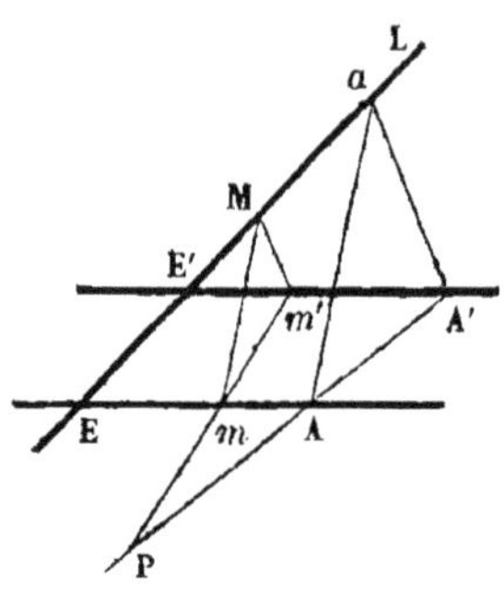

En effet, soient m, m' et A, A' les pieds des obliques abaissées de deux points M et a de la droite LE : on a par les triangles semblables (comme au Porisme XLVI),

$$\frac{Am}{A'm'} = \frac{AE}{aE} : \frac{A'E'}{aE'}.$$

Mais, en appelant P le point où mm' rencontre AA', on aura visiblement

$$\frac{AP}{A'P} = \frac{Am}{A'm'} = \frac{AE}{aE} : \frac{A'E'}{aE'} = \text{const.}$$

Donc le point P est fixe. Donc, etc.

Porisme CXVI. — *Quand trois droites sont parallèles, si autour de deux points* P, Q *on fait tourner deux droites qui se coupent sur l'une des premières et rencontrent les deux autres en deux points* m, m' : *la droite* mm' *passe par un point donné.*

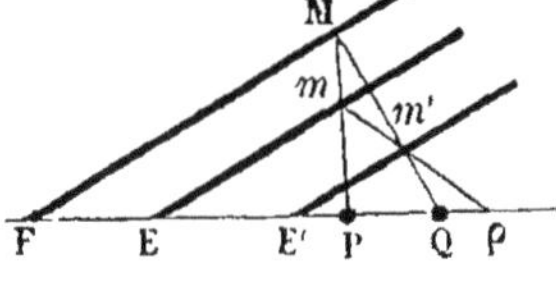

En effet, on a

$$\frac{Em}{FM} = \frac{EP}{FP} \quad \text{et} \quad \frac{E'm'}{FM} = \frac{E'Q}{FQ}.$$

Donc

$$\frac{Em}{E'm'} = \frac{EP}{FP} : \frac{E'Q}{FQ}.$$

Mais la droite mm' rencontrant PQ en ρ, on a de plus

$$\frac{Em}{E'm'} = \frac{E\rho}{E'\rho}.$$

Donc

$$\frac{E\rho}{E'\rho} = \frac{EP}{FP} : \frac{E'Q}{FQ}.$$

Le point ρ est donc fixe. Donc, etc.

Porisme CXVII. — *Étant données trois droites* SA, SB, SC *qui passent par le même point* S, *si autour de deux points fixes* P, Q *on fait tourner deux droites qui se coupent sur l'une de ces droites* SC, *et rencontrent, respectivement, les deux autres en* a *et* b : *la droite* ab *passe par un point donné.*

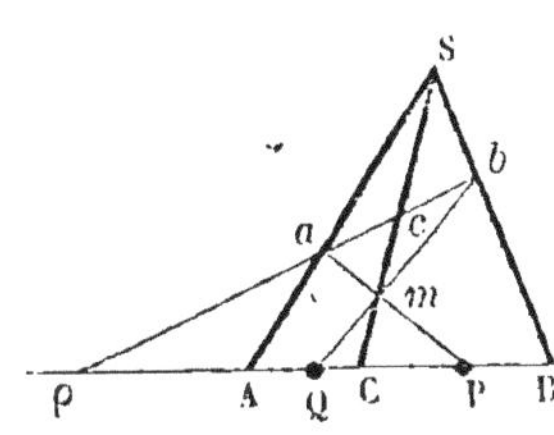

En effet, soient c et ρ les points où la droite ab rencontre SC et PQ. Le Lemme III, appliqué d'abord aux trois droites SA, SB, SC coupées par ρab, ρ AB, fournit la relation

$$\frac{c\rho}{ca} : \frac{b\rho}{ba} = \frac{C\rho}{CA} : \frac{B\rho}{BA}.$$

Et pareillement, à l'égard des trois droites ma, mb, mc coupées par les deux mêmes,

$$\frac{c\rho}{ca} : \frac{b\rho}{ba} = \frac{C\rho}{CP} : \frac{Q\rho}{QP}.$$

De ces deux égalités résulte celle-ci :

$$\frac{B\rho}{Q\rho} = \frac{BA \cdot CP}{CA \cdot QP}$$

qui détermine la position du point ρ sur la droite PQ. Ce qui démontre le Porisme.

PORISME CXVIII. — *Si sur deux droites* SA, SB *dont les points* A, B *sont donnés, on prend deux points* m, m′ *liés par l'équation*

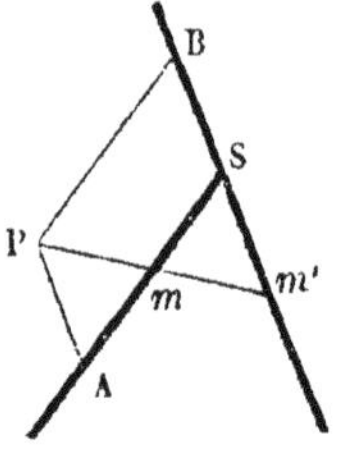

$$Am.Bm' = AS.BS:$$

la droite mm′ *passera par un point donné.*

Qu'on forme sur les deux droites SA, SB le parallélogramme ASBP; le sommet P sera le point par lequel passe la droite mm'.

En effet, si l'on considère les droites PA, PB et une troisième menée par le point P et rencontrant SA, SB en m, m', on aura évidemment

$$\frac{SA}{Am} = \frac{Bm'}{SB}, \quad \text{où} \quad Am.Bm' = AS.BS.$$

Donc etc.

VIIe Genre (1).

PORISME CXIX. — *Étant donné un angle* ASA′, *on fait tourner autour d'un point* P *une droite qui rencontre les côtés de l'angle en* a *et* a′; *d'un autre point* Q *on mène les droites* Qa, Qa′ *qui coupent une droite fixe* CD *parallèle à* SQ, *en deux points* m, m′ : *il existe sur* CD *un point* E, *tel, que le rapport des deux segments* Em, Em′ *reste constant.*

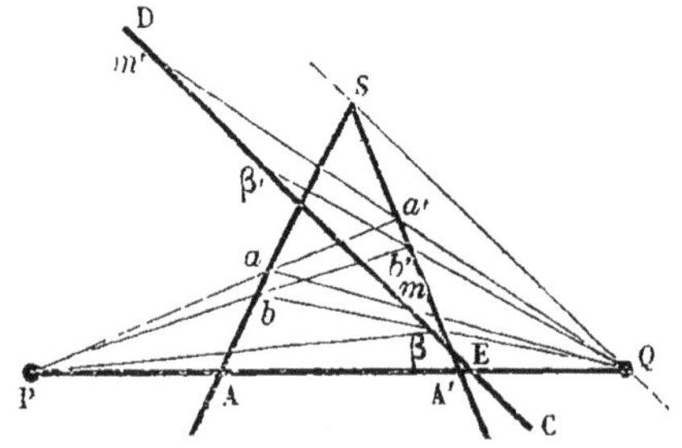

Ce point E est à l'intersection de la droite CD, par la droite PQ.

(1) Voir l'énoncé de ce Genre, p. 144.

En effet, soit Pbb' une deuxième position de la droite tournante : Qb et Qb' déterminent sur CD les points $\mathit{6}$, $\mathit{6}'$. D'après le Lemme III, les trois droites Paa', Pbb' et PAA' coupées par SA, SA', donnent

$$\frac{Sa}{Sb} : \frac{Aa}{Ab} = \frac{Sa'}{Sb'} : \frac{A'a'}{A'b'}.$$

Mais, d'après le Corollaire II (p. 83), les droites QS, Qa, Qb, QA, coupées par SA et CD, donnent aussi

$$\frac{Sa}{Sb} : \frac{Aa}{Ab} = \frac{E6}{Em}.$$

Et de même

$$\frac{Sa'}{Sb'} : \frac{A'a'}{A'b'} = \frac{E6'}{Em'}.$$

Donc

$$\frac{Em}{E6} = \frac{Em'}{E6'}, \quad \text{ou} \quad \frac{Em}{Em'} = \frac{E6}{E6'}.$$

C. Q. F. D.

VIIIe Genre (1).

Porisme CXX. — *Si de chaque point* M *d'une droite* LG *on mène à un point fixe* P *une droite qui rencontre une autre droite* AX *en un point* m; *et que du même point* M *on abaisse une perpendiculaire* Mm' *sur la droite* AX; *le point* A *étant donné sur* AX *et une ligne* a *étant aussi donnée : on pourra trouver deux autres points* I *et* A' *sur* AX *et une raison* λ, *tels, que l'on aura l'équation*

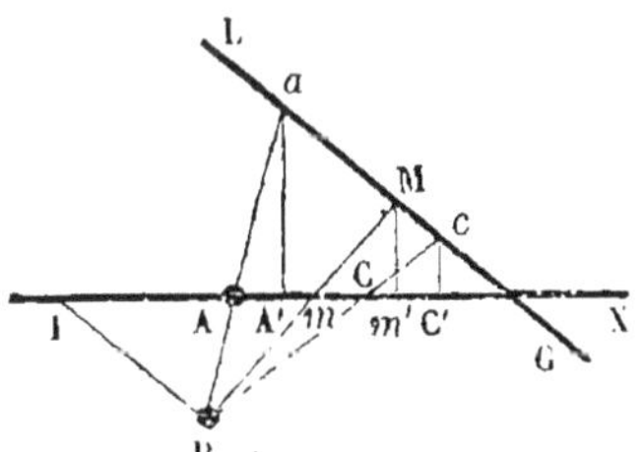

$$\frac{Im \cdot A'm'}{Am \cdot a} = \lambda.$$

(1) Voir l'énoncé de ce Genre, p. 149.

Qu'on mène par le point P une parallèle à LG, qui rencontre la droite AX en I; puis, qu'on prenne $IC = a$. Qu'on mène PC qui rencontre la droite LG en c, et qu'on abaisse sur AX la perpendiculaire cC'. Enfin, qu'on prolonge PA jusqu'à la rencontre de LG en a, et qu'on abaisse la perpendiculaire aA' sur AX. On aura

$$\frac{Im \cdot A'm'}{Am \cdot a} = \frac{A'C'}{AC}.$$

En effet, les quatre droites PA, Pm, PC et PI coupées par AX et LG, donnent (par le Corollaire II du Lemme XI)

$$\frac{Im}{Am} : \frac{IC}{AC} = \frac{ac}{aM}.$$

Or

$$\frac{ac}{aM} = \frac{A'C'}{A'm'}.$$

Donc

$$\frac{Im}{Am} : \frac{IC}{AC} = \frac{A'C'}{A'm'}, \quad \text{ou} \quad \frac{Im \cdot A'm'}{Am \cdot IC} = \frac{A'C'}{AC},$$

ou, parce que $IC = a$,

$$\frac{Im \cdot A'm'}{Am \cdot a} = \frac{A'C'}{AC}.$$

C. Q. F. D.

Porisme CXXI. — *Si autour de deux points* P, Q *on fait tourner deux droites qui se rencontrent sur une droite donnée de position* LM, *et qui coupent une autre droite aussi donnée de position* AX, *en deux points* m, m'; *une ligne* μ *étant donnée : on peut déterminer le point* A *sur la droite* AX *et trouver aussi deux autres points* A' *et* I *sur cette droite,*

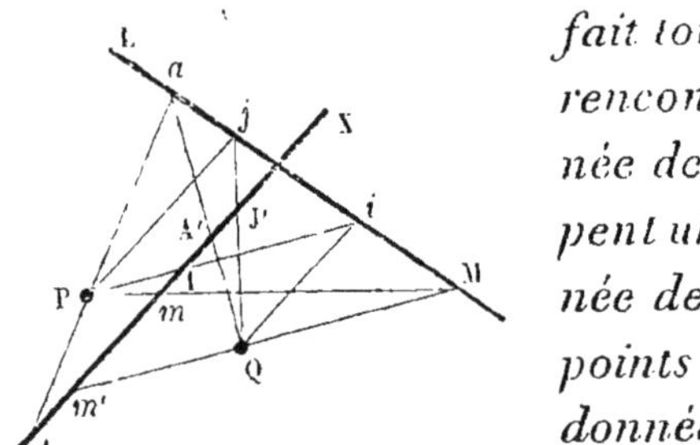

tels, qu'on aura toujours l'égalité

$$\frac{\mathrm{I}m \,.\, \mathrm{A}'m'}{\mathrm{A}m} = \mu.$$

Qu'on mène par les points P et Q les parallèles à la droite AX, qui rencontrent la droite LM en j et i, puis les droites Pi et Qj qui déterminent sur AX les deux points I et J'.

Qu'on prenne le point A' à la distance μ de J', de sorte que $\mathrm{A}'\mathrm{J}' = \mu$, et qu'on mène QA' qui rencontre LM en a, puis Pa qui coupe AX en A. Les points A, A' et I satisfont à la question : c'est-à-dire que toujours

$$\frac{\mathrm{I}m \,.\, \mathrm{A}'m'}{\mathrm{A}m} = \mathrm{A}'\mathrm{J}'.$$

En effet, les quatre droites menées du point P, savoir PA, PM, Pi et Pj, coupées par LM et AX en a, M, i, j et A, m, I, donnent (d'après le Corollaire II du Lemme XI)

$$\frac{\mathrm{I}m}{\mathrm{A}m} = \frac{i\mathrm{M}}{a\mathrm{M}} : \frac{ij}{aj}.$$

On a, pareillement, entre les points a, M, j, i et A', m', J',

$$\frac{\mathrm{A}'\mathrm{J}'}{\mathrm{A}'m'} = \frac{aj}{a\mathrm{M}} : \frac{ij}{i\mathrm{M}}.$$

Donc

$$\frac{\mathrm{I}m}{\mathrm{A}m} = \frac{\mathrm{A}'\mathrm{J}'}{\mathrm{A}'m'},$$

ou

$$\frac{\mathrm{I}m \,.\, \mathrm{A}'m'}{\mathrm{A}m} = \mathrm{A}'\mathrm{J}'.$$

C. Q. F. D.

Observation. Le point A' déterminé par la condition $\mathrm{A}'\mathrm{J}' = \mu$, peut être pris indifféremment d'un côté ou de l'autre du point J'. Il s'ensuit que le Porisme admet deux solutions, quant aux points A et A' : le point I restant le même dans les deux cas.

Il est clair qu'on a aussi la relation

$$\frac{Am.J'm'}{A'm'} = AI.$$

Porisme CXXII. — *Si l'on fait tourner un angle de grandeur donnée autour de son sommet* O, *et que ses côtés rencontrent une droite fixe* AX *en deux points* m, m'; *le point* A *étant donné sur cette droite : on pourra trouver deux autres points* I *et* A', *et une ligne* μ, *tels, qu'on aura toujours la relation*

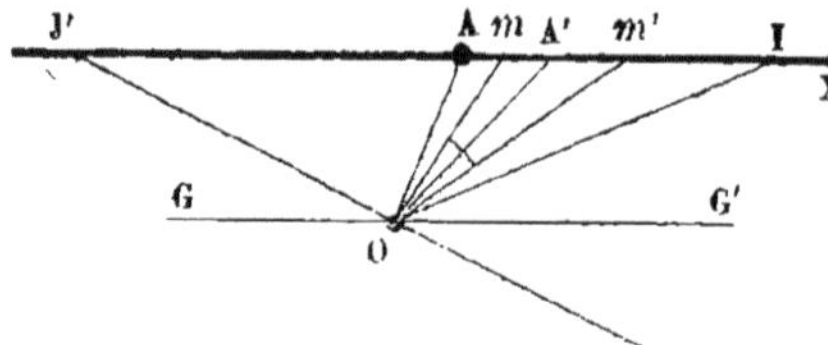

$$\frac{Im.A'm'}{Am} = \mu.$$

Soit GOG' parallèle à AX. Qu'on fasse les angles AOA', IOG' et GOJ' égaux à l'angle mobile mOm'; et qu'on prenne $\mu = A'J'$: les points I et A' et la ligne μ seront déterminés; et l'égalité à démontrer devient

$$\frac{Im.A'm'}{Am} = A'J'.$$

Les quatre droites OA, Om, OI et OG parallèle à AX, font entre elles les mêmes angles que les quatre OA', Om', OG et OJ'. Concevons une droite transversale qui rencontre ces droites dans les deux séries de points a, n, i, g et a', n', g', j'; on aura, entre ces points (en vertu du Corollaire III, p. 84),

$$\frac{an}{ag}:\frac{in}{ig} = \frac{a'n'}{a'j'}:\frac{g'n'}{g'j'}.$$

Mais les droites OA, Om, OI, OG, coupées par AX et la transversale ai donnent (Corollaire II, p. 83)

$$\frac{an}{ag}:\frac{in}{ig} = \frac{Am}{Im};$$

et les droites OA′, Om', OG, OJ′, coupées par les deux mêmes AX, *ai*,

$$\frac{a'n'}{a'j'} : \frac{g'n'}{g'j'} = \frac{A'm'}{A'J'}.$$

Donc

$$\frac{Am}{Im} = \frac{A'm'}{A'J'}, \quad \text{ou} \quad \frac{Im.A'm'}{Am} = A'J'.$$

C. Q. F. D.

On démontrerait de même que

$$\frac{Am.J'm'}{A'm'} = AI.$$

Plus brièvement. Les quatre points A, m, I, ∞ ont leur rapport anharmonique égal à celui des quatre points A′, m', ∞', J′. Ce qu'on exprime par l'équation

$$\frac{Am}{Im} = \frac{A'm'}{A'J'},$$

ou

$$\frac{Im.A'm'}{Am} = A'J'.$$

Donc, etc.

Xe Genre (1).

Porisme CXXIII. — *Autour d'un point* O *on fait tourner un angle* mOm′ *dont les côtés rencontrent une droite fixe* LA *en deux points* m, m′; *le point* A *étant donné sur cette droite : on pourra trouver un second point* B′, *un rectangle* ν *et une ligne* μ, *tels, que pour une infinité de positions de l'angle mobile, on aura toujours l'égalité*

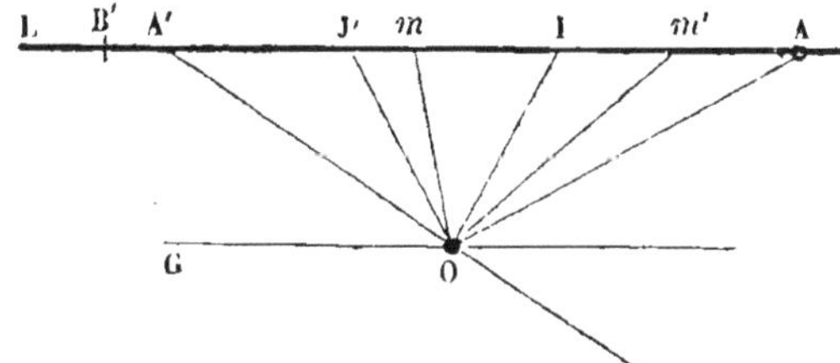

$$Am.B'm' = \nu + \mu.mm'.$$

(1) Voir l'énoncé de ce Genre, p. 156.

Qu'on détermine les points A', I et J', comme au Porisme CXXII; et qu'on prenne $B'J' = IA$, $\nu = AI.A'A$ et $\mu = AI$. On aura la relation

$$Am.B'm' = AI.A'A + AI.mm'$$

pour toutes les positions du point m entre I et J', ou au delà, selon que le point donné A est placé au delà des points I et J', ou entre ces points, respectivement.

En effet, on a la relation

$$Am.J'm' = A'm'.AI. \quad \text{(Porisme CXXII.)}$$

Écrivons :

$$Am.(B'm' - B'J') = A'm'.AI,$$
$$Am.B'm' = Am.B'J' + A'm'.AI,$$
$$Am.B'm' = mA.J'B' + (A'A - m'A)\,AI.$$

Or $J'B' = AI$. Donc

$$Am.B'm' = (mA - m'A)\,AI + A'A.AI,$$

ou enfin

$$Am.B'm' = AI.A'A + AI.mm'.$$

C. Q. F. D.

IIIe LIVRE DES PORISMES.

Pappus dit : « Dans le IIIe Livre, le plus grand nombre » des hypothèses concernent le demi-cercle, quelques-unes » le cercle et les segments. Pour les choses cherchées, la » plupart ressemblent aux précédentes. Il y a en outre » celles-ci. »

Ainsi que nous l'avons fait pour le IIe Livre, nous donnerons d'abord les Porismes qui forment les huit Genres spéciaux au IIIe Livre, de XXII à XXIX ; et ensuite, ceux qui rentrent dans les vingt et un Genres précédents.

XXIIe Genre.

Le rectangle de telles droites est au rectangle de telle et telle autre dans un rapport donné.

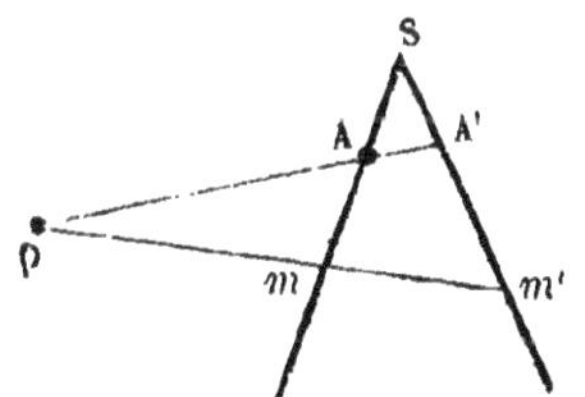

Porisme CXXIV. — *Quand une droite tourne autour d'un point p et rencontre deux droites* SA, SA' *données de position, en deux points* m, m'*; un point* A *étant donné sur la première droite : on peut déterminer un point* A' *sur la deuxième et une raison* λ, *tels, que le rectangle* Sm.A'm' *sera au rectangle* Am.Sm' *dans la raison* λ.

Ce Porisme est exprimé par le Lemme III (proposition 129 de Pappus).

Porisme CXXV. — *Quand deux droites qui tournent autour de deux points* P, Q *en se coupant toujours sur une droite* LM, *rencontrent deux autres droites* GX, G'X' *en* m *et* m'; *si deux points* A, B *sont donnés sur* GX : *on peut déterminer deux points* A', B' *sur* G'X' *et une raison* λ, *tels, que le rectangle* mA . m'B' *sera toujours au rectangle* mB . m'A' *dans la raison* λ.

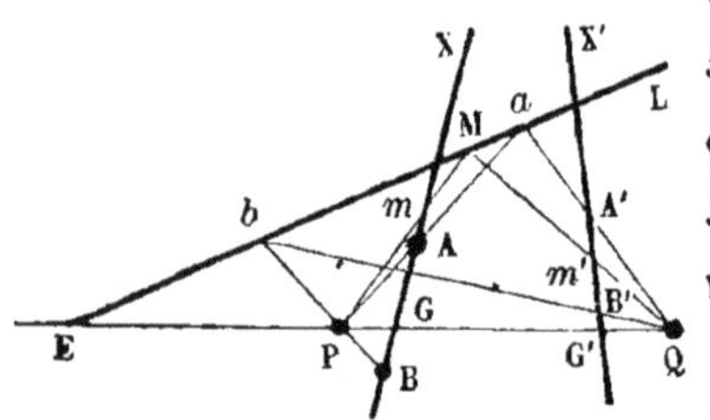

En effet, qu'on mène les droites PA, PB qui coupent LM en a et b ; puis, les deux droites Qa, Qb qui rencontrent G'X' en A' et B'. Ces deux points sont les points demandés, et la raison $\lambda = \frac{GA . G'B'}{GB . G'A'}$. De sorte que l'on a

$$\frac{mA . m'B'}{mB . m'A'} = \frac{GA . G'B'}{GB . G'A'}.$$

En effet, les droites PE, PM, Pa, Pb coupées par les deux LM, GX, donnent, d'après le Coroll. I du Lemme III, p. 82,

$$\frac{Ma}{Mb} : \frac{Ea}{Eb} = \frac{mA}{mB} : \frac{G}{GB}.$$

Pareillement $$\frac{Ma}{Mb} : \frac{Ea}{Eb} = \frac{m'A'}{m'B'} : \frac{G'A'}{G'B'}.$$

Donc $\frac{mA}{mB} : \frac{GA}{GB} = \frac{m'A'}{m'B'} : \frac{G'A'}{G'B'}$, ou $\frac{mA . m'B'}{mB . m'A'} = \frac{GA . G'B'}{GB . G'A'}$.

C. Q. F. D.

Porisme CXXVI. — *Quand un cercle passe par trois points* A, B, C, *si autour de deux de ces points* A, B, *on fait tourner deux droites qui se coupent en* M *sur la circonférence et rencontrent une corde* EF *en* m *et* m' : *le rectangle* Em . Fm' *est au rectangle* Fm . Em' *dans une raison donnée.*

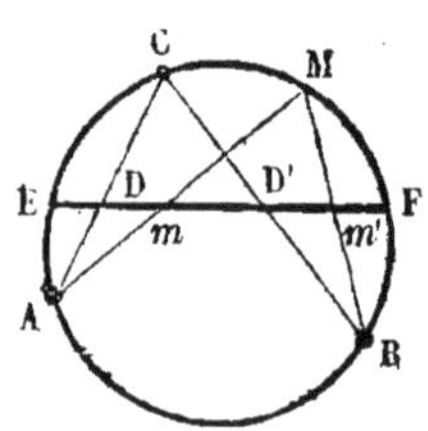

Soient D, D' les points dans lesquels la corde EF rencontre les droites AC, BC. Les quatre droites AE, AD, Am, AF font entre elles les mêmes angles que les quatre BE, BD', Bm', BF. Par conséquent, on a, entre les deux séries de quatre points E, D, m, F et E, D', m', F, d'après le Corollaire III du Lemme III (p. 84), l'équation

$$\frac{\mathrm{E}m}{\mathrm{ED}} : \frac{\mathrm{F}m}{\mathrm{FD}} = \frac{\mathrm{E}m'}{\mathrm{ED'}} : \frac{\mathrm{F}m'}{\mathrm{FD'}}, \quad \text{ou} \quad \frac{\mathrm{E}m.\mathrm{F}m'}{\mathrm{E}m'.\mathrm{F}m} = \frac{\mathrm{FD'.ED}}{\mathrm{FD.ED'}}.$$

Si EF est parallèle à BC, on trouve alors que

$$\frac{\mathrm{E}m.\mathrm{F}m'}{\mathrm{E}m'.\mathrm{F}m} = \frac{\mathrm{ED}}{\mathrm{FD}}.$$

Ainsi le Porisme est démontré.

Observation. On a encore entre m et m' l'équation

$$\frac{\mathrm{D}m.\mathrm{F}m'}{\mathrm{D'}m'.\mathrm{F}m} = \frac{\mathrm{DE}}{\mathrm{D'E}}.$$

Ces relations, qui s'appliquent aux sections coniques, constituent le théorème de Desargues sur l'*involution*, et forment, dans la Géométrie moderne, une des propriétés fondamentales de ces courbes. C'est aussi à ces relations que se rapporte le troisième des cinq Porismes de Fermat (Voir *Aperçu historique*, p. 67-68).

Porisme CXXVII. — *Un cercle est circonscrit à un triangle* ABC, *et autour des deux sommets* A, B *on fait tourner deux droites qui se croisent sur la circonférence, et qui rencontrent en* m *et* m' *les tangentes en* B *et* A : *le rapport des rectangles* Am'.Sm *et* Sm'.Bm *est donné.*

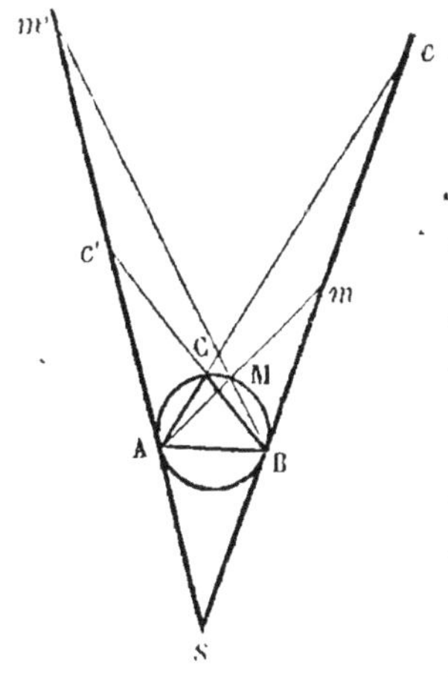

m'
c
c'
m
C
M
A
B
S

En effet, les quatre droites AC, AM, AB et AS font entre elles des angles égaux à ceux des droites BC, BM, BS et BA. Par conséquent, d'après le Corollaire III (p. 84), on a, entre les deux séries de quatre points c, m, B, S et c', m', S, A, l'équation

$$\frac{Am'.Sm}{Sm'.Bm} = \frac{Ac'.Sc}{Sc'.Bc}.$$

Donc, etc.

Porisme CXXVIII. — *Quand un cercle est inscrit dans un triangle* abc, *si autour des deux points de contact* A, B *on fait tourner deux droites qui se coupent sur la circonférence et rencontrent le côté* ab *du triangle en* m *et* m'; *le point* S *étant à l'intersection de ce côté par la droite* AB : *le rectangle* Sm.Sm' *sera au rectangle* am'.bm *dans un rapport donné.*

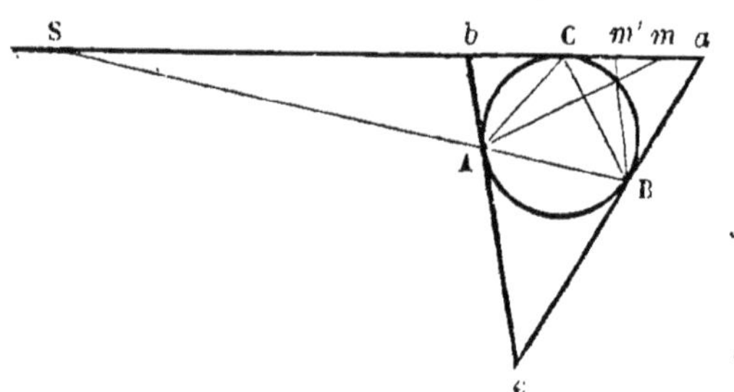

Ce rapport est $\frac{\overline{SC}^2}{aC.bC}$, c'est-à-dire que l'on a

$$\frac{Sm.Sm'}{am'.bm} = \frac{\overline{SC}^2}{aC.bC}.$$

En effet, les quatre droites AS, Ab, AC, Am font entre elles des angles égaux à ceux des droites Ba, BA, BC, Bm'. Par conséquent, les deux systèmes de quatre points S, b, C, m et a, S, C, m', sont liés par la relation du Corollaire III (p. 84),

$$\frac{Sm}{bm} : \frac{SC}{bC} = \frac{am'}{Sm'} : \frac{aC}{SC},$$

ou

$$\frac{Sm.Sm'}{bm.am'} = \frac{\overline{SC}^2}{aC.bC}.$$

Donc, etc.

Observation. Chacune des deux équations suivantes satisfait aussi à l'énoncé du XXIIe Genre :

$$\frac{bm.Cm'}{Cm.Sm'}=\frac{bS.Ca}{CS.Sa},$$

$$\frac{Cm.am'}{Sm.Cm'}=\frac{Cb\ aS}{Sb.CS}.$$

PORISME CXXIX. — *Quand un cercle est circonscrit à un triangle* PQR, *si deux droites tournent autour des sommets* P, Q, *en se coupant toujours sur la circonférence, et rencontrent deux droites données de position* LC, L'C' *en deux points* m, m' ; *deux points* A *et* B *étant donnés sur la première de ces droites : on peut trouver deux points* A', B' *sur la deuxième et un rapport* λ, *tels, que le rectangle* Am.B'm' *sera au rectangle* A'm'.Bm *dans le rapport* λ.

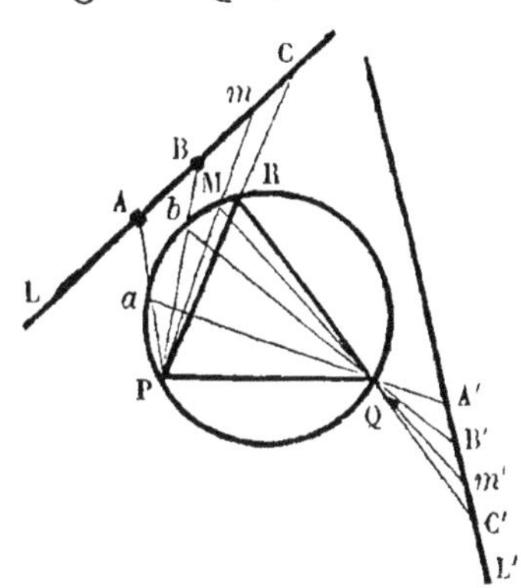

Qu'on mène les droites PA, PB qui rencontrent la circonférence en a et b ; les deux droites Qa, Qb déterminent sur la droite L'C' les deux points cherchés A', B'. Soient C et C' les points où les droites QR, PR rencontrent LC et L'C', respectivement : le rapport λ est égal à $\frac{AC.B'C'}{A'C.BC}$.

En effet, les quatre droites menées du point P, Pa, Pb, PR, PM font entre elles des angles égaux à ceux des quatre droites Qa, Qb, QR, et QM ; par conséquent, on a, entre les deux séries de quatre points A, B, C, m et A', B', C', m', l'équation

$$\frac{Am}{Bm}:\frac{AC}{BC}=\frac{A'm'}{B'm'}:\frac{A'C'}{B'C'};\quad \text{ou}\quad \frac{Am.B'm'}{A'm'.Bm}=\frac{AC.A'C'}{A'C'.BC}.$$

Ce qui démontre le Porisme.

Observation. Les deux droites sur lesquelles sont formés les segments Am, A$'m'$ peuvent coïncider; le Porisme subsiste et la démonstration reste la même.

Porisme CXXX. — *Un cercle est inscrit dans un triangle* SCC'; *une tangente tourne sur la circonférence et rencontre les deux côtés* SC, SC' *du triangle en* m *et* m'; *si deux points* A *et* B *sont donnés sur le côté* SC : *on pourra trouver deux points* A', B' *sur le côté* SC' *et une raison* λ, *tels, que l'on aura toujours la relation*

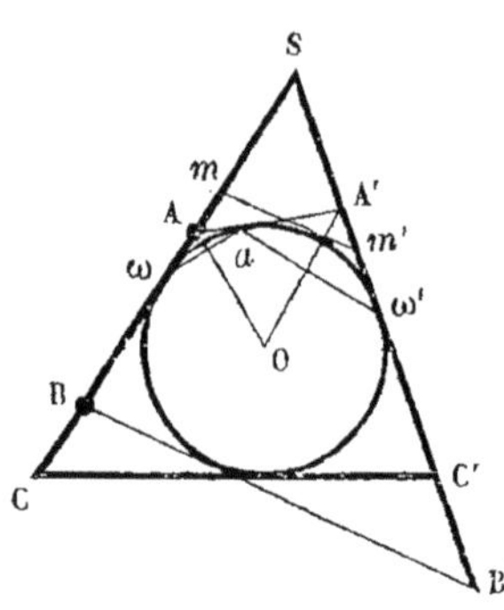

$$\frac{Am \cdot B'm'}{Bm \cdot A'm'} = \lambda.$$

Les tangentes au cercle menées par les deux points donnés A et B, rencontrent le côté SC' en A' et B' qui sont les deux points demandés; et la raison λ est égale à $\frac{AC.B'C'}{BC.A'C'}$.

En effet, soient ω, ω' les points de contact des côtés SC, SC', a le point de contact de la tangente AA', et O le centre du cercle. Les deux droites OA, OA' sont perpendiculaires aux cordes ωa, $\omega' a$; par conséquent, l'angle AOA' a pour mesure la moitié de l'arc $\omega a \omega'$; de même l'angle mOm'; et de même les suppléments des angles BOB', COC'. Il s'ensuit que les droites OA, OB, OC et Om font entre elles des angles égaux à ceux des droites OA', OB', OC' et Om'. Donc, en vertu du Corollaire III (p. 84), on a, entre les deux séries de points A, B, C, m et A', B', C', m', l'équation

$$\frac{Am}{Bm} : \frac{AC}{BC} = \frac{A'm'}{B'm'} : \frac{A'C'}{B'C'}, \quad \text{ou} \quad \frac{Am.B'm'}{Bm.A'm'} = \frac{AC.B'C'}{BC.A'C'}.$$

Ce qui démontre le Porisme.

Scolie. La démonstration fait voir que si le point donné A coïncide avec le point de contact ω de la tangente SC, le point A′ vient en S; et que si le point donné B est situé en S, le point B′ coïncide avec le point de contact ω' de la tangente SC′. De sorte qu'on a alors l'équation

$$\frac{\omega m}{Sm} : \frac{\omega C}{SC} = \frac{Sm'}{\omega' m'} : \frac{SC'}{\omega' C'},$$

ou

$$\frac{\omega m \cdot \omega' m'}{Sm \cdot Sm'} = \frac{\omega C \cdot \omega' C'}{SC \cdot SC'}.$$

Porisme CXXXI. — *Quand quatre droites* A, B, C, D *données de position sont tangentes à un cercle : toute autre tangente les rencontre en quatre points* a, b, c, d, *tels, que le rapport des rectangles* ac.bd *et* ad.bc *est donné.*

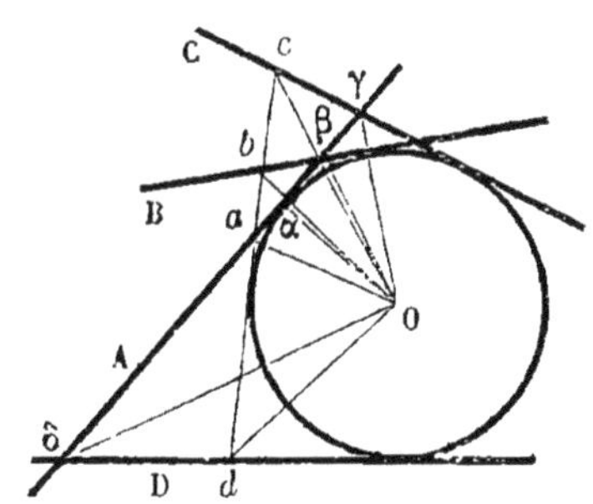

Soit α le point de contact de la tangente A et β, γ, δ les points où cette tangente rencontre les trois autres B, C, D : la raison donnée est égale à $\frac{\alpha\gamma \cdot \beta\delta}{\alpha\delta \cdot \beta\gamma}$. De sorte que l'on a

$$\frac{ac \cdot bd}{ad \cdot bc} = \frac{\alpha\gamma \cdot \beta\delta}{\alpha\delta \cdot \beta\gamma}.$$

En effet, que du centre du cercle on mène les droites Oa, Ob, Oc, Od, Oα, Oβ, Oγ, Oδ. Les angles que les quatre premières font entre elles, sont égaux à ceux des quatre autres; par conséquent, d'après le Corollaire III (p. 84), on a, entre les deux séries de points a, b, c, d et α, β, γ, δ, l'équation

$$\frac{ac}{ad} : \frac{bc}{bd} = \frac{\alpha\gamma}{\alpha\delta} : \frac{\beta\gamma}{\beta\delta},$$

ou

$$\frac{ac.bd}{ad.bc} = \frac{\alpha\gamma.6\delta}{\alpha\delta.6\gamma}.$$

Donc, etc.

Corollaire. Ce Porisme, mis sous la forme des théorèmes ordinaires, prend cet énoncé : *Lorsque quatre tangentes à un cercle* A, B, C, D *rencontrent deux autres tangentes en deux systèmes de points* a, b, c, d *et* a', b', c', d', *on a entre ces points la relation*

$$\frac{ac}{ad} : \frac{bc}{bd} = \frac{a'c'}{a'd'} : \frac{b'c'}{b'd'}, \quad \text{ou} \quad \frac{ac.bd}{ad.bc} = \frac{a'c'.b'd'}{a'd'.b'c'}.$$

Cette proposition offre une des propriétés du cercle les plus importantes dans la Géométrie moderne.

PORISME CXXXII. — *Quand un cercle est inscrit dans un triangle* SCC', *dont il touche les côtés* SC, SC' *en* ω, ω' : *une tangente quelconque rencontre ces côtés en deux points* m, m', *tels, que le rapport des rectangles* Sm.C'm' *et* Cm.ω'm' *est donné.*

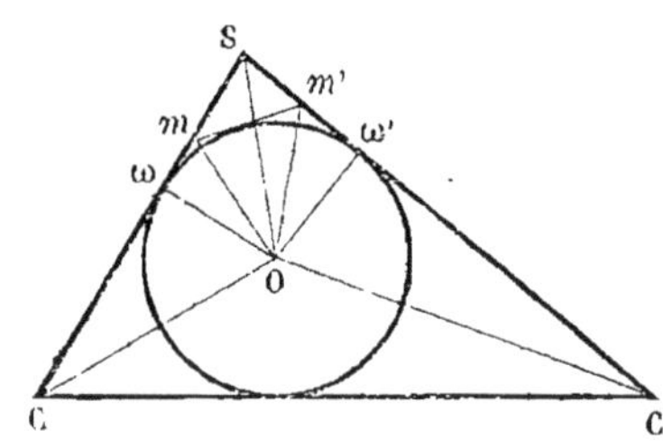

En effet, les angles ωOS, *m*O*m'*, SOω' et le supplément de l'angle COC' sont égaux, comme ayant chacun pour mesure la moitié de l'arc ωω'. Par conséquent, les quatre droites OS, Oω, O*m* et OC font entre elles des angles égaux à ceux des droites Oω', OS, O*m'* et OC', prolongée au delà du point O. On a donc, entre les quatre points S, ω, C, *m* et ω', S, C', *m'*, l'équation

$$\frac{Sm}{Cm} : \frac{S\omega}{\omega C} = \frac{\omega' m'}{C'm'} : \frac{\omega' S}{SC}, \quad \text{ou} \quad \frac{Sm.C'm'}{Cm.\omega' m'} = \frac{S\omega.SC'}{\omega C.\omega' S},$$

qui démontre le Porisme.

Porisme CXXXIII. — *Quand une tangente tourne sur un cercle et rencontre deux tangentes fixes* SA, SA′ *en deux points* m, m′, *si d'un point fixe* P, *pris au dehors du cercle, on mène les droites* Pm, Pm′; *et si* n, n′ *sont les points d'intersection de ces droites et de la corde* EF *qui joint les points de contact des tangentes issues du point* P : *les rectangles* En.Fn′ *et* En′.Fn *sont dans une raison donnée.*

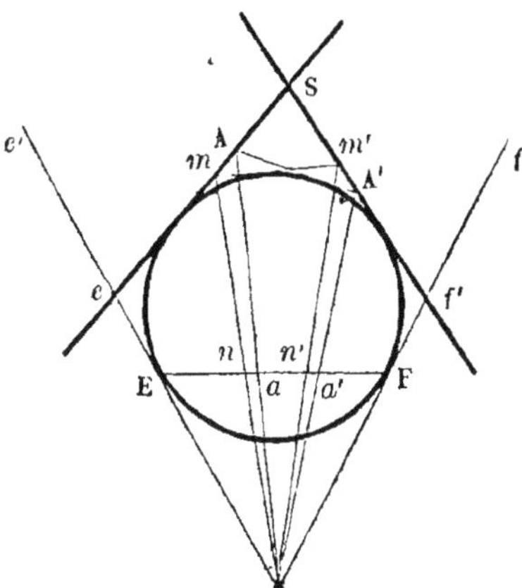

En effet, soit AA′ une position de la tangente mobile mm'; la tangente PE rencontre SA, SA′ en e et e'; et la tangente PF en f et f'. On a, d'après le corollaire du Porisme CXXXI,

$$\frac{em}{fm} : \frac{eA}{fA} = \frac{e'm'}{f'm'} : \frac{e'A'}{f'A'}.$$

On sait d'ailleurs, par le Corollaire I du Lemme III (p. 82), que

$$\frac{em}{fm} : \frac{eA}{fA} = \frac{En}{Fn} : \frac{Ea}{Fa},$$

et

$$\frac{e'm'}{f'm'} : \frac{e'A'}{f'A'} = \frac{En'}{Fn'} : \frac{Ea'}{Fa'}.$$

Donc

$$\frac{En}{Fn} : \frac{Ea}{Fa} = \frac{En'}{Fn'} : \frac{Ea'}{Fa'}, \quad \text{ou} \quad \frac{En.Fn'}{En'.Fn} = \frac{Ea.Fa'}{Ea'.Fa}.$$

Ce qui démontre le Porisme énoncé.

Porisme CXXXIV. — *Quand un triangle* ABC *est inscrit dans un cercle, si autour d'un point* P *de la circonférence on fait tourner une droite qui rencontre les côtés du trian-*

gle en a, b, c *et la circonférence en* m : *le rapport des rectangles* am . bc *et* bm . ac *sera donné.*

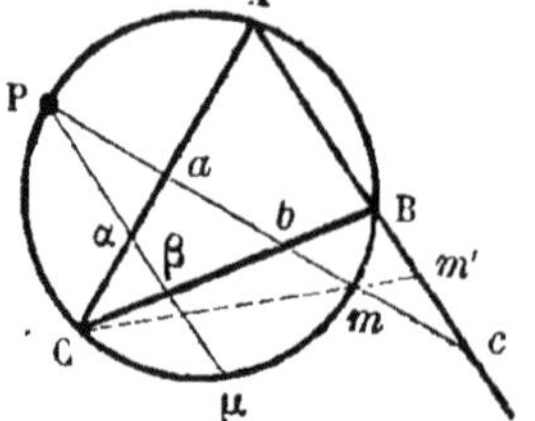

En effet, la droite Cm rencontre le côté AB en un point m', et l'on a, d'après le Porisme CXXVI,

$$\frac{Am'.Bc}{Ac.Bm'} = \lambda,$$

λ étant une raison constante, quel que soit le point m de la circonférence. Mais, par le Lemme III,

$$\frac{Am'.Bc}{Ac.Bm'} = \frac{am.bc}{ac.bm}.$$

Donc

$$\frac{am.bc}{ac.bm} = \lambda = \text{const.}$$

On détermine très-simplement λ en menant la transversale P$\alpha\beta$ parallèle à la droite AB; car on obtient alors

$$\lambda = \frac{\alpha\mu}{\beta\mu}.$$

Ainsi le Porisme est démontré.

Porisme CXXXV. — *Quand un cercle est inscrit dans un triangle* ABC, *si de chaque point* M *d'une tangente fixe* LM *on mène une tangente au cercle et une droite aboutissant au sommet* C *du triangle : cette tangente et cette droite rencontreront le côté* AB *en deux points* m, m', *tels, que le rapport des rectangles* Am.Bm' *et* Am'.Bm *sera donné.*

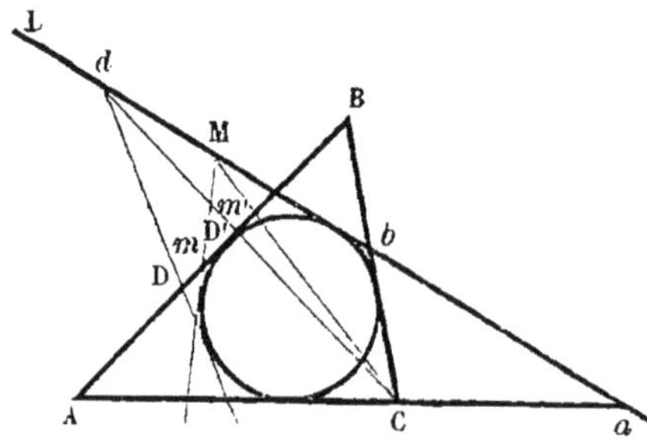

En effet, soit Dd une des positions de la tangente Mm; les deux tangentes LM et AB sont coupées par les quatre

Aa, Bb, Dd et mM : ainsi, d'après le Porisme CXXXI,

$$\frac{Am}{AD} : \frac{Bm}{BD} = \frac{aM}{ad} : \frac{bM}{bd}.$$

Les droites menées du point C aux quatre points a, b, d et M rencontrent la tangente AB en A, B, D', m', et l'on a (par le Corollaire I du Lemme III),

$$\frac{aM}{ad} : \frac{bM}{bd} = \frac{Am'}{AD'} : \frac{Bm'}{BD'}.$$

Donc

$$\frac{Am}{AD} : \frac{Bm}{BD} = \frac{Am'}{AD'} : \frac{Bm'}{BD'},$$

ou

$$\frac{Am.Bm'}{Bm.Am'} = \frac{AD.BD'}{BD.AD'}.$$

Ce qui démontre le Porisme.

XXIIIe Genre.

Le carré construit sur telle droite est à une certaine abscisse dans un rapport donné.

Porisme CXXXVI. — *Étant donnés un cercle dont le diamètre est* AC, *et un point* B *sur la tangente en* A, *si des points* A *et* B *on mène à chaque point* M *de la circonférence les droites* AM, BM *qui rencontrent en* m *et* m' *la tangente au point* C : *le carré du segment* Cm *est à l'abscisse* mm' *dans un rapport donné.*

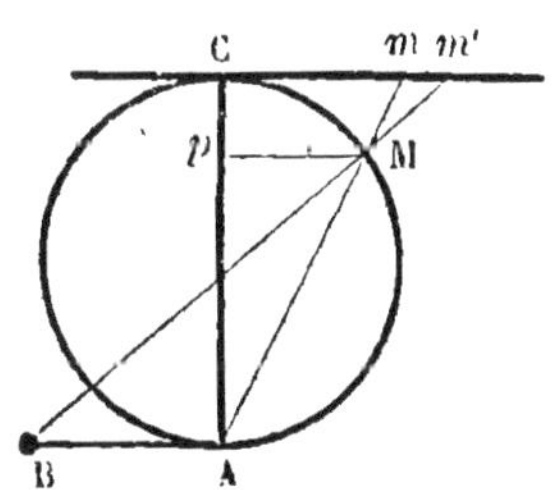

En effet, soit Mp la perpendiculaire abaissée du point M sur le diamètre AB, on a, dans le triangle mCA coupé par Mp,

$$\frac{Cm}{CA} = \frac{Mp}{Ap}.$$

Par conséquent

$$\frac{\overline{Cm}^2}{\overline{CA}^2}=\frac{\overline{Mp}^2}{\overline{Ap}^2}=\frac{Cp.Ap}{\overline{Ap}^2}=\frac{Cp}{Ap}=\frac{Mm}{AM}=\frac{mm'}{AB},$$

ou

$$\frac{\overline{Cm}^2}{mm'}=\frac{\overline{CA}^2}{AB}.$$

Ce qui démontre le Porisme.

PORISME CXXXVII. — *Quand des demi-circonférences, telles que* mCm', *ont le même centre et pour base une même droite, un point* A *étant donné sur cette droite; si l'on prend le point* n *dont la distance au point* A *soit égale à la tangente menée de ce point* n *à la*

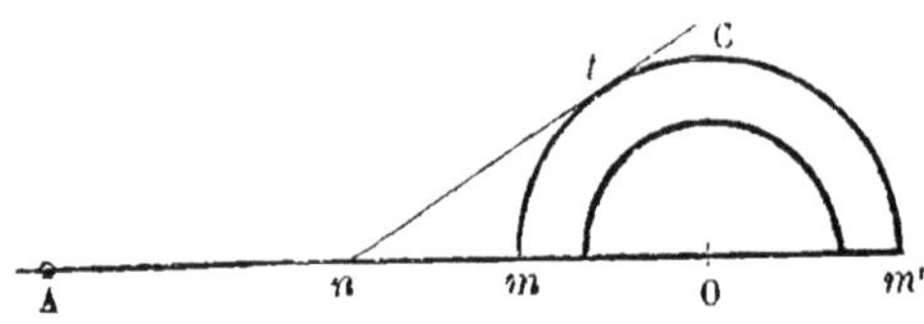

circonférence mCm' : *le carré de* Am *est à l'abscisse* nm *dans un rapport donné.*

On a, en effet,

$$\frac{\overline{Am}^2}{nm}=2\,AO.$$

Car nt étant la tangente à la circonférence,

$$\overline{nt}^2=nm.nm':$$

et par conséquent

$$\overline{An}^2=nm.nm'.$$

Cette relation, d'après le Lemme XXIII, donne celle-ci :

$$\overline{Am}^2=mn.(Am+Am'),$$

ou

$$\frac{\overline{Am}^2}{mn}=2\,AO.$$

C. Q. F. D.

Observation. Si le point A se trouvait intérieur à la circonférence variable mCm', ce serait le Lemme XXV que l'on invoquerait.

XXIVe Genre.

Le rectangle construit sur telles droites est égal au rectangle qui a pour côtés une droite donnée et le segment formé par tel point à partir d'un point donné.

PORISME CXXXVIII. — *Si autour de deux points* P, Q *on fait tourner deux droites qui se coupent toujours sur une droite donnée de position* LM, *et rencontrent, respectivement, deux droites fixes* EX, E′X′ *en* m, m′ ; *un point* A *étant donné sur la première de ces droites : on pourra trouver deux points* A′ *et* J′ *sur la deuxième, et une ligne* μ, *tels, que le rectangle* Am.J′m′ *sera toujours égal au rectangle* μ.A′m′.

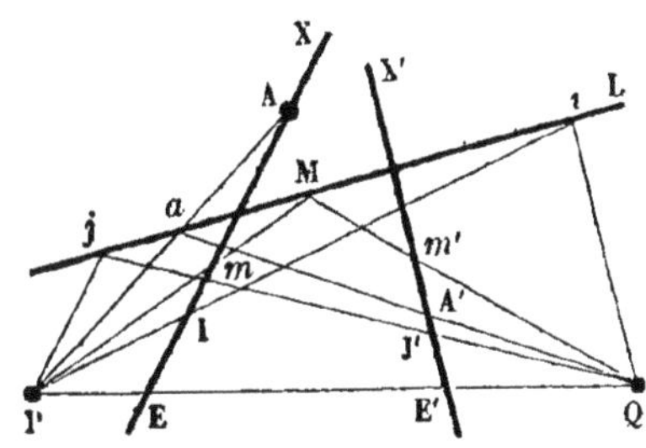

Qu'on mène PA qui rencontre la droite LM en a; Qa qui rencontre E′X′ en A′; Pj parallèle à EX et qui rencontre LM en j; puis Qj qui rencontre E′X′ en J′; Qi parallèle à E′X′, qui rencontre LM en i; et enfin Pi qui rencontre EX en I. Les points A′ et J′ sont les points demandés, et $\mu = $ AI.

En effet, les quatre droites Pa, PM, Pi, Pj coupées par les deux LM, EX donnent, d'après le Lemme XI,

$$\frac{Am}{AI} = \frac{aM}{ai} : \frac{jM}{ji}.$$

Et les droites Qa, QM, Qi, Qj, donnent de même

$$\frac{A'm'}{J'm'} = \frac{aM}{ai} : \frac{jM}{ji}.$$

Donc

$$\frac{Am}{A} = \frac{A'm'}{J'm'}, \quad \text{ou} \quad Am.J'm' = A'm'.AI.$$

C. Q. F. D.

PORISME CXXXIX. — *Quand un cercle est circonscrit à un triangle* PQR, *si autour des deux sommets* P, Q *on fait tourner deux droites qui se coupent sur la circonférence et qui rencontrent deux droites fixes* AX, A'X' *en* m *et* m'; *le point* A *étant donné sur* AX : *on pourra trouver les points* A' *et* J' *sur* A'X', *et une ligne* μ, *tels, qu'on aura toujours*

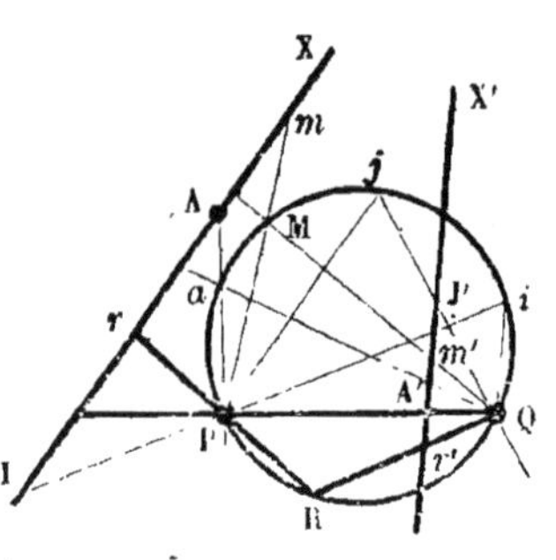

$$Am.J'm' = \mu.A'm'.$$

Qu'on mène PA qui rencontre la circonférence en a, et parallèlement à AX, Pj qui rencontre la circonférence en j. Les droites Qa, Qj déterminent sur A'X' les points cherchés A' et J'. Pour la ligne μ, il suffit de mener à A'X' la parallèle Qi qui rencontre la circonférence en i; puis Pi qui rencontre AX en I. On prendra

$$\mu = AI.$$

En effet, les quatre droites Pa, PM, Pi, Pj font entre elle des angles égaux à ceux des quatre droites Qa, QM, Qi, Qj. Par conséquent, on a, entre les points A, m, I et A', m', J' (comme il a été démontré au Porisme CXXII) l'équation

$$\frac{Am}{AI} = \frac{A'm'}{J'm'}, \quad \text{ou} \quad Am.J'm' = AI.A'm'.$$

C. Q. F. D.

Observation. Les deux droites AX, A'X' peuvent se confondre.

PORISME CXL. — *Quand un cercle est tangent à deux droites* SX, S'X', *si l'on mène une troisième tangente quelconque qui rencontre les deux premières en* m *et* m' *: le point* A *étant donné sur* SX *: on pourra trouver deux points* A' *et* J' *sur* SX', *et une ligne* μ, *tels, qu'on aura toujours*

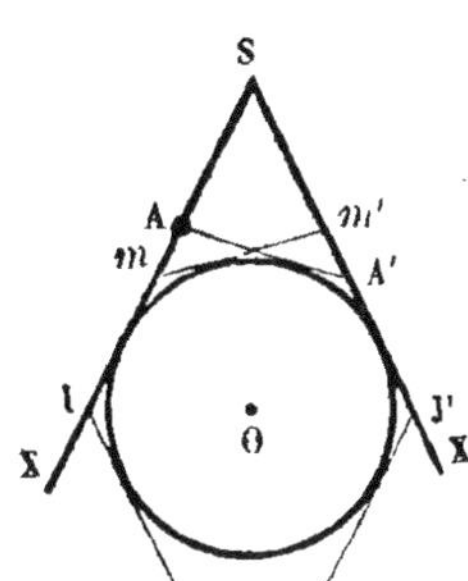

$$Am.J'm' = \mu.A'm'.$$

Les deux tangentes menées, l'une par le point A et l'autre parallèlement à SX, rencontrent SX' dans les deux points demandés A' et J'. Quant à la ligne μ, elle se détermine par la tangente parallèle à SX', qui coupe SX en I; on aura

$$\mu = AI.$$

En effet, les quatre droites menées du centre O du cercle aux trois points A, m, I, et parallèlement à SX, font entre elles des angles égaux à ceux des quatre droites menées du centre, les deux premières aux points A', m', la troisième parallèle à SX' et la quatrième au point J'; ce qu'on prouve comme au Porisme CXXX. On a donc, comme dans le Porisme précédent, entre les points A, m, I et A', m', J', l'équation

$$\frac{Am}{AI} = \frac{A'm'}{J'm'}, \quad \text{ou} \quad Am.J'm' = AI.A'm'.$$

C. Q. F. D.

XXVe Genre.

Le carré construit sur telle droite est égal au rectangle qui a pour côtés une droite donnée et le segment formé par une perpendiculaire, à partir d'un point donné.

PORISME CXLI. — *Si de chaque point* m *d'une demi-*

circonférence de cercle on abaisse une perpendiculaire m p *sur son diamètre* AB : *on pourra trouver une ligne* μ, *telle, que l'on aura toujours*

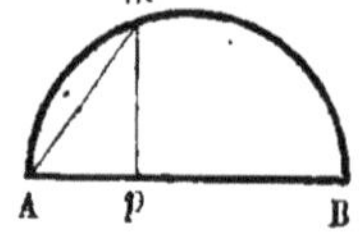

$$\overline{Am}^2 = \mu . Ap.$$

En effet, on a

$$\overline{Am}^2 = AB . Ap.$$

Porisme CXLII. — *Si autour de deux points* AC *d'une circonférence de cercle on fait tourner les côtés d'un angle droit* AMC, *et que du point* m *où le côté* CM *rencontre la circonférence, on abaisse une perpendiculaire* m p *sur le diamètre* AB : *on pourra trouver une ligne* μ, *telle, que l'on aura*

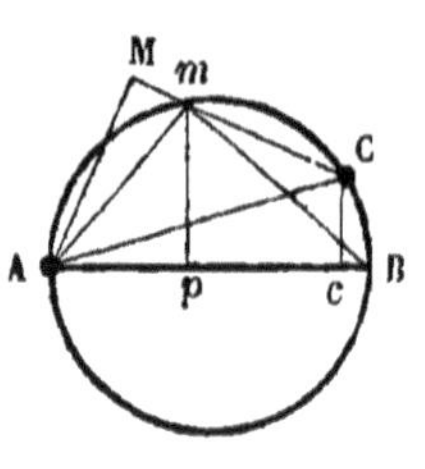

$$\overline{AM}^2 = \mu . Ap.$$

En effet, les deux triangles rectangles AMC et AmB sont semblables, parce que les angles en C et en B sont égaux. Par conséquent, on a

$$AM . AB = Am . AC$$

et

$$\overline{AM}^2 . \overline{AB}^2 = \overline{Am}^2 . \overline{AC}^2.$$

Or $\overline{Am}^2 = Ap . AB$, et $\overline{AC}^2 = Ac . AB$. Donc

$$\overline{AM}^2 = Ap . Ac.$$

Ce qui démontre le Porisme.

Porisme CXLIII. — *Si d'un point* O *pris sur le diamètre* AB *d'un demi-cercle, on mène une droite à chaque point* m *de la circonférence, et que de ce point on abaisse la perpen-*

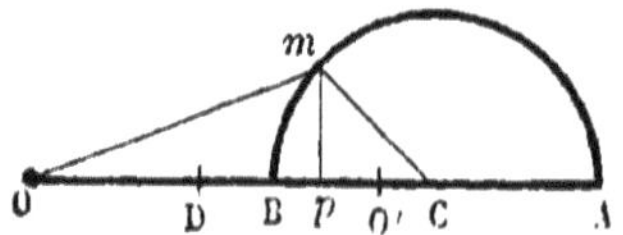

diculaire mp *sur le diamètre* AB : *il existera un point* D *sur le diamètre* AB, *et une ligne* μ, *tels, que le carré construit sur* Om *sera égal au rectangle construit sur cette ligne* μ *et sur le segment* D*p*.

Soit C le centre du cercle, et O' le point déterminé par l'expression $\overline{CA}^2 = CO.CO'$: le milieu D des deux points O, O' est le point cherché, et la ligne μ est égale à 2.OC; de sorte qu'on a

$$\overline{Om}^2 = 2OC.Dp.$$

Cela est une conséquence du Lemme XXXVII (proposition 163).

En effet, d'après ce Lemme,

$$\overline{OA}^2 = \overline{Om}^2 + (OA + OB)\,Ap,$$

ou

$$\overline{OA}^2 = \overline{Om}^2 + 2OC.Ap$$

et

$$\overline{Om}^2 = \overline{OA}^2 - 2OC.Ap.$$

Or, d'après le Lemme XXIII,

$$\overline{OA}^2 = OC(OA + O'A) = 2OC.AD.$$

Donc

$$\overline{Om}^2 = 2OC.AD - 2OC.Ap = 2OC.(AD - Ap),$$

$$\overline{Om}^2 = 2OC.Dp.$$

C. Q. F. D.

PORISME CXLIV. — *Étant données deux demi-circonférences dont les centres* C, C' *et les bases* AB, A'B' *sont sur une même droite, si de chaque point* m *de l'une on mène une tangente à l'autre et une*

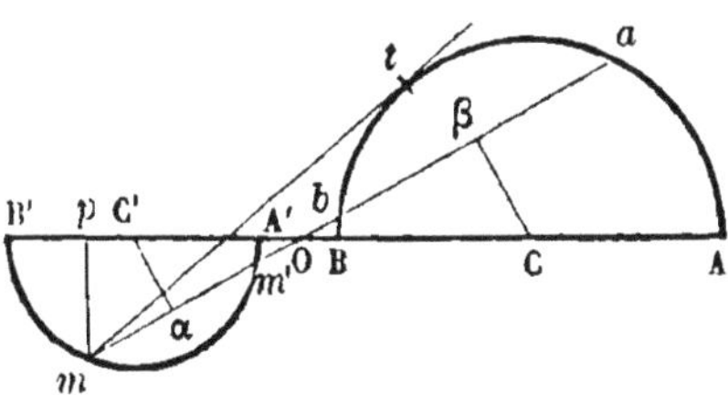

perpendiculaire mp *sur la droite des centres* C, C′ : *on pourra trouver sur cette droite un point* O, *tel, que le carré de la tangente sera au segment* Op *dans une raison donnée.*

On aura

$$\frac{\overline{mt}^2}{Op} = 2 \,.\, CC'.$$

Pour le prouver, prenons sur CC′ le point O déterminé par la relation $OA\,.\,OB = OA'\,.\,OB'$; on aura

$$Om\,.\,Om' = Oa\,.\,Ob.$$

Il s'ensuit

$$ma\,.\,mb = 2\,mO\,.\,\alpha\beta\,;$$

α, β étant les milieux des cordes mm', ab.

Car

$$Oa = ma - mO, \quad Ob = mb - mO,$$

$$Oa.Ob = ma.mb - mO\,(ma + mb) + \overline{mO}^2 = Om.Om',$$

Donc

$$\begin{aligned} ma\,.\,mb &= mO\,(ma + mb - mO + m'O) \\ &= (ma + mb - mm')\,mO, \end{aligned}$$

ou

$$\begin{aligned} ma\,.\,mb &= mO\,.\,(2m\beta - 2m\alpha) \\ &= 2mO\,.\,(m\beta - m\alpha) = 2\,mO\,.\,\alpha\beta. \end{aligned}$$

Or, en vertu des triangles semblables,

$$\frac{\alpha\beta}{CC'} = \frac{O\alpha}{OC'} = \frac{Op}{Om}, \quad \text{ou} \quad \alpha\beta\,.\,Om = Op\,.\,CC'.$$

De là

$$ma\,.\,mb = 2\,Op\,.\,CC'.$$

Mais $ma\,.\,mb = \overline{mt}^2$. Donc enfin

$$\frac{\overline{mt}^2}{Op} = 2\,.\,CC'.$$

Ce qui démontre le Porisme.

Corollaires. Si au lieu de demi-circonférences on considère des cercles entiers, et qu'ils se coupent, le point O est évidemment sur leur corde commune EF. On a toujours

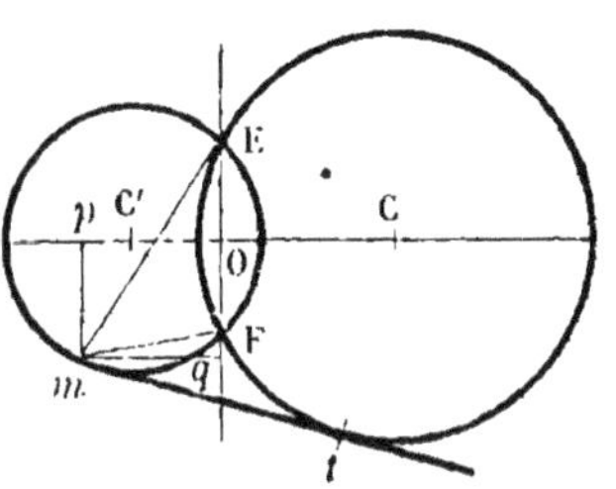

$$\frac{\overline{mt}^2}{Op} = 2.CC',$$

ou

$$\frac{\overline{mt}^2}{mq} = 2CC', \quad \frac{\overline{mt}^2}{\frac{mq.EF}{2}} = 4.\frac{CC'}{EF},$$

c'est-à-dire que : *le carré de la tangente* mt *est à l'aire du triangle* EmF *dans une raison donnée* $\left(\frac{4.CC'}{EF}\right)$.

Ce qui forme un Porisme.

On en conclut cette réciproque :

Deux points étant donnés sur un cercle : le lieu d'un point tel, que le carré de la tangente menée de ce point à la circonférence du cercle, et l'aire du triangle formé par les droites menées du même point aux deux points donnés, soient dans une raison donnée, est un cercle.

Le Porisme peut prendre une autre expression : car l'angle en m est constant; par conséquent, d'après le Lemme XX de Pappus, les aires de deux triangles EmF, Em'F sont entre elles dans le rapport des rectangles mE.mF, m'E.m'F.

D'où il suit que le rapport $\frac{\overline{mt}^2}{mE.mF}$ est donné, c'est-à-dire que :

Quand deux cercles se coupent, si de chaque point de l'un on mène une tangente à l'autre et des droites aux deux points d'intersection des cercles, le carré de la tangente est au rectangle des deux droites dans une raison donnée.

Par conséquent encore : *Deux points étant donnés sur un cercle, le lieu d'un point tel, que le carré de la tangente menée de ce point à la circonférence du cercle, soit au rectangle des deux droites menées du même point aux deux points donnés, dans une raison donnée, est un cercle déterminé de grandeur et de position.*

Ce théorème est un des Porismes donnés par lord Brougham, dans son Mémoire intitulé : *General Theorems, chiefly Porisms, in the higher Geometry*, qu'on trouve dans les *Philosophical Transactions* de la Société Royale de Londres, année 1798 (1).

PORISME CXLV. — *Étant donnés un triangle* ABC *et une droite* EF *parallèle à la base* AB; *si de chaque point* m *de cette droite on mène* mC, mB *qui rencontrent, respectivement, les côtés* AB, AC *en* n, n' : *la droite* nn' *coupe la droite* EF *en un point* m', *et l'on a toujours, entre les deux points* m *et* m', *la relation*

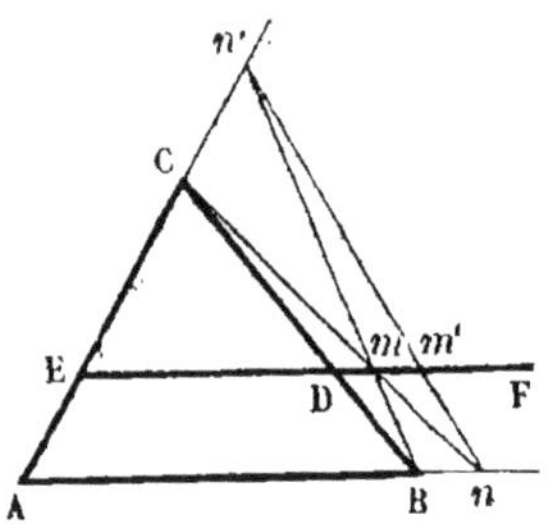

$$\overline{Em}^2 = \mu . Em';$$

où μ *est une ligne de grandeur connue.*

Cela est une conséquence du Lemme VII de Pappus. Car il résulte de la réciproque de ce Lemme que dans le quadrilatère Bnn'C coupé par la droite EF, parallèle au côté Bn et passant par le point de rencontre des deux diagonales,

---

(1) « Two points in a circle being given (but not in one diameter), another circle may be described, such, that if from any point thereof to the given points straight lines be drawn, and a line touching the given circle, the tangent shall be a mean proportional between the lines so inflected.

» Or, more generally, the square of the tangent shall have a given ratio to the rectangle under the inflected lines. » (Proposition VII, p. 382.)

on a

$$\overline{\mathrm{E}m}^2 = \mathrm{ED}.\mathrm{E}m'.$$

Donc, etc.

Porisme CXLVI. — *Étant donnés un triangle* ABC *et la droite* AD, *si de chaque point* M *du côté* CA *on mène la droite* MB *qui rencontre* AD *en* n′, *et une parallèle à la base* AB, *qui rencontre le côté* CB *en* n; *puis, qu'on mène les droites* An *et* nn′ *qui rencontrent en* m *et* m′ *la parallèle à la base* AB, *menée par le sommet* C : *on pourra trouver une ligne* μ, *telle, qu'on aura toujours*

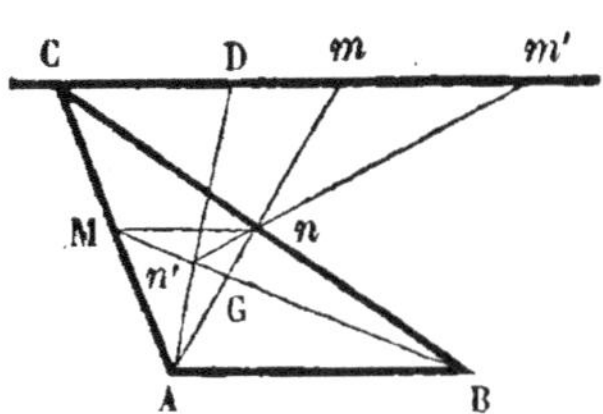

$$\overline{\mathrm{C}m}^2 = \mu.\mathrm{C}m'.$$

En effet, les quatre droites qui partent du point A, coupées par les deux CD, MB, donnent

$$\frac{\mathrm{C}m}{\mathrm{CD}} = \frac{\mathrm{MG}}{\mathrm{M}n'} : \frac{\mathrm{BG}}{\mathrm{B}n'}. \quad \text{(Corollaire II du Lemme XI, p. 83.)}$$

Et pareillement, les quatre droites qui partent du point n, coupées par les deux mêmes CD, MB, donnent

$$\frac{\mathrm{C}m}{\mathrm{C}m'} = \frac{\mathrm{BG}}{\mathrm{B}n'} : \frac{\mathrm{MG}}{\mathrm{M}n'}.$$

Donc

$$\frac{\mathrm{C}m}{\mathrm{CD}} \cdot \frac{\mathrm{C}m}{\mathrm{C}m'} = 1, \quad \text{ou} \quad \overline{\mathrm{C}m}^2 = \mathrm{CD}.\mathrm{C}m'.$$

Donc $\mu = \mathrm{CD}$. Donc, etc.

XXVIe Genre.

Tel rectangle, qui a pour côtés la somme de deux droites et une droite en rapport donné avec telle autre, est dans un rapport donné avec telle abscisse.

Porisme CXLVII. — *Si autour de deux points* P, Q

Q *d'un cercle on fait tourner deux droites qui se coupent en* M *sur la circonférence du cercle, et qui rencontrent une corde* EF *en deux points* m, m'; *une raison* λ *étant donnée : on peut trouver deux points* A *et* B *sur* EF *et une ligne* μ, *tels, que dans tous les cas où le point* m *se trouvera hors du segment* AB, *on aura la relation constante*

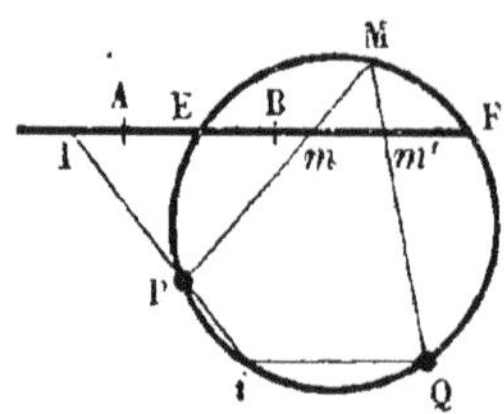

$$\frac{(\mathrm{A}m + \mathrm{B}m)\lambda . \mathrm{F}m'}{mm'} = \mu.$$

Qu'on mène la corde Q*i* parallèle à EF, et P*i* qui rencontre EF en I; puis, qu'on prenne EA $= \lambda$.EI, EB $=$ EA, et $\mu =$ BA, on aura

$$\frac{(\mathrm{A}m + \mathrm{B}m)\lambda . \mathrm{F}m'}{mm'} = \mathrm{BA}.$$

En effet, d'après le Porisme CXXVI, on a

$$\frac{\mathrm{E}m . \mathrm{F}m'}{\mathrm{E}m' . \mathrm{F}m} = \frac{\mathrm{EI}}{\mathrm{FI}}.$$

Et par conséquent, d'après le Porisme LXXXII,

$$\frac{\mathrm{E}m . \mathrm{F}m'}{mm'} = \mathrm{EI}.$$

Or, EA $=$ EB; et, par suite,

$$\mathrm{E}m = \frac{\mathrm{A}m + \mathrm{B}m}{2}.$$

Donc

$$\frac{(\mathrm{A}m + \mathrm{B}m)\mathrm{F}m'}{mm'} = 2\,\mathrm{EI};$$

ou

$$\frac{(\mathrm{A}m + \mathrm{B}m)\lambda . \mathrm{F}m'}{mm'} = 2\lambda . \mathrm{EI} = \mathrm{BA}.$$

C. Q. F. D.

XXVIIe Genre.

Il existe un point tel, que des droites menées de ce point comprennent un triangle donné d'espèce.

Porisme CXLVIII. — *Étant donnés deux demi-cercles* O, O', *et un angle : on peut trouver un point* S, *tel, que si l'on fait tourner autour de ce point, comme sommet, l'angle donné, dont les côtés* Sc, Sc' *rencontreront les demi-circonférences en* c *et* c', *respectivement, le triangle* Scc' *soit donné d'espèce.*

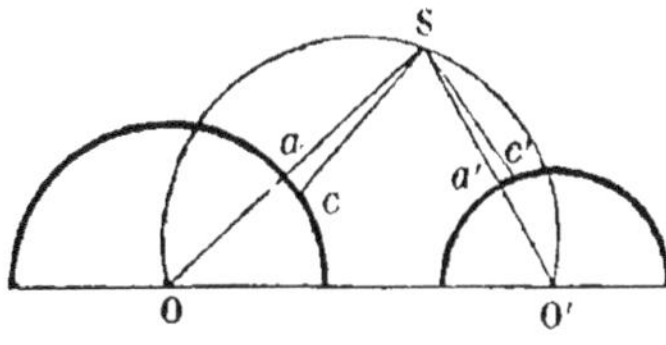

C'est-à-dire, puisque l'angle cSc' est donné de grandeur, que ses côtés Sc, Sc' doivent être dans un rapport constant.

Que sur OO' on décrive un segment de cercle capable de l'angle donné; et qu'on prenne sur l'arc de ce segment le point S, de manière que le rapport des lignes SO, SO' soit égal à celui des rayons Oa, $O'a'$. Ce point, que l'on détermine par le Lemme XXIX (proposition 155) de Pappus, satisfait à la question; et la raison constante des deux lignes Sc, Sc', est égale à $\frac{Oa}{O'a'}$.

Prenons sur Sc' le point c'', tel, que l'on ait

$$\frac{Sc}{Sc''} = \frac{Oa}{Oa'}.$$

Il s'agit de prouver que ce point c'' coïncide avec c'.

On a, par construction,

$$\frac{SO}{SO'} = \frac{Oa}{Oa'}:$$

d'où résulte

$$\frac{Sa}{Sa'} = \frac{Oa}{Oa'}.$$

Donc

$$\frac{Sa}{Sa'} = \frac{Sc}{Sc''}.$$

Mais les angles aSc, $a'Sc''$ sont égaux, parce que les angles OSO′, cSc' sont égaux : les deux triangles aSc et $a'Sc''$ sont donc semblables, comme ayant un angle égal compris entre côtés proportionnels. Par conséquent, d'une part, les angles Oac et $O'a'c''$ sont égaux; et, d'autre part, on a

$$\frac{ac}{aS} = \frac{a'c''}{a'S},$$

et, par suite,

$$\frac{ac}{Oa} = \frac{a'c''}{O'a'}.$$

Donc les deux triangles Oac et $O'a'c''$ sont semblables, comme ayant un angle égal compris entre côtés proportionnels. Mais dans le premier, $Oa = Oc$; donc, dans le second, $O'a' = O'c''$. Le point c'' est donc sur la circonférence O′, et, par conséquent, coïncide avec c'. Ce qu'il fallait prouver.

Le Porisme est donc démontré.

Corollaire. Le lieu d'un point dont les distances aux centres OO′ de deux cercles sont entre elles dans le rapport des rayons Oa, $O'a'$, est la circonférence qui a pour diamètre la droite qui joint les centres de similitude des deux cercles. D'après cela, on conclut du Porisme qui vient d'être démontré, ce théorème :

Étant donnés deux cercles O, O′, *un point* S *pris sur la circonférence qui a pour diamètre la droite qui joint les centres de similitude des deux cercles; si autour de ce point, comme sommet, on fait tourner un angle égal à* OSO′, *dont les côtés rencontreront les deux cercles en deux points* c, c′ : *le rapport des deux lignes* Sc, Sc′ *sera constant et égal au rapport des rayons des deux cercles.*

Observation. Des deux éléments qui constituent l'*espèce* du triangle dont il est question dans le Porisme précédent, savoir, l'angle au sommet et le rapport des deux côtés, un seul est à trouver, puisque l'angle est donné de fait. Dans les Porismes suivants, l'*espèce* des triangles est complétement inconnue et la recherche de ces deux éléments fait l'objet des propositions.

Porisme CXLIX. — *Quand deux droites* SA, SA′ *sont divisées en parties proportionnelles, il existe un point* O, *tel, que les droites menées de ce point à deux points homologues quelconques des deux divisions, forment un triangle donné d'espèce.*

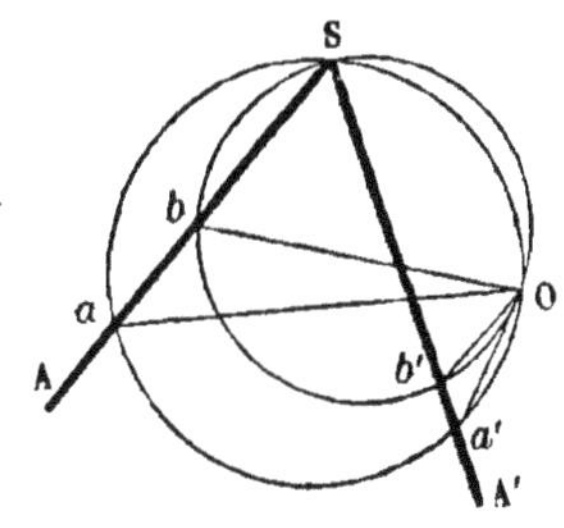

C'est-à-dire que les deux droites font entre elles un angle de grandeur constante, et que leurs longueurs sont dans une raison constante.

Soient a, b deux points de SA ; a', b' les deux points homologues de SA′. Concevons les deux circonférences de cercle aSa', bSb', qui se coupent en O. Ce point O satisfait à la question.

En effet, les angles aOa' et bOb' sont égaux entre eux, parce que l'un et l'autre sont égaux à l'angle aSa'. L'angle des perpendiculaires abaissées du point O sur SA et SA′ est aussi égal à l'angle ASA′, et est, par conséquent, égal aux angles aOa', bOb'. On conclut de là, en vertu du Porisme XLVIII, que si l'on fait tourner cet angle autour de son sommet O, ses côtés passeront, respectivement, par chaque couple de points homologues c, c', d, d',... des deux droites SA, SA′. C'est-à-dire, que tous les angles aOa', bOb', cOc',... sont égaux entre eux. Il reste à prouver que les côtés de chacun de ces angles sont dans un rapport constant.

Or, les angles aOa' et bOb' étant égaux, il s'ensuit que les angles aOb et $a'Ob'$ sont égaux. Mais les angles SaO, $Sa'O$ sont égaux, parce que les quatre points S, a, a', O sont sur un même cercle. Les deux triangles aOb, $a'Ob'$ sont donc semblables. Conséquemment

$$\frac{Oa}{Oa'} = \frac{Ob}{Ob'}.$$

Et de même

$$\frac{Oa}{Oa'} = \frac{Oc}{Oc'}, \cdots$$

Le Porisme est donc démontré.

PORISME CL. — *Quand de chaque point d'une droite* L *on abaisse des perpendiculaires sur deux autres droites, il existe un certain point qui, avec les pieds des deux perpendiculaires, forme un triangle donné d'espèce.*

C'est-à-dire que les droites qui joignent le point en question aux pieds des perpendiculaires abaissées de chaque point de la droite L, sur les deux autres droites, forment un angle de grandeur constante et sont entre elles dans un rapport constant.

En effet, les pieds des perpendiculaires divisent les deux droites en parties proportionnelles (Porisme XLVII). Donc le Porisme énoncé est une conséquence du précédent.

Ce Porisme s'applique également aux pieds des obliques abaissées de chaque point de la droite L sur les deux autres, sous des angles donnés.

PORISME CLI. — *Étant donnés deux cercles et deux points* A, A' *sur leurs circonférences : on peut trouver un point* O, *tel, que les droites menées de ce point sous un angle égal à l'angle* AOA' *et terminées aux points* m, m' *des deux circonférences, forment un triangle* mOm' *donné d'espèce.*

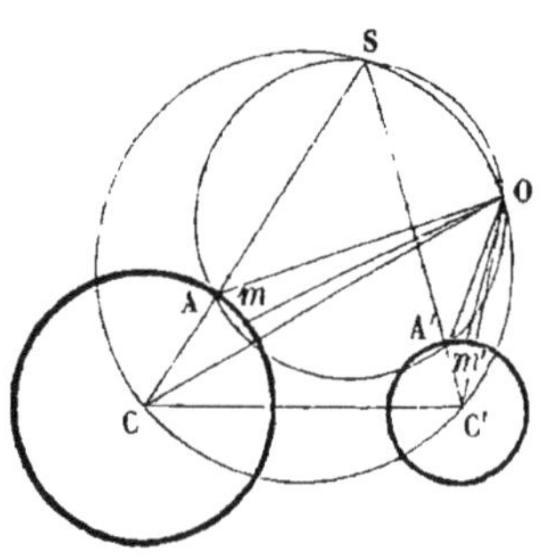

Soit S le point de rencontre des deux rayons CA, C′A′. Qu'on décrive deux circonférences dont l'une passe par les trois points A, A′, S, et l'autre par les trois C, C′, S; elles se coupent en un point O qui est le point cherché.

En effet, les angles AOA′ et COC′ sont égaux, parce que chacun d'eux est égal à l'angle CSC′. Donc si on fait tourner le cercle C′ autour du point O de manière que OA′ vienne se placer sur OA, OC′ viendra sur OC. Mais alors le rayon C′A′ se trouvera parallèle au rayon CA, parce que les angles OCS, OC′S sont égaux, comme compris l'un et l'autre dans le même segment de cercle. Il s'ensuit que le point O sera le centre de similitude des deux cercles. Par conséquent, une droite quelconque menée par ce point les rencontrera en deux points *m*, *m′* dont les distances au point O seront entre elles dans le rapport de OA à OA′. Et si on ramène le second cercle dans sa position primitive C′, par une rotation autour du point O, ces deux droites O*m*, O*m′* feront un triangle *m*O*m′* de même espèce que le triangle AOA′.

Ce qui démontre le Porisme.

XXVIIIe Genre.

Il existe un point tel, que les droites menées de ce point interceptent des arcs égaux.

Porisme CLII. — *Étant donné un point* D *dans le plan d'un cercle, il existe un deuxième point* E, *tel, que si par le point* D *on mène une droite quelconque qui rencontre le cercle en deux points* M, M′, *les deux droites* EM, EM′ *intercepteront dans le cercle deux arcs égaux* Mm, M′m′.

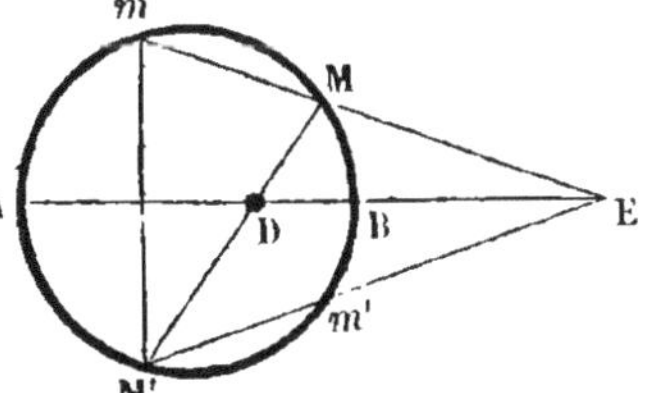

Que sur le diamètre AB sur lequel est situé le point donné D, on prenne le point E déterminé par la proportion

$$\frac{EA}{EB} = \frac{AD}{DB}:$$

ce point satisfera à la question.

Cela résulte de la réciproque évidente du Lemme XXX (proposition 156), d'après lequel la corde M*m'* est perpendiculaire au diamètre AB; d'où il suit que les droites E*m*, E*m'* font des angles égaux avec le diamètre; qu'elles sont donc également éloignées du centre, et, par conséquent, qu'elles sous-tendent des arcs égaux M*m*, M'*m'*. Donc, etc.

Ce Porisme a été rétabli par Simson (proposition 53, p. 463).

Porisme CLIII. — *Étant données deux circonférences de cercle de même rayon et un angle: on peut trouver un point tel, que si autour de ce point, comme sommet, on fait tourner l'angle donné, ses côtés interceptent toujours dans les deux cercles deux arcs égaux.*

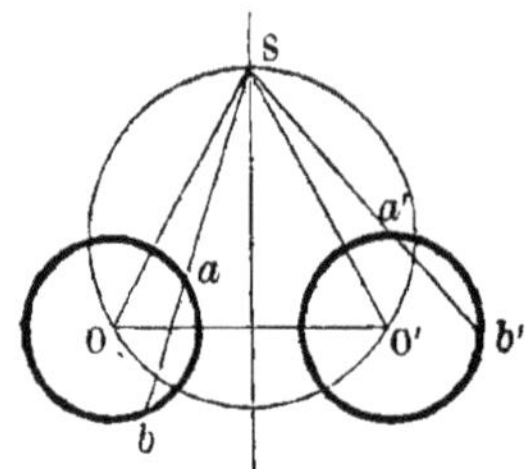

Soient O, O' les centres des deux cercles. Que sur OO' on décrive un segment capable de l'angle donné, et soit S le point milieu de ce segment. Si autour du point S on fait tourner l'angle OSO' et qu'il prenne la position *a*S*a'*, les deux cordes *ab*, *a'b'* interceptent des arcs égaux dans les deux circonférences, parce qu'elles sont évidemment égales entre elles. Donc, etc.

Porisme CLIV. — *Étant donnés deux cercles égaux et deux points* A, A' *sur leurs circonférences, on peut trouver un point* S *et un angle, tels, que deux droites menées par ce point sous cet angle interceptent sur les deux circonférences, à partir des deux points* A, A', *des arcs égaux.*

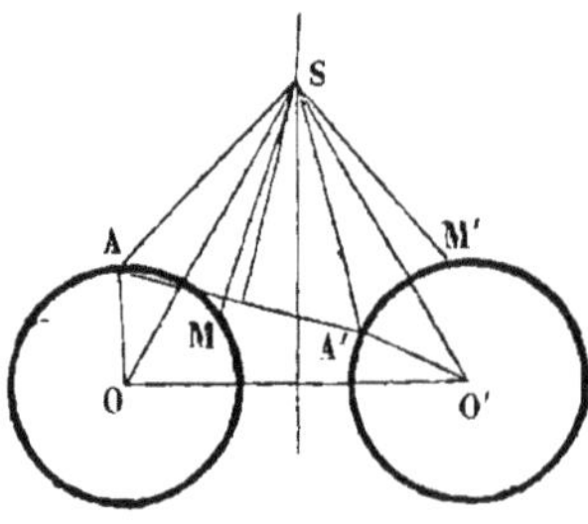

Que par le milieu de la droite OO′, qui joint les centres des deux cercles, on mène la perpendiculaire à cette droite, et par le milieu de la droite AA′ la perpendiculaire à celle-ci; ces deux perpendiculaires se rencontrent en un point S qui est le point demandé; et l'angle ASA′ est l'angle qui satisfait à la question.

En effet, les deux triangles ASO, A′SO′ sont égaux comme ayant les côtés égaux chacun à chacun. Donc les angles ASO et A′SO′ sont égaux. Il s'ensuit que les deux angles ASA′ et OSO′ sont égaux. Or, si l'on mène deux droites SM, SM′ faisant entre elles l'angle MSM′ égal à OSO′, elles détacheront évidemment deux arcs égaux BM, B′M′ comptés à partir des droites SO, SO′. Donc les arcs AM et A′M′ sont aussi égaux. C. Q. F. D.

Observation. Si les deux cercles sont inégaux, on peut demander que les deux arcs AM, A′M′ soient dans un rapport constant. On a alors ce Porisme :

Étant donnés deux cercles quelconques et deux points A, A′ *sur leurs circonférences, on peut trouver un point, un angle et une raison, tels, que deux droites menées par ce point et comprenant entre elles cet angle, retrancheront à partir des points* A, A′, *respectivement, des arcs dans cette raison.*

XXIXe Genre.

Telle droite est parallèle à une certaine droite, ou fait avec une droite passant par un point donné un angle de grandeur donnée.

Porisme CLV. — *Quand deux points variables* m, m′ *divisent deux droites en parties proportionnelles, les droites* mm′ *sont parallèles à une droite donnée de direction; ou bien, il existe un point* O, *tel, que chaque droite* mm′ *fait un angle donné avec la droite menée du point* m *à ce point* O.

X′
m′
O
S
m
X

Si deux points de division correspondants coïncident en S, point de rencontre des deux droites, toutes les droites mm' sont parallèles entre elles; cela est évident.

Dans le cas général où cette coïncidence n'a pas lieu, on a vu (Porisme CXLIX) qu'il existe un point O, tel, que le triangle mOm' est donné d'espèce; par conséquent l'angle $m'mO$ est donné.

Le Porisme est donc démontré.

PORISME CLVI. — *Si de chaque point* M *d'une droite donnée de position* LM, *on abaisse sur deux autres droites aussi données de position des obliques* Mm, Mm' *sous des angles donnés : il existera un point* O, *tel, que l'angle* m'mO *formé par la droite* m'm, *avec la droite menée du point* m *à ce point* O, *sera donné.*

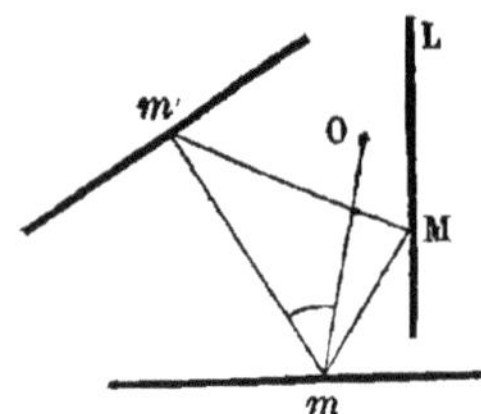

Ce Porisme est une conséquence du précédent, parce que les deux points m, m' divisent les deux droites fixes en parties proportionnelles.

Si la droite LM passe par le point de concours des deux droites sur lesquelles on abaisse les obliques, les droites mm' seront parallèles à une même droite. Cas prévu dans l'énoncé du Genre.

PORISME CLVII. — *Quand deux droites* L, L' *sont divisées en parties proportionnelles par deux points variables* m, m', *il existe un certain point* O, *tel, que chaque droite* mm' *fait un angle donné avec la droite menée de son milieu* μ *au point* O.

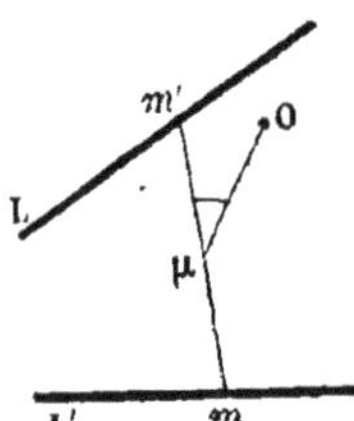

En effet, le point O, tel, que les triangles mOm' sont donnés d'espèce (Porisme CXLIX), satisfait à la question. Car les droites menées du sommet de ces triangles semblables au milieu de leurs bases feront des angles égaux avec ces bases.

Observation. Simson a proposé le Porisme suivant pour satisfaire au XXIXe Genre : *Si de deux points donnés* A, B *on mène à chaque point* C *d'un cercle donné de position deux droites qui rencontreront le cercle en deux autres points* D, E, *la droite* DE *fera un angle donné avec une droite menée par un point donné, ou sera parallèle à une droite donnée de position, ou bien passera par un point donné* (1).

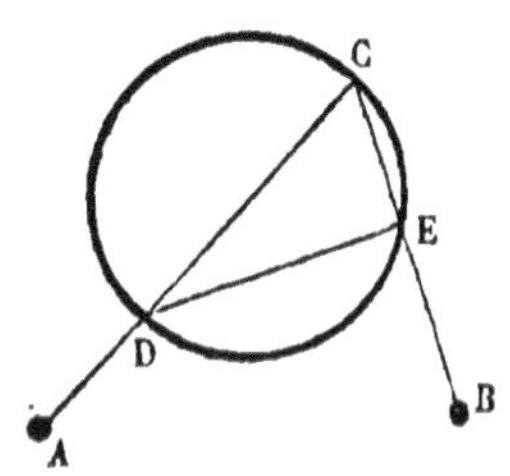

Si nous n'admettons pas ici ce Porisme, c'est qu'il embrasse trois cas différents : Pappus n'en a compris que deux dans l'énoncé du XXIXe Genre. Les trois Porismes que nous proposons satisfont chacun rigoureusement à cet énoncé.

Ier Genre. (Voir p. 114.)

Porisme CLVIII. — *Si autour de deux points fixes* P, Q *on fait tourner deux droites* PM, QM *qui se coupent sous un angle de grandeur donnée, et que* PM *rencontre une droite* AX *donnée de position en un point* m ; *le point* A *étant donné sur cette droite, et une raison* λ *étant aussi donnée : on pourra déterminer une autre droite* A′X′ *et un point* A′ *sur cette droite, tels, que la deuxième droite tournante* QM *fasse sur cette droite un segment* A′m′, *qui soit toujours au segment* Am *dans la raison* λ.

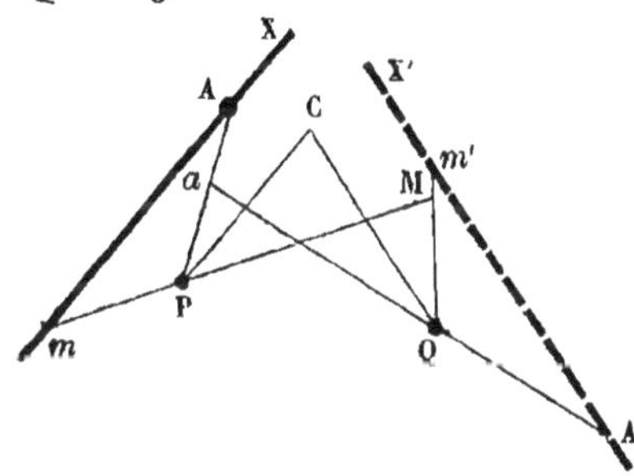

(1) « Si a duobus punctis datis A, B ad circulum positione datum CDE inflectantur utcunque duæ rectæ AC, BC circumferentiæ rursus in D, E occurentes, recta DE vel continebit datum angulum cum recta ad datum punctum vergente; vel parallela erit rectæ positione datæ, vel verget ad datum punctum. » (Prop. 57, p. 472.)

Qu'on mène PC parallèle à AX, et QC correspondante à PC, c'est-à-dire faisant l'angle C égal à l'angle donné; la droite cherchée A'X' sera parallèle à QC. Qu'on mène Qa correspondante à PA : le point cherché A' sera situé sur Qa. Supposons que deux droites Pb, Qb, faisant l'angle PbQ égal à l'angle donné, coupent, la première la droite AX en un point B, et la deuxième la droite cherchée A'X' en B'. On doit avoir $\frac{AB}{A'B'}=\lambda$; de sorte que cette relation détermine la longueur du segment A'B'. Il suffit donc d'inscrire dans l'angle des deux droites Qa, Qb une droite égale à cette longueur et parallèle à QC. Ce sera la droite cherchée. C'est-à-dire que pour deux droites PM, QM faisant entre elles l'angle donné, on aura toujours

$$\frac{Am}{A'm'}=\frac{AB}{A'B'}=\lambda.$$

En effet, les quatre droites Pa, Pb, PM, PC font entre elles des angles égaux à ceux des droites Qa, Qb, QM, QC. Concevons qu'une transversale de direction quelconque coupe les deux systèmes de quatre droites dans les points A_1, B_1, m_1, C_1 et A'_1, B'_1, m'_1, C'_1. On aura, par le Corollaire II (p. 83), les deux égalités

$$\frac{Am}{AB}=\frac{A_1m_1}{A_1B_1}:\frac{C_1m_1}{C_1B_1},$$

$$\frac{A'm'}{A'B'}=\frac{A'_1m'_1}{A'_1B'_1}:\frac{C'_1m'_1}{C'_1B'_1}.$$

Mais, d'après le Corollaire III (p. 84), les seconds membres de ces équations sont égaux. Donc

$$\frac{Am}{AB}=\frac{A'm'}{A'B'},\quad \text{ou}\quad \frac{Am}{A'm'}=\frac{AB}{A'B'}=\lambda.$$

Autrement. Les côtés du triangle PAm sont également

inclinés sur ceux du triangle QA′m'; et, par suite, les deux triangles sont semblables, comme le sont aussi les triangles PAB, QA′B′. Donc

$$\frac{\mathrm{A}m}{\mathrm{A}'m'} = \frac{\mathrm{PA}}{\mathrm{QA}'} = \frac{\mathrm{AB}}{\mathrm{A}'\mathrm{B}'}.$$

Donc, etc.

Porisme CLIX. — *Étant donnés une droite* AX, *un point* A *sur cette droite, une raison* λ, *et un angle de grandeur constante* mOm′ *qu'on fait tourner autour de son sommet : on peut mener une autre droite* A′X′ *et déterminer sur cette droite un point* A′, *tel, que les segments* Am, A′m′, *formés par les côtés de l'angle mobile, soient entre eux dans la raison* λ.

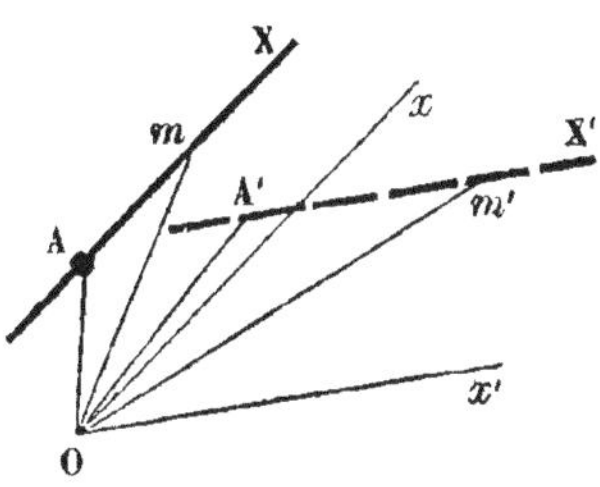

Qu'on fasse tourner l'angle autour de son sommet, de manière que son premier côté Om devienne Ox parallèle à AX, et soit Ox' son deuxième côté : la droite cherchée A′X′ sera parallèle à cette droite Ox'. Maintenant qu'on fasse passer le premier côté de l'angle par le point A, et soit OA′ son deuxième côté; le point A′ sera situé sur cette droite.

Enfin, que mOm' soit une position quelconque de l'angle, on inscrira entre les deux droites OA′ et Om' une corde A′m' parallèle à Ox' et telle que $\frac{\mathrm{A}m}{\mathrm{A}'m'} = \lambda$. Cette corde A′$m'$ sera la droite cherchée A′X′.

Cela est une conséquence du Porisme XLVIII, d'après lequel les côtés Om, Om' de l'angle tournant mOm' divisent les deux droites AX, A′X′ en parties proportionnelles.

IIe Genre. (Voir p. 117.)

Porisme CLX. — *Un cercle et un point* P *étant don-*

nés, si par ce point on mène une droite qui rencontre la circonférence en a *et* b, *et sur laquelle on prenne le point* m *déterminé par la proportion*

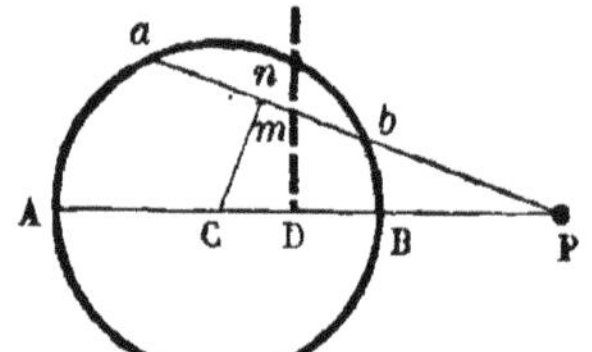

$$\frac{am}{mb} = \frac{aP}{Pb}:$$

ce point sera sur une droite donnée de position.

Cela résulte immédiatement du Lemme XXVIII (proposition 154) quand le point P est au dehors du cercle; et du Lemme XXXV (proposition 161) quand ce point est dans l'intérieur du cercle.

Dans le premier cas la droite lieu du point m est la corde de contact des deux tangentes au cercle, menées par le point P.

Autrement. Soit n le milieu de la corde ab. On a, d'après le Lemme XXXIV,

$$Pa.Pb = Pm.Pn.$$

Soit de plus mD perpendiculaire sur le diamètre ABP. Les deux triangles rectangles CnP, mDP sont semblables, parce qu'ils ont l'angle P commun, et donnent la proportion

$$\frac{Pn}{PC} = \frac{PD}{Pm}, \quad \text{ou} \quad Pn.Pm = PC.PD.$$

Donc

$$PC.PD = Pa.Pb = PA.PB.$$

Ce qui démontre que le point D est donné; et, par conséquent, que le point m est sur une droite donnée de position.

Observation. Cette droite lieu du point m s'appelle, dans la Géométrie moderne, la *polaire* du point P; et ce point est dit *le pôle* de la droite.

PORISME CLXI. — *Étant donné un point* P *dans le*

plan d'un cercle, si l'on demande un point M *dont la distance à ce point soit égale à la tangente menée du point* M *au cercle : ce point* M *est sur une droite donnée de position.*

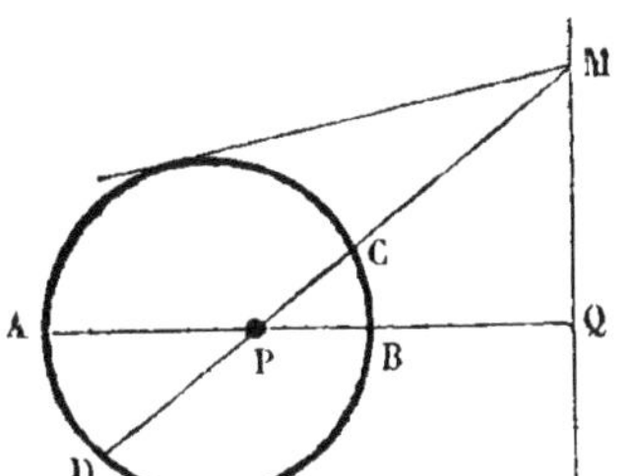

Que sur le diamètre AB qui passe par le point donné P, on prenne le point Q déterminé par la relation

$$QA.QB = \overline{QP}^2,$$

et que par ce point on mène la perpendiculaire au diamètre : cette droite est le lieu du point M.

Cela résulte du Lemme XXXIII (proposition 159), d'après lequel la droite MP menée d'un point quelconque de la perpendiculaire QM rencontre la circonférence en deux points C, D, tels, que l'on a

$$MC.MD = \overline{MP}^2.$$

En effet, le carré de la tangente au cercle menée par le point M est égal à MC.MD. Donc cette tangente est égale à MP. Donc, etc.

Porisme CLXII. — *Quand un cercle est inscrit dans un triangle* USS′, *si l'on mène une tangente* aa′ *qui coupe les côtés* US, US′ *en* a, a′ : *le point de rencontre* m *des droites* Sa′, S′a *est sur une droite donnée de position.*

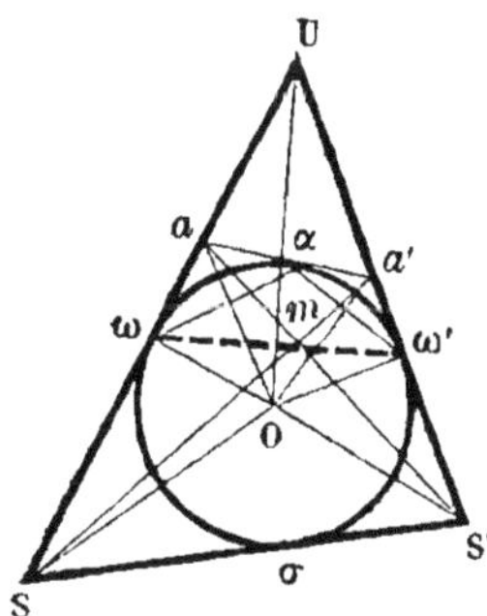

Cette droite est la corde qui joint les points de contact ω, ω′ des deux côtés US, US′ du triangle.

En effet, soit O le centre du cercle. L'angle aOa' (dont les côtés sont perpendiculaires aux cordes $\omega\alpha$, $\omega'\alpha$), a pour mesure la moitié de l'arc $\omega\alpha\omega'$. Les angles ωOU et $\omega' OU$ ont la même mesure, et, par conséquent, sont égaux à l'angle aOa'. L'angle SOS', qui a pour mesure la moitié de l'arc $\omega\varpi\omega'$, est supplémentaire de l'angle aOa'. Il résulte de là, d'après le Corollaire III (p. 84), que l'on a, entre les deux systèmes de quatre points S, ω, a, U et S', U, a', ω' qui se correspondent deux à deux, la relation

$$\frac{Sa}{S\omega} : \frac{Ua}{U\omega} = \frac{S'a'}{S'U} : \frac{\omega'a'}{\omega'U}.$$

Suivant le Corollaire II du Porisme XXIV, cette relation démontre que les points dans lesquels les trois droites Sa', SU, $S\omega'$ rencontrent les droites $S'a$, $S'\omega$, S'U, respectivement, savoir : les points m, ω, ω', sont en ligne droite.

C. Q. F. D.

Corollaire. Considérant le quadrilatère $Saa'S'$, on conclut du Porisme ce théorème :

Quand un quadrilatère est circonscrit à un cercle, les cordes qui joignent les points de contact des côtés opposés passent par le point de rencontre des deux diagonales.

Porisme CLXIII. — *Deux cercles étant donnés, si les tangentes menées d'un point à ces cercles sont égales : ce point est sur une droite donnée de position.*

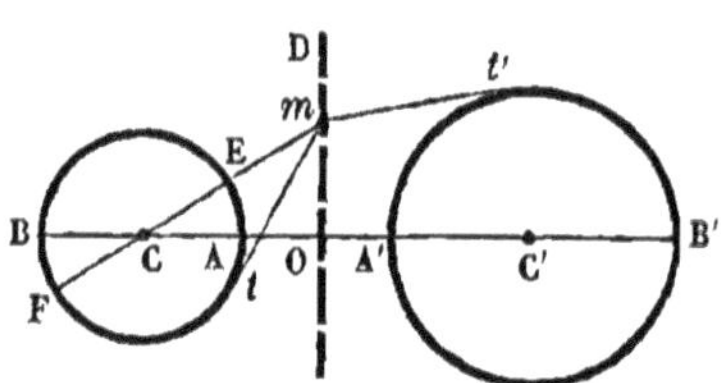

Soient m un point satisfaisant à la question, et mO la perpendiculaire abaissée sur la droite qui joint les centres C, C' des deux cercles. On a, en appelant R le rayon du cercle C,

$$\overline{mt}^2 = mE.mF = (mC + R)(mC - R) = \overline{mC}^2 - R^2$$
$$= \overline{mO}^2 + \overline{OC}^2 - R^2 = \overline{mO}^2 + (OC - R)(OC + R)$$
$$= \overline{mO}^2 + OA.OB.$$

Pareillement

$$\overline{mt'}^2 = \overline{mO}^2 + OA'.OB'.$$

Or $mt = mt'$, par hypothèse. Donc

$$OA.OB = OA'.OB'.$$

Équation qui détermine la position du point O, et par conséquent, la position de la droite OD perpendiculaire à CC', sur laquelle se trouve chaque point m satisfaisant à la question.

Donc, etc.

Porisme CLXIV. — *Un cercle est inscrit dans un triangle; chaque tangente rencontre les trois côtés du triangle en trois points* a, b, c; *si l'on prend sur cette droite un point* m *déterminé par la relation*

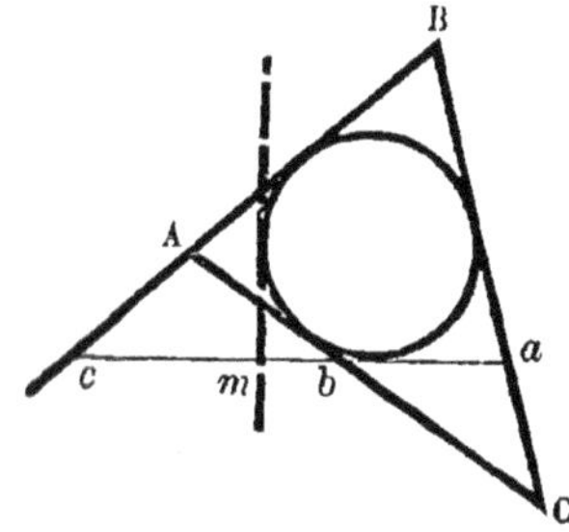

$$ma.cb = \lambda.mb.ca,$$

dans laquelle λ *est une raison donnée : ce point sera sur une droite donnée de position.*

Cela est une conséquence du Porisme CXXXI.

Porisme CLXV. — *Un angle* aOb *de grandeur donnée tourne autour de son sommet* O *et intercepte une corde* ab *entre deux droites fixes* SA, SB *qui font entre elles un angle supplémentaire de l'angle mobile : le milieu de cette corde est sur une droite donnée de position.*

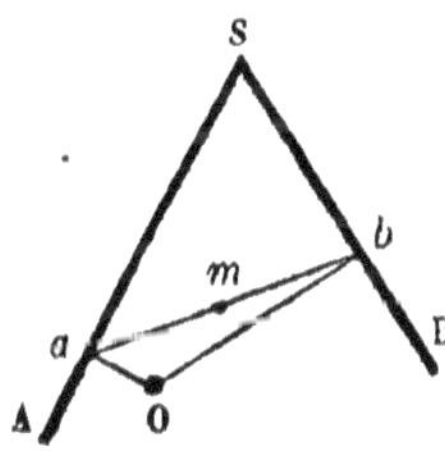

Plus généralement, *si sur chaque corde* ab, *on prend un point* m *qui la divise dans un rapport donné* $\frac{am}{bm} = \lambda$: *le lieu de ce point est une droite.*

En effet, il a été démontré (voir Porisme XLVIII) que les deux points a, b marquent sur les deux droites

SA, SB deux divisions semblables; donc, d'après le Porisme CVII, le lieu du point m, qui divise la corde ab dans un rapport donné, est une droite donnée de position. Donc, etc.

Si le point O était au dehors de l'angle ASB ou de son opposé au sommet, cet angle devrait être égal à l'angle mobile, au lieu d'être supplémentaire.

IIIe Genre. (Voir p. 133.)

Porisme CLXVI. — *Deux points* D, E *étant pris sur le diamètre* AB *d'un cercle de manière qu'on ait*

$$\frac{EA}{EB} = \frac{AD}{DB}:$$

les droites menées de ces points à un point de la circonférence, sont dans une raison donnée.

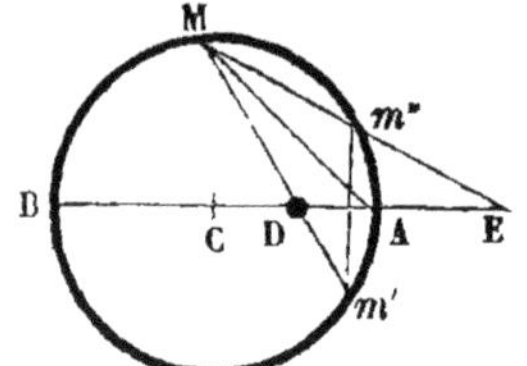

Cette raison est $\frac{AD}{AE}$. De sorte qu'il faut démontrer que

$$\frac{MD}{ME} = \frac{AD}{AE}.$$

Cela est une conséquence du Lemme XXX (proposition 156).

En effet, d'après ce Lemme, les droites MD, ME rencontrent la circonférence en deux points m', m'' situés sur une corde perpendiculaire au diamètre AB. Par conséquent, les arcs Am', Am'' sont égaux, et la droite MA est la bissectrice de l'angle DME. Il s'ensuit qu'on a, dans le triangle DME,

$$\frac{MD}{ME} = \frac{AD}{AE}.$$

C. Q. F. D.

Observation. Nous avons supposé dans ce Porisme que les deux points D, E étaient donnés, et l'on n'a eu à déterminer que la raison constante des deux lignes MD, ME.

Mais on peut ne donner qu'un de ces points, puisqu'il existe une relation entre les deux, et demander de déterminer l'autre, ainsi que la raison. On forme alors le Porisme que nous avons pris pour exemple dans le paragraphe III de l'*Introduction* (p. 39). La solution reste la même évidemment.

On peut, à l'inverse, prendre pour donnée la raison λ, et demander de trouver les deux points D, E. Il en résulte le Porisme suivant qui, sans offrir de difficulté, ne se démontre cependant pas aussi simplement que le précédent. Toutefois, les Lemmes de Pappus suffisent à la démonstration.

PORISME CLXVII. — *Étant donnés un cercle et une raison* λ : *on peut trouver sur le diamètre* AB *deux points* E, D, *tels, que les distances de chaque point* M *de la circonférence à ces deux points seront entre elles dans la raison* λ; *c'est-à-dire que l'on aura*

$$\frac{ME}{MD} = \lambda.$$

Qu'on prenne $CE = \lambda . CA$, et $CD = \frac{1}{\lambda} . CA$; les deux points E, D ainsi déterminés satisferont à la question.

En effet, il résulte de là que

$$\overline{CA}^2 = CD.CE;$$

et conséquemment, d'après le Lemme XXXIV,

$$\frac{EA}{AD} = \frac{EB}{BD}.$$

D'où l'on conclut, en vertu du Lemme XXX, que la corde $m'm''$ est perpendiculaire au diamètre AB.

Par suite, les angles EMA, DMA sont égaux, et l'on a la proportion

$$\frac{ME}{MD} = \frac{AE}{AD}.$$

Il reste donc à montrer que

$$\frac{AE}{AD} = \lambda.$$

Or l'équation $\overline{CA}^2 = CD.CE$ s'écrit : $\frac{CE}{CA} = \frac{CA}{CD}$.

Donc

$$\frac{CE - CA}{CA} = \frac{CA - CD}{CD}, \quad \text{ou} \quad \frac{AE}{CA} = \frac{AD}{CD},$$

ou

$$\frac{AE}{AD} = \frac{CA}{CD}.$$

Mais $\frac{CA}{CD} = \lambda$, par construction. Donc

$$\frac{AE}{AD} = \lambda.$$

C. Q. F. D.

On peut encore conclure cette égalité du Lemme XXVII. Car par la réciproque évidente de ce Lemme, l'équation $\overline{CA}^2 = CD.CE$ entraîne celle-ci :

$$\frac{CE}{CD} = \frac{\overline{AE}^2}{\overline{AD}^2}.$$

Mais la même équation s'écrit aussi $\frac{\overline{CE}^2}{\overline{CA}^2} = \frac{CE}{CD}$.

Donc

$$\frac{\overline{CE}^2}{\overline{CA}^2} = \frac{\overline{AE}^2}{\overline{AD}^2}, \quad \text{et} \quad \frac{CE}{CA} = \frac{AE}{AD}.$$

Or, par construction, $\frac{EC}{CA} = \lambda$; donc

$$\frac{AE}{AD} = \lambda.$$

Observations. La propriété du cercle à laquelle se rapportent les deux Porismes précédents, se peut traduire aussi sous la forme d'une proposition de *lieu;* ce qui serait encore un Porisme. On prendrait pour hypothèse, ou pour données de fait, les deux points E, D et la raison ; et le Porisme exprimerait que le point M, dont les distances à ces points sont entre elles dans la raison donnée, se trouve sur un cercle donné de position.

Cette proposition de *lieu* faisait partie des *Lieux plans* d'Apollonius. Pappus la rapporte sous l'énoncé général suivant, qui implique le cas où la raison est égale à l'unité :

Si de deux points donnés on mène des droites qui se rencontrent en un point, et que ces droites soient entre elles dans une raison donnée : ce point est sur une droite ou sur une circonférence donnée de position.

Eutocius, dans son Commentaire sur les Coniques d'Apollonius, lorsqu'il expose la définition des *Lieux plans, solides,* et *à la surface,* qu'on trouve aussi dans Pappus, démontre cette même proposition, comme exemple des *Lieux plans.* Il l'énonce ainsi :

Étant donnés deux points sur un plan et la raison de deux droites inégales : on peut décrire sur le plan un cercle, tel, que les droites menées des deux points donnés à chaque point de la circonférence soient entre elles dans la raison donnée.

Eutocius détermine le centre et le rayon du cercle; puis il prouve, d'abord que chaque point de la circonférence satisfait à l'énoncé de la proposition, et ensuite que, pour les points qui ne sont pas sur la circonférence, la relation n'a pas lieu.

On remarquera que l'énoncé d'Eutocius et celui de Pappus, sans être précisément dans les mêmes termes, sont néanmoins les mêmes au fond. Dans l'un et dans l'autre la nature du lieu est connue ou donnée, et la chose à trouver est seulement la position de ce lieu (ici la position implique nécessairement la grandeur).

Cette concordance montre que telle était bien la forme des propositions appelées *Lieux* chez les Anciens, comme tous les géomètres modernes l'ont admis et comme nous l'avons supposé dans notre Introduction, en définissant le *théorème local*, le *lieu* et le *problème local* (p. 33).

Du reste, l'ouvrage des *Connues géométriques*, de Hassan ben Haithem, qui nous a déjà offert un document précieux par les Porismes qui s'y trouvent (1), renferme aussi un témoignage péremptoire au sujet des *Lieux*. Car toutes les propositions de *Lieux* y sont énoncées dans la forme indiquée par Pappus et Eutocius. Il nous suffira de rapporter la proposition même dont il vient d'être question : elle est conçue en ces termes, d'après la traduction de M. L.-Am. Sedillot :

Lorsque de deux points connus de position on mène deux lignes droites qui se rencontrent en un point, et que le rapport de ces deux lignes, savoir, celui de la plus grande à la plus petite, est connu : le point de rencontre est sur une circonférence de cercle, connue de position (Livre I, proposition IX) (2).

Cet énoncé est presque identique à celui de Pappus : et ne le fût-il pas dans les mots de l'original, il décrit incon-

---

(1) Voir ci-dessus, p. 44 et 51.

(2) J'ai signalé dans l'*Aperçu historique* (p. 527) le rapprochement qui se présente ici utilement, entre les ouvrages d'Apollonius, d'Eutocius et d'Hassan ben Haithem.

On est autorisé à croire que la démonstration d'Eutocius est précisément celle d'Apollonius, puisque c'est de son Ouvrage qu'il extrait l'exemple des *lieux plans* qu'il veut donner. Elle a, du reste, le caractère des démonstrations du grand géomètre. Mais une autre considération ajoute à la probabilité de notre conjecture. C'est que la démonstration d'Eutocius contient implicitement le Lemme que Pappus donne (proposition 119 de Commandin; p. 346. Édition de 1660) comme se rapportant au premier *lieu* du second livre d'Apollonius, c'est-à-dire à la proposition en question.

testablement la nature du *lieu*, ce qui seul constitue le caractère que nous avons fait ressortir.

Simson, en rétablissant les *lieux plans* d'Apollonius, a conservé rigoureusement la forme des énoncés transmise par Pappus. Mais il semble, dans un passage de son Traité des Porismes, n'avoir pas distingué, comme il le fallait, la différence qui existe entre le *lieu* et le *problème local*.

Il ne parle pas formellement du *problème local;* cependant on peut croire qu'il le comprend implicitement dans la définition du *lieu*, quand il dit :

« Le *lieu* est une proposition dans laquelle on demande » de démontrer qu'une certaine ligne ou surface est donnée, » ou de trouver une ligne ou surface dont tous les points » aient une propriété commune décrite dans l'énoncé de la » proposition; ou bien de démontrer qu'une certaine sur- » face est donnée, ou de trouver une surface, sur laquelle » des lignes tracées suivant une loi donnée, aient une » propriété commune décrite dans l'énoncé de la proposi- » tion. »

C'est ce que l'auteur exprime plus brièvement ainsi : « Locus est Propositio in qua propositum est datam esse » demonstrare, vel invenire lineam aut superficiem cujus » quodlibet punctum, vel superficiem in qua quælibet linea » data lege descripta, communem quandam habet proprie- » tatem in Propositione descriptam. » (*De Porismatibus, etc.*, p. 324.)

Ainsi Simson dit qu'un *lieu* est une proposition dans laquelle on demande de démontrer que les points d'une ligne dont la nature est donnée, jouissent de telle propriété commune;

Ou bien, une proposition par laquelle on demande de *trouver* la ligne dont tous les points jouissent de telle propriété commune.

Cette seconde partie de la définition constitue un *pro-*

blème local. Et rien, de la part de Pappus, ni d'Eutocius, ni d'Hassan ben Haithem, n'autorise à confondre le *problème* avec le *lieu*; puisque dans les propositions de *lieux* rapportées par ces trois géomètres, la nature du *lieu* est toujours *donnée* et jamais *à trouver*. Il est à remarquer que le témoignage seul d'Eutocius suffirait, puisqu'il se propose formellement de donner un exemple de ces propositions appelées *lieux*.

Du reste, ce que nous croyons être une inadvertance de Simson est tout à fait sans conséquence ultérieure dans le développement de ses idées sur la question des Porismes; et quand il cite, aussitôt après, deux propositions de *lieux*, il prend deux propositions conformes aux énoncés d'Apollonius, c'est-à-dire dans lesquelles la nature du lieu fait partie de l'hypothèse.

Porisme CLXVIII. — *Quand deux droites* DD′, EE′ *perpendiculaires au diamètre* AB *d'un cercle, coupent ce diamètre et son prolongement en deux points* D, E *de manière qu'on ait*

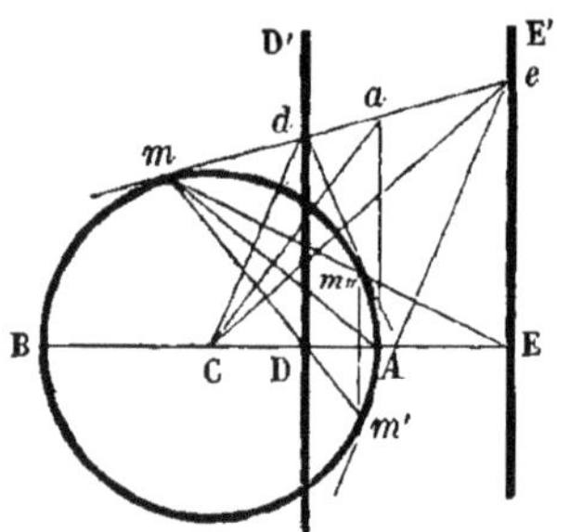

$$\frac{EA}{EB} = \frac{AD}{DB},$$

et qu'une tangente au cercle rencontre ces droites en deux points d, e : *les distances de ces points au centre du cercle sont entre elles dans une raison donnée.*

Cette raison est égale à $\frac{AD}{AE}$. De sorte qu'il faut démontrer que

$$\frac{Cd}{Ce} = \frac{AD}{AE}.$$

Qu'on mène la tangente em'; la corde mm' passera par le point D. Car si l'on connaît la droite eD et qu'on désigne par g, h et D_1, les points où elle rencontre la circonférence et la corde mm', on aura, d'après le Lemme XXVIII,

$$\frac{eg}{eh} = \frac{D_1 g}{D_1 h}.$$

D'un autre côté, d'après le Lemme XXXV,

$$\frac{eg}{eh} = \frac{Dg}{Dh}.$$

Donc le point D_1 coïncide avec D. Donc la corde mm' passe par le point D. Pareillement, si l'on mène la tangente dm'', la corde mm'' passera par le point E. Enfin la corde $m'm''$ est perpendiculaire au diamètre AB (Lemme XXX). Par conséquent, les angles Amm', Amm'' sont égaux ; et comme les droites Cd, Ce, Ca sont perpendiculaires aux cordes mm'', mm', mA, les angles dCa, eCa sont égaux. On a ainsi, dans le triagle dCe,

$$\frac{Cd}{Ce} = \frac{ad}{ae}.$$

Mais

$$\frac{ad}{ae} = \frac{AD}{AE}.$$

Donc

$$\frac{Cd}{Ce} = \frac{AD}{AE}.$$

C. Q. F. D.

Porisme CLXIX. — *Étant données deux demi-circonférences dont l'une est intérieure à l'autre et dont les bases* AB, A'B' *sont sur la même droite : on peut déterminer un point* O, *tel, que si une perpendiculaire à* AB, *rencontre les deux demi-circonférences*

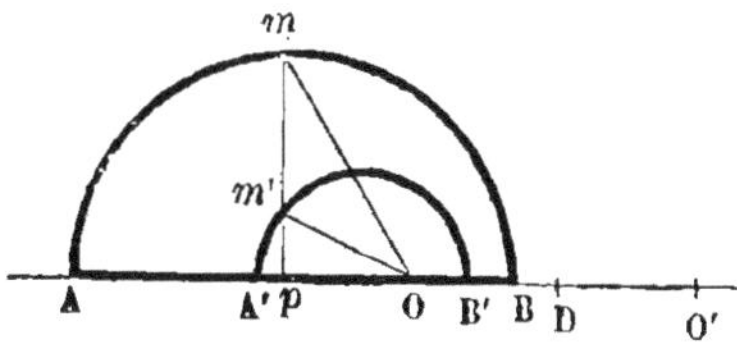

en m *et* m′ : *les distances de ces points au point* O *seront entre elles dans une raison constante.*

Soient O, O′ les deux points qui divisent harmoniquement chacun des deux diamètres AB, A′B′. L'un ou l'autre de ces points satisfait à la question. Et en appelant D le milieu de OO′ et C, C′ les centres des deux demi-cercles, on a

$$\frac{\mathrm{O}m}{\mathrm{O}m'} = \sqrt{\frac{\mathrm{OC}}{\mathrm{OC'}}}, \quad \text{et} \quad \frac{\mathrm{O'}m}{\mathrm{O'}m'} = \sqrt{\frac{\mathrm{O'C}}{\mathrm{O'C'}}}.$$

En effet, O et O′ divisent harmoniquement le diamètre AB : c'est-à-dire que

$$\frac{\mathrm{OA}}{\mathrm{OB}} = \frac{\mathrm{O'A}}{\mathrm{O'B}};$$

et, par suite,

$$\mathrm{CO}.\mathrm{CO'} = \overline{\mathrm{CA}}^2. \quad \text{(Lemme XXXIV.)}$$

Il résulte de cette équation, d'après le Porisme CXLIII, que

$$\overline{\mathrm{O}m}^2 = 2\mathrm{OC}.\mathrm{D}p.$$

Pareillement

$$\overline{\mathrm{O}m'}^2 = 2.\mathrm{OC'}.\mathrm{D}p.$$

Donc

$$\frac{\overline{\mathrm{O}m}^2}{\overline{\mathrm{O}m'}^2} = \frac{\mathrm{OC}}{\mathrm{OC'}}, \quad \text{et} \quad \frac{\mathrm{O}m}{\mathrm{O}m'} = \sqrt{\frac{\mathrm{OC}}{\mathrm{OC'}}}.$$

La démonstration est la même pour le point O′.

Donc, etc.

Ve Genre. (Voir p. 136.)

Porisme CLXX. — *Si autour d'un point* P *on fait tourner une droite qui rencontre un cercle en deux points* M, m : *les tangentes en ces points et les parallèles à ces tangentes, menées par le point* P, *forment un parallélogramme* PANa *dont la diagonale* Aa *est sur une droite donnée de position.*

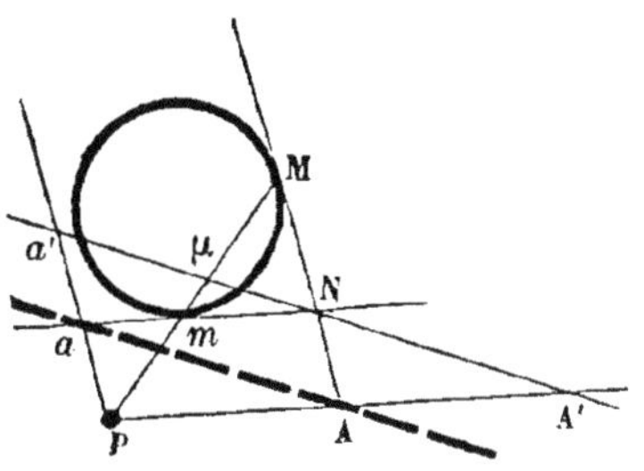

En effet, qu'on prolonge les côtés PA, Pa de quantités AA', aa' égales à ces mêmes côtés, respectivement : la droite A'a sera parallèle à Aa et passera par le sommet N du parallélogramme. Soit μ le point où elle rencontre la corde PmM. Les trois droites NM, Nμ, Nm coupées par les deux PM, PA' donnent, en vertu du Lemme XI,

$$\frac{Pm}{PM} : \frac{\mu m}{\mu M} = \frac{A'A}{PA}.$$

Or A'A = PA. Donc

$$\frac{Pm}{PM} = \frac{\mu m}{\mu M}.$$

Ce qui prouve (Porismes CLX et ci-après CLXXVII) que la droite μN est celle que l'on appelle la polaire du point P, et, par conséquent, est donnée de position. La droite Aa qui lui est parallèle et à une distance sous-double du point P, est donc aussi donnée de position. C. Q. F. D.

PORISME CLXXI. — *Si entre deux tangentes à un cercle* Sω, Sω', *on inscrit une autre tangente quelconque* mm', *et que d'un point* P *de la circonférence on mène les droites* Pm, Pm'; *une ligne* α *étant donnée de grandeur : il existera une droite, donnée de*

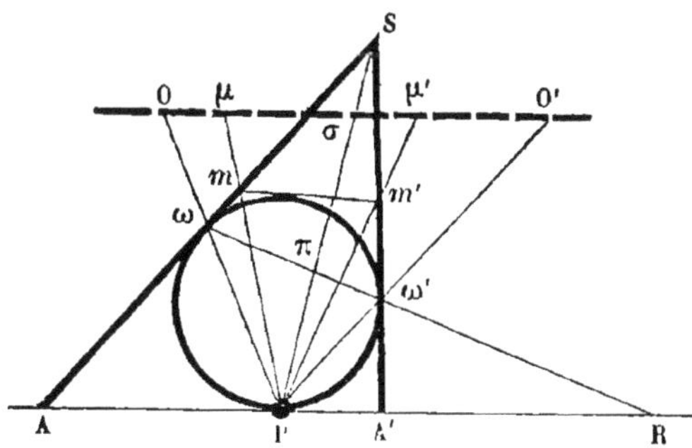

position, telle, que le segment $\mu\mu'$ *formé sur cette droite par* Pm, Pm$'$, *sera égal à la ligne* α.

Que l'on inscrive dans l'angle ωPS une droite $o\sigma$ égale à la ligne donnée α, et parallèle à la tangente menée au point donné P, cette droite satisfera à la question.

Il faut démontrer que $\mu\mu' = o\sigma = \alpha$.

En effet, on a, entre les deux systèmes de points A, ω, m, S et A$'$, S, m', ω', d'après le scolie du Porisme CXXX, la relation

$$\frac{\omega m}{\mathrm{S}m} : \frac{\omega \mathrm{A}}{\mathrm{SA}} = \frac{\mathrm{S}m'}{\omega' m'} : \frac{\mathrm{SA}'}{\omega' \mathrm{A}'}.$$

Or, les quatre droites PA, Pω, Pm, PS coupées par SA et $o\sigma$, donnent, en vertu du Coroll. II du Lemme XI (p. 83),

$$\frac{\omega m}{\mathrm{S}m} : \frac{\omega \mathrm{A}}{\mathrm{SA}} = \frac{o\mu}{\sigma\mu}.$$

Pareillement,

$$\frac{\mathrm{S}m'}{\omega' m'} : \frac{\mathrm{SA}'}{\omega' \mathrm{A}'} = \frac{\sigma\mu'}{o'\mu'}.$$

Donc

$$\frac{o\mu}{\sigma\mu} = \frac{\sigma\mu'}{o'\mu'}, \quad \text{ou} \quad \frac{o\mu}{\mu\sigma} = \frac{\sigma\mu'}{\mu' o'}.$$

Et, par suite,

$$\frac{o\mu + \mu\sigma}{o\mu} = \frac{\sigma\mu' + \mu' o'}{\sigma\mu'}, \quad \text{ou} \quad \frac{o\sigma}{o\mu} = \frac{\sigma o'}{\sigma\mu'}.$$

Cela posé, je dis que $o\sigma = \sigma o'$. On sait effectivement que le triangle ASA$'$ coupé par la droite R$\omega\omega'$, donne

$$\frac{\mathrm{RA}}{\mathrm{RA}'} \cdot \frac{\omega' \mathrm{A}'}{\omega' \mathrm{S}} \cdot \frac{\omega \mathrm{S}}{\omega \mathrm{A}} = 1;$$

ou, parce que Sω = ω'S, ωA = AP et ω'A$'$ = A$'$P,

$$\frac{\mathrm{RA}}{\mathrm{RA}'} = \frac{\mathrm{PA}}{\mathrm{PA}'}.$$

Et si l'on considère les trois droites SA, SP, SA' coupées par les deux AA', $\omega\omega'$, cette équation, en vertu du Lemme XIX, conduit à celle-ci :

$$\frac{R\omega}{R\omega'} = \frac{\pi\omega}{\pi\omega'}, \quad \text{ou} \quad \frac{\pi\omega}{\pi\omega'} : \frac{R\omega}{R\omega'} = 1.$$

Maintenant en appliquant aux quatre droites PA, Pω, Pπ, Pω' coupées par les deux $\omega\omega'$ et oo', le Corollaire II du Lemme XI, déjà cité, on a,

$$\frac{\pi\omega}{\pi\omega'} : \frac{R\omega}{R\omega'} = \frac{\sigma o}{\sigma o'}.$$

Donc $\sigma o = \sigma o'$. Par conséquent, l'équation ci-dessus

$$\frac{o\sigma}{o\mu} = \frac{\sigma o'}{\sigma\mu'}.$$

se réduit à $o\mu = \sigma\mu'$.

Il s'ensuit :

$$o\mu + \mu\sigma = \sigma\mu' + \mu\sigma,$$

ou

$$o\sigma = \mu\mu'.$$

Ce qu'il fallait démontrer. Donc, etc.

PORISME CLXXII. — *Si par un point* P *donné on mène deux sécantes quelconques* aa', bb', *qui forment les diagonales d'un quadrilatère* aba'b' *inscrit à un cercle donné : la droite* ef, *qui joint les deux points de concours des côtés opposés, est donnée de position.*

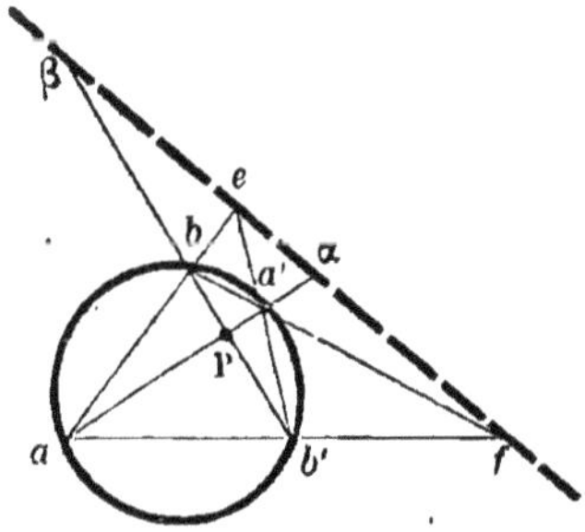

En effet, la diagonale aa' rencontre la droite ef en un point α pour lequel on a, d'après le Lemme V,

$$\frac{Pa}{Pa'} = \frac{a\alpha}{\alpha a'}.$$

On a de même, sur la diagonale bb',

$$\frac{Pb}{Pb'} = \frac{b\beta}{\beta b'}.$$

La droite ef est déterminée par les deux points α, β. Mais, d'après le Lemme XXVIII, quand le point P est au dehors du cercle, et, d'après le Lemme XXXV, quand ce point est dans l'intérieur du cercle, ces points α, β sont toujours sur une même droite, quelles que soient les deux sécantes Paa', Pbb'. Cette droite est la *polaire* du point P (Porisme CLX).

Le Porisme est donc démontré.

VIe Genre. (Voir p. 139.)

Porisme CLXXIII. — *Si autour d'un point fixe* P, *pris sur le diamètre* AB *d'un cercle, on fait tourner une droite qui rencontre la circonférence en* C *et* D, *et que l'on mène* DE *perpendiculaire au diamètre* AB : *la corde* EC *passera par un point donné.*

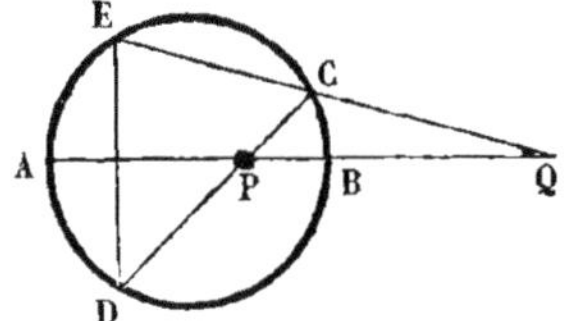

Ce Porisme est une conséquence immédiate du Lemme XXX (proposition 156).

Porisme CLXXIV. — *Étant donné un demi-cercle* ADB, *si l'on mène une droite* MM' *qui forme sur les tangentes aux extrémités de ce diamètre deux segments dont le rectangle* AM.BM' *soit égal à un espace donné* ν : *la perpendiculaire à cette droite, menée par le point* m *où elle rencontre le demi-cercle, passera par un point donné.*

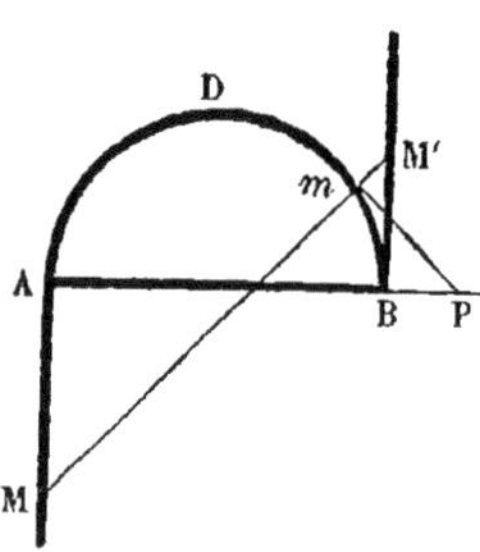

Qu'on prenne le point P déterminé par l'égalité

$$PA.PB = \nu;$$

ce sera le point cherché.

Cela résulte du Lemme XXXI (proposition 157), d'après lequel la perpendiculaire à MM' menée par le point m, rencontre le diamètre AB en un point P, tel, que l'on a

$$PA.PB = AM.BM' = \nu.$$

PORISME CLXXV. — *Si autour d'un point* D *pris dans le plan d'un cercle on fait tourner un côté d'un angle droit dont le sommet* M *glisse sur la circonférence du cercle, et que par le point* E *où l'autre côté rencontre la circonférence, on mène une parallèle au premier côté : cette droite passera par un point donné.*

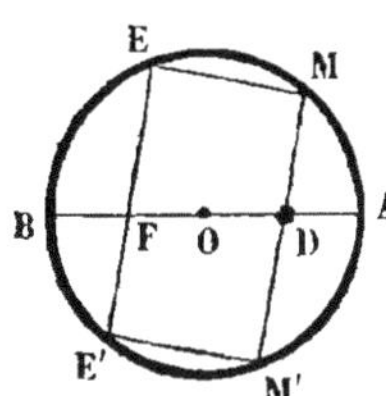

Qu'on prenne sur AB le point F, tel, que OF = OD, O étant le centre du cercle. Ce sera le point qui satisfait à la question.

La démonstration résulte du Lemme XXXVI (proposition 162).

En effet, qu'on prolonge la droite MD et sa parallèle jusqu'à leur rencontre avec la circonférence, en M' et E', on forme un rectangle inscrit MEE'M'. D'après le Lemme, les deux côtés parallèles MM', EE' sont à égale distance du centre; donc tout diamètre les rencontre en deux points situés à égale distance du centre. Donc la droite EE' passe par le point F situé sur le diamètre AB à la distance OF égale à OD. Ce qui démontre le Porisme.

PORISME CLXXVI. — *Un angle de grandeur donnée se meut de manière qu'un de ses côtés passe par un point donné, et que son sommet glisse sur une circonférence de cercle ; son deuxième côté rencontre la circonférence en un deuxième point par lequel on mène une droite faisant avec ce côté un angle égal à l'angle mobile, mais dans un sens contraire : cette droite passe par un point donné.*

La démonstration de cette proposition se déduit du Porisme précédent qui n'en est qu'un cas particulier, celui où l'angle mobile est droit.

Reprenons, en effet, la figure précédente et concevons qu'on ait abaissé du point D sur ME une oblique DN faisant l'angle N de la grandeur donnée; le point N sera sur un cercle. Car le triangle rectangle MDN est donné d'espèce: par conséquent, son hypoténuse DN est proportionnelle au côté DM. Si l'on portait sur DM une ligne égale à DN, son extrémité serait sur un cercle ayant le point D pour centre de similitude avec le cercle AMB. Et si l'on suppose que ce cercle tourne autour du point D d'un angle égal à MDN, il deviendra le lieu du point N. Ce point est donc sur un cercle Σ. Le point A′ où la droite DA′, faisant avec DA l'angle ADA′ égal à MDN, rencontre la tangente en A, appartiendra au cercle Σ, dont le centre sera en O′ au point d'intersection de la droite DA′ et de la perpendiculaire à DF élevée par le centre O du premier cercle.

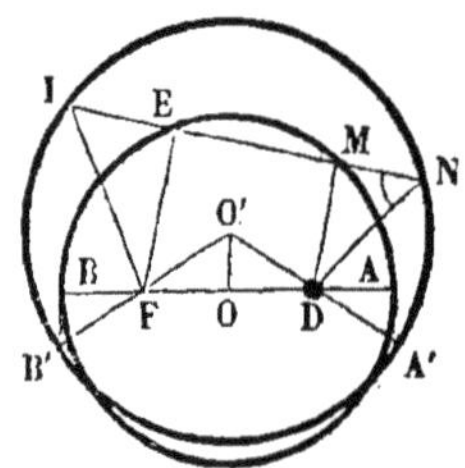

Maintenant si l'on suppose que du point F on abaisse sur la droite ME une oblique FI faisant l'angle en I égal à l'angle en N, mais en sens contraire, de manière que le premier étant à droite de la perpendiculaire DM, le second soit à gauche de la perpendiculaire FE : le point I sera sur un cercle qui sera évidemment le même que le cercle Σ. Car son centre sera sur la droite FB′ faisant avec FB l'angle BFB′ égal à EFI, et, par conséquent, coïncidera avec le centre O′ de Σ; en outre, son rayon O′B′ sera égal à O′A′.

On conclut de là que : Si par un point D donné dans le plan d'un cercle Σ on mène une droite DN à un point de la circonférence, et par ce point une droite NI faisant avec DN un angle donné, puis par le point I une autre droite faisant avec NI un angle égal à l'angle N, mais dans un sens différent : cette droite passera par un point fixe F situé sur la droite DA qui fait avec le rayon O'D du cercle Σ, un angle ADA' égal au complément de l'angle donné N.

Ce qui démontre le Porisme.

PORISME. CLXXVII. — *Si de chaque point d'une droite donnée de position dans le plan d'un cercle, on mène deux tangentes au cercle : la corde qui joint les deux points de contact passe par un point donné.*

Soient MA, MB et *ma*, *mb* les tangentes menées par deux points M, *m* de la droite LM. Ces tangentes forment le quadrilatère circonscrit MC*m*D dans lequel les cordes A*a*, B*b* se rencontrent en un point Q de la diagonale M*m* (Porisme CLXII, Coroll.), et les cordes A*b* et B*a* en un point R de la même diagonale. Soit P le point de rencontre des deux cordes de contact AB, *ab*; et E, *e* les points où ces cordes rencontrent la droite LM.

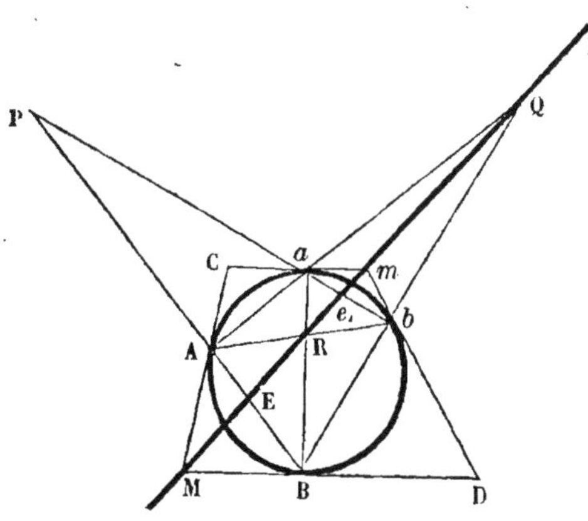

Considérons le quadrilatère *a*Q*b*R dont les points de concours des côtés opposés sont A et B. La droite qui joint ces points, c'est-à-dire la corde AB, est rencontrée par les deux diagonales *ab* et QR en P et E, et l'on a (Lemme V),

$$\frac{PA}{PB} = \frac{EA}{EB}.$$

Donc, quelle que soit la corde *ab*, c'est-à-dire quel que soit le point *m* sur la droite LM, le point P par lequel passe cette corde est fixe et déterminé. Ce qui démontre le Porisme.

Corollaire. On a, évidemment,

$$\frac{Pa}{Pb} = \frac{ea}{eb};$$

de sorte que d'après le Porisme CLX, si la droite LM rencontre le cercle, le point P est le point de concours des tangentes aux deux points de rencontre. On en conclut ce théorème :

Quand un angle est circonscrit à un cercle, si par son sommet on mène une droite qui rencontre le cercle, les tangentes aux deux points de rencontre se coupent sur la corde qui joint les points de contact des deux côtés de l'angle. On peut dire, sur la polaire du sommet de l'angle.

PORISME CLXXVIII. — *Un angle* APB *étant circonscrit à un cercle, et un point* Q *étant donné sur la corde de contact* AB; *si par ce point et le sommet de l'angle on mène deux droites qui se coupent en* M *sur le cercle : la corde* mm' *que ces droites interceptent dans le cercle passe par un point donné.*

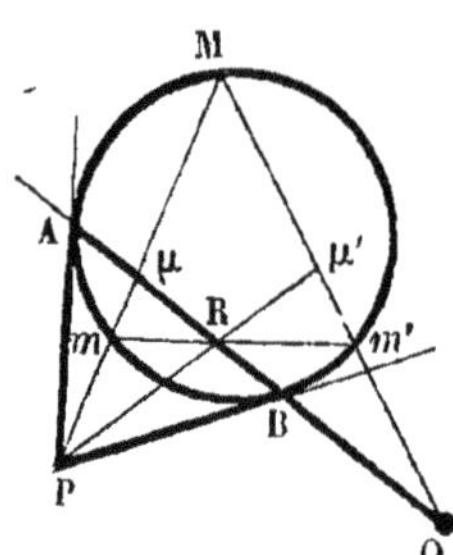

Ce point est sur AB et se détermine par la proportion

$$\frac{\mathrm{RA}}{\mathrm{RB}} = \frac{\mathrm{AQ}}{\mathrm{QB}}.$$

En effet, la droite PM rencontre la corde de contact AB en μ, et l'on a

$$\frac{\mathrm{PM}}{\mathrm{P}m} = \frac{\mu \mathrm{M}}{\mu m}. \quad \text{(Porisme CLX.)}$$

Le point μ' déterminé sur QM par l'équation

$$\frac{\mathrm{QM}}{\mathrm{Q}m'} = \frac{\mu' \mathrm{M}}{\mu' m'},$$

est, de même que le point R, sur la corde de contact des tangentes menées par le point Q (Porisme CLX). Cette corde, d'après le corollaire du Porisme précédent, passe par le point P.

Les deux dernières équations donnent celle-ci :

$$\frac{\mathrm{PM}}{\mathrm{P}m} : \frac{\mu \mathrm{M}}{\mu m} = \frac{\mu' \mathrm{M}}{\mu' m'} : \frac{\mathrm{QM}}{\mathrm{Q}m'},$$

entre les deux séries de points P, M, m, μ et μ', M, m', Q situés sur les deux droites PM, QM. Et cette équation prouve, d'après le Lemme XVI, que les trois droites Pμ', Qμ, mm' passent par un même point : c'est-à-dire, que la corde mm' passe par le point d'intersection des deux droites Pμ', Qμ, ou PR, QA. Ce qui démontre le Porisme.

Porisme CLXXIX. — *Deux droites parallèles* LC, L'C' *étant données dans le plan d'un cercle, si par chaque point de* LC *on mène deux tangentes au cercle et une droite au point milieu du segment que ces tangentes interceptent sur* L'C' : *cette droite passe par un point donné.*

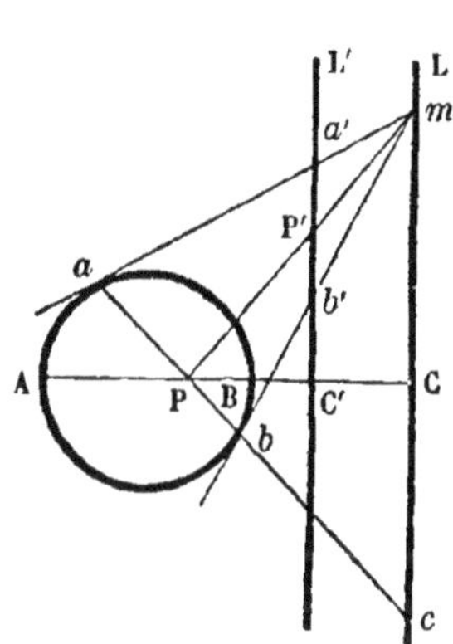

En effet, on a vu dans le Porisme CLXXVII que la droite ab qui joint les deux points de contact de chaque couple de tangentes, passe par un point fixe P, et que, c étant le point où ab rencontre LC, on a la proportion

$$\frac{\mathrm{P}a}{\mathrm{P}b} = \frac{ca}{cb}.$$

De plus les trois droites ma, mb, mP rencontrent la droite L'C' en a', b' et P', et l'on a

$$\frac{\mathrm{P}'a'}{\mathrm{P}'b'} = \frac{\mathrm{P}a}{\mathrm{P}b} : \frac{ca}{ca}.$$ (Corollaire II, p. 83.)

Donc

$$\frac{\mathrm{P}'a'}{\mathrm{P}'b'} = 1, \quad \text{ou} \quad \mathrm{P}'a' = \mathrm{P}'b'.$$

Donc la droite menée du point m au milieu P′ du segment $a'b'$, passe par le point fixe P.

Le Porisme est donc démontré.

Porisme CLXXX. — *Étant donnés deux droites* SA, SA′, *un point* P *et un espace* ν : *on peut trouver sur ces droites deux points* I *et* J′ *en ligne droite avec le point* P, *et tels, que si l'on prend sur* SA, SA′, *deux points* m, m′ *liés par l'équation*

$$\mathrm{I}m\,.\,\mathrm{J}'m' = \nu,$$

la droite mm′ *passera par un point donné.*

Que l'on mène par le point P la droite IJ′, telle, que SI . SJ′ $= \nu$; ce que l'on fait par le Lemme XXXVIII (proposition 164) : les deux points I et J′ satisfont à la question, et le sommet Q du parallélogramme construit sur les deux côtés SI, SJ′ est le point par lequel passent les droites mm'.

Cela est une conséquence du Porisme CXVIII.

Porisme CLXXXI. — *Quand deux droites qui tournent autour de deux points* P, Q *d'un cercle, en se coupant toujours sur la circonférence, rencontrent deux droites fixes* SA, SA′, *menées par un autre point du cercle, en deux points* m, m′ : *la droite* mm′ *passe par un point donné.*

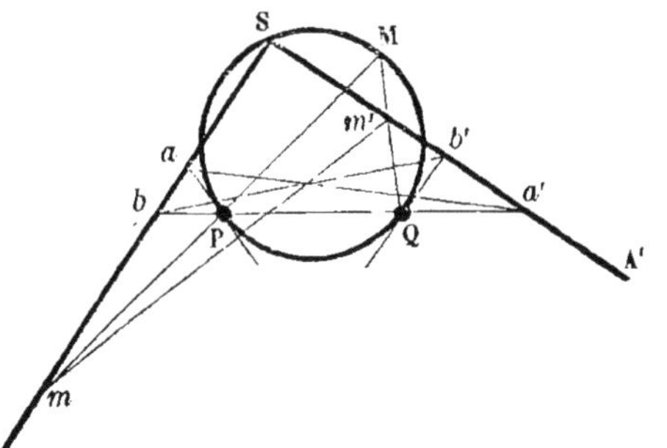

Soient a et b' les points où les tangentes en P et en Q rencontrent, respectivement, les deux droites SA, SA′; et b, a' les points de section de ces droites par la ligne PQ. Le point de rencontre des deux droites aa', bb' est le point cherché; c'est-à-dire que la droite mm' passe par ce point.

En effet, les quatre droites Pa, Pb, PS et Pm font entre elles des angles égaux à ceux des droites Qa', Qb', QS et Qm'. Par conséquent (d'après le Corollaire III, p. 84) la relation suivante a lieu entre les deux séries des quatre points S, a, b, m et S, a', b', m' :

$$\frac{Sm}{Sa} : \frac{bm}{ba} = \frac{Sm'}{Sa'} : \frac{b'm'}{b'a'}, \quad \text{ou} \quad \frac{Sm \cdot ba}{bm \cdot Sa} = \frac{Sm' \cdot b'a'}{b'm' \cdot Sa'}.$$

Or cette équation prouve, d'après le Lemme X ou XVI, que la droite mm' passe par le point d'intersection des deux droites aa', bb'. Donc, etc.

Porisme CLXXXII. — *Un quadrilatère étant inscrit dans un cercle, si on le déforme en faisant tourner trois de ses côtés autour de trois points fixes* P, Q, R *situés en ligne droite: le quatrième côté passera par un point donné.*

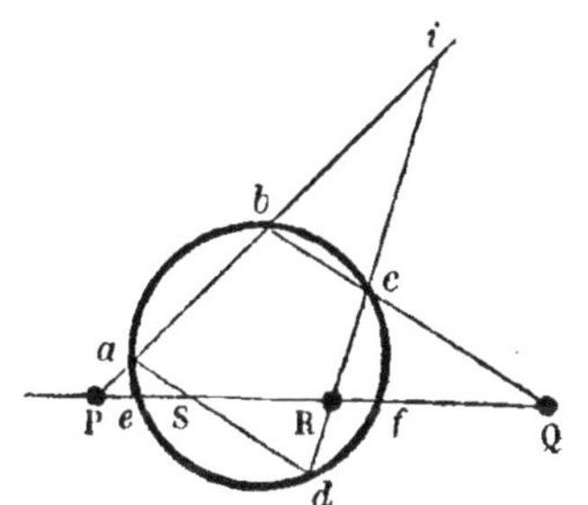

En effet, soit S le point où le quatrième côté rencontre la droite sur laquelle sont les trois points P, Q, R; et soit i le point de rencontre des deux côtés opposés ab, cd du quadrilatère. Considérant le triangle PiR coupé par les deux droites ad et bc, on a, d'après le théorème de Ptolémée,

$$\frac{Pa}{ia} \cdot \frac{id}{Rd} \cdot \frac{RS}{PS} = 1,$$

$$\frac{ic}{Rc} \cdot \frac{RQ}{PQ} \cdot \frac{Pb}{ib} = 1.$$

Multipliant membre à membre et observant que

$$ia \cdot ib = ic \cdot id,$$

on obtient

$$\frac{Pa \cdot Pb}{Rc \cdot Rd} = \frac{PQ \cdot PS}{RQ \cdot RS}.$$

Le premier membre est constant, par conséquent le rapport $\frac{PS}{RS}$ l'est aussi. Ce qui démontre le Porisme.

Porisme CLXXXIII. — *Étant donnés deux cercles, si l'on mène deux rayons parallèles: la droite qui joindra leurs extrémités passera par un point donné.*

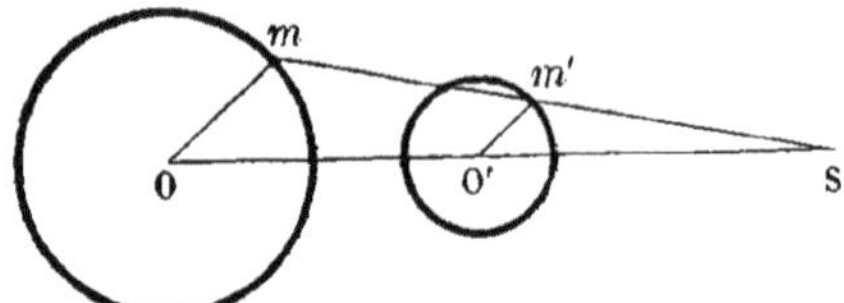

En effet, soit S le point où la droite mm' rencontre la ligne des centres OO': les deux triangles mOS, m'O'S sont semblables, et l'on a

$$\frac{SO}{SO'} = \frac{Om}{O'm'} = \frac{R}{R'},$$

en appelant R, R' les rayons des deux cercles.

Ainsi le point S est fixe. Donc, etc.

Remarque. On a

$$\frac{Sm}{Sm'} = \frac{SO}{SO'} = \frac{R}{R'}.$$

Par conséquent les deux cercles sont deux figures semblables dont le *centre de similitude* est en S.

Il est clair que les tangentes aux deux cercles, en leurs points homologues mm' sont parallèles, puisque les rayons Om, Om' sont parallèles.

Dans la figure, les deux rayons parallèles Om, Om' ont la même direction. S'ils avaient des directions contraires, la droite mm' passerait encore par un point fixe, différent de S. Ainsi deux cercles ont deux centres de similitude.

VIIe Genre. (Voir p. 144.)

Porisme CLXXXIV. — *Étant donné un triangle* ABC, *si par les deux points* A, B, *on fait passer plusieurs cer-*

cles, dont chacun rencontre les côtés AC, BC *en deux points* m, m'; *un point* D *étant donné sur* CA : *on peut trouver un point* E *sur* CB, *tel, que les deux segments* Dm, Em' *seront entre eux dans un rapport donné.*

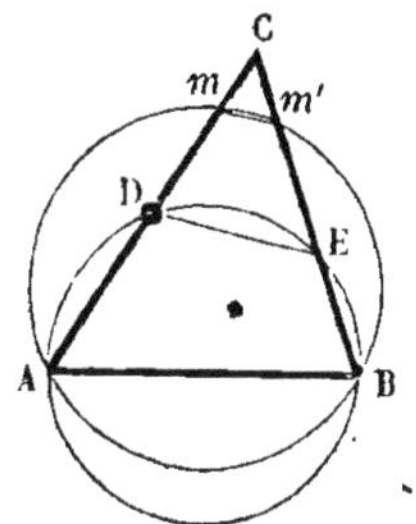

Le cercle mené par les trois points A, B, D rencontre le côté BC au point demandé E. Et l'on a

$$\frac{\mathrm{D}m}{\mathrm{E}m'} = \frac{\mathrm{DC}}{\mathrm{EC}}.$$

En effet, les deux cordes DE, mm' sont parallèles, parce que les angles ADE, Amm' sont égaux entre eux, comme suppléments de l'angle ABC. Par conséquent

$$\frac{\mathrm{D}m}{\mathrm{E}m'} = \frac{\mathrm{DC}}{\mathrm{EC}}.$$

Donc, etc.

Porisme CLXXXV. — *Quand plusieurs cercles passent par deux points* P, Q, *et rencontrent deux droites fixes* PA, PB, *menées par un de ces points, en des couples de points* a, b; a', b'; ... : *le rapport des segments* aa', bb' *faits par deux quelconques des cercles, est donné.*

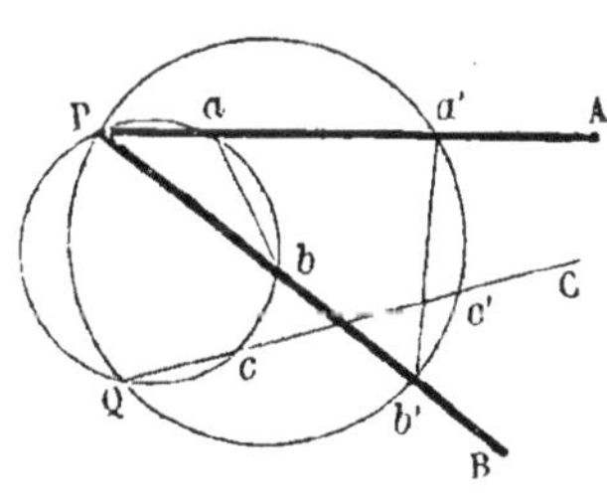

En d'autres termes, les cercles divisent les deux droites en parties proportionnelles.

En effet, menons par le point Q une droite QC qui rencontre les cercles aux points c, c', ... Le rapport $\frac{aa'}{cc'}$ est donné (Porisme précédent); et de même le rapport $\frac{bb'}{cc'}$. Donc $\frac{aa'}{bb'}$ est donné. C. Q. F. D.

Corollaire. Il résulte de là, en vertu du Porisme CVII, que : *Les milieux des cordes* ab, a′b′, . . . *sont sur une même droite.*

PORISME CLXXXVI. — *Un cercle est circonscrit à un triangle* PQR, *et deux droites fixes* SA, SA′ *sont parallèles aux deux côtés* PR, QR; *si autour des deux points* P, Q *on fait tourner deux droites qui se coupent sur la circonférence du cercle et qui rencontrent* SA, SA′ *en* m *et* m′; *le point* A *étant donné sur* SA : *on pourra trouver le point* A′ *sur* SA′ *et une raison* λ, *tels, que le rapport des deux segments* Am, A′m′ *sera égal à cette raison.*

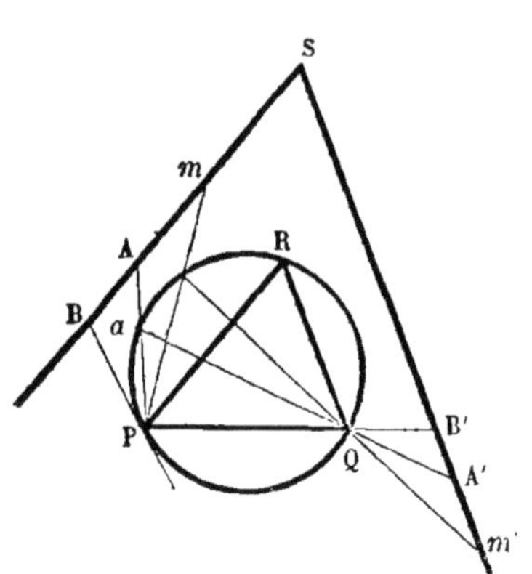

La droite PA rencontre le cercle en a, et la droite Qa rencontre SA′ au point cherché A′. Soit B le point où la tangente en P rencontre SA, et B′ le point où PQ rencontre SA′. La raison λ est égale à $\frac{AB}{A'B'}$.

En effet, le faisceau de quatre droites PA, PB, Pm et PR, a ses angles égaux à ceux des quatre droites QA′, QB′, Qm' et QR. Il s'ensuit, comme il a été démontré pour le Porisme CX, qu'il existe entre les deux systèmes de points A, B, m et A′, B′, m' la relation

$$\frac{Am}{AB} = \frac{A'm'}{A'B'} \quad \text{ou} \quad \frac{Am}{A'm'} = \frac{AB}{A'B'}.$$

Donc, etc.

IXe Genre. (Voir p. 149.)

PORISME CLXXXVII. — *Si l'on prend sur une droite* OA *deux points variables* m, m′, *déterminant des segments dont le rectangle* Om.Om' *soit égal au carré construit sur une droite donnée* a; n *étant le milieu de ces deux points, et* b *une ligne donnée : on peut trouver un point* E *et une raison* μ, *tels, que l'on aura toujours*

$$\frac{Em.Em'}{b.En} = \mu.$$

Il suffit de prendre OE $= a$, et $\mu = 2\,\frac{OE}{b}$. Cela résulte du Lemme XXIII (proposition 149).

En effet, puisque Om.Om' $= a^2 = \overline{OE}^2$, il s'ensuit, d'après ce Lemme, que

$$Em.Em' = OE\,(Em + Em'),$$

ou

$$\frac{Em.Em'}{2\,En} = OE, \quad \text{et} \quad \frac{Em.Em'}{b.En} = \frac{2\,OE}{b} = \mu.$$

Si le point E, au lieu d'être placé comme dans la figure, était pris du même côté de O que m et m', ce serait le Lemme XXV (proposition 151) que l'on invoquerait.

Porisme CLXXXVIII. — *Quand un cercle est inscrit dans un triangle* AA'B, *si l'on fait tourner sur la circonférence une tangente qui rencontre les côtés* BA, BA' *en deux points* m, m' : *on peut trouver un point* J' *sur le côté* BA', *et une ligne* μ, *tels, qu'on aura toujours l'égalité*

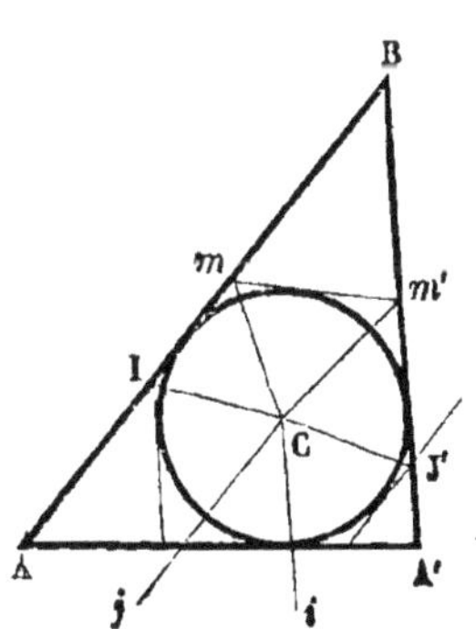

$$\frac{Am\,.\,J'm'}{A'm'} = \mu.$$

La tangente parallèle à AB coupe A'B au point cherché J'. La tangente parallèle à A'B coupe AB en un point I, et l'on a $\mu =$ AI.

En effet, soient Ci, Cj les parallèles aux deux côtés A′B, AB menées par le centre du cercle. On démontre comme au Porisme CXXX, que les quatre droites CA, Cm, CI et Cj font entre elles, deux à deux, des angles égaux aux angles des droites CA′, Cm', Ci, CJ′. Et on en conclut par la même démonstration que pour le Porisme CXXII, cette égalité

$$\frac{\mathrm{A}m}{\mathrm{AI}} = \frac{\mathrm{A}'m'}{\mathrm{J}'m'} \quad \text{ou} \quad \frac{\mathrm{A}m\,.\,\mathrm{J}'m'}{\mathrm{A}'m'} = \mathrm{AI}.$$

C. Q. F. D.

Porisme CLXXXIX. — *Si autour de deux points* P, Q *d'un cercle, on fait tourner deux droites qui se coupent en* M *sur la circonférence, et rencontrent une droite fixe* LA *en* m *et* m′; *le point* A *étant donné, ainsi qu'une ligne* α : *on pourra trouver deux autres points,* A′ *et* J′ *sur* LA, *tels, que le rapport des rectangles* A m . J′m′ *et* A′m′ . α *sera constant.*

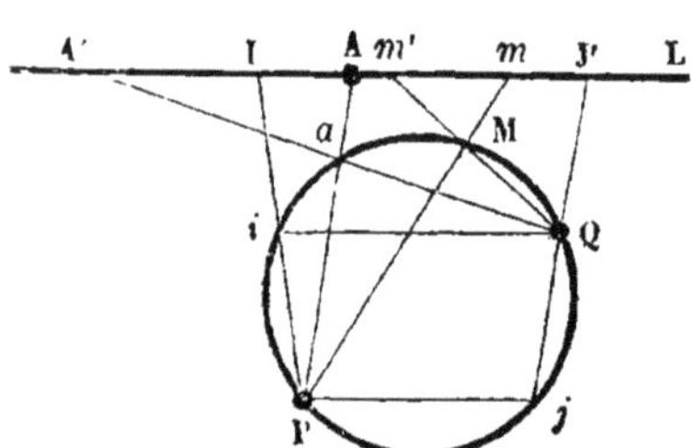

Qu'on mène PA qui coupe le cercle en a; Qa détermine le point demandé A′. Soient Pj, Qi parallèles à LA; les droites Qj, Pi coupent LA en J′ et I. J′ est le deuxième point demandé; et l'on a

$$\frac{\mathrm{A}m\,.\,\mathrm{J}'m'}{\mathrm{A}'m'\ \alpha} = \frac{\mathrm{AI}}{\alpha},$$

ou bien

$$\frac{\mathrm{A}m\,.\,\mathrm{J}'m'}{\mathrm{A}'m'} = \mathrm{AI}.$$

En effet, les quatre droites PA, Pm, PI et Pj font entre elles des angles égaux à ceux des droites QA′, Qm', Qi, QJ′. Si l'on conçoit que ces droites issues du point Q rencontrent une transversale en des points A″, m'', I″, J″ : en comparant ces points d'abord aux trois A, m, I, puis aux trois

A′, m', J′, on obtiendra les relations

$$\frac{A''m''}{A''I''} : \frac{J''m''}{J''I''} = \frac{Am}{AI}, \quad \text{(Cor. des Lemmes III et XI, p. 83.)}$$

$$\frac{A''m''}{A''I''} : \frac{J''m''}{J''I''} = \frac{A'm'}{J'm'}.$$

Donc

$$\frac{Am}{AI} = \frac{A'm'}{J'm'}, \quad \text{ou} \quad \frac{Am.J'm'}{A'm'} = AI.$$

C. Q. F. D.

Xe Genre. (Voir p. 156.)

Porisme CXC. — *On a un cercle dont le diamètre est* AB; *la tangente en* E *est parallèle à ce diamètre, et les points* I *et* J′ *de cette droite appartiennent aux tangentes en* A *et en* B; *si autour de ces points* A, B *on fait tourner deux droites qui se coupent sur la demi-circonférence* ADC, *et qui rencontrent la tangente* IJ′ *en* m *et* m′ : *le rectangle* Im′.J′m *sera égal à un espace donné augmenté du rectangle formé sur l'abscisse* mm′ *et une ligne donnée.*

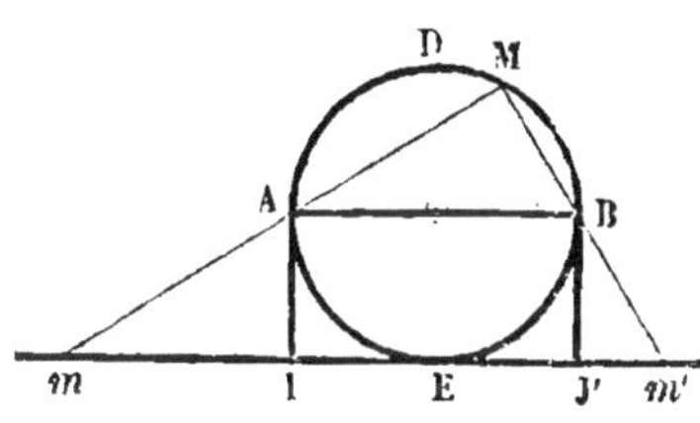

L'espace donné est IE.J′E, et la ligne donnée J′I. De sorte que l'équation à démontrer est

$$Im'.J'm = IE.J'E + J'I.mm'.$$

En effet, les quatre points m, m', I, J′ sont liés par l'équation suivante, d'après le Porisme LIX,

$$Im'.J'm = Im.J'm' + J'I.mm'.$$

Il suffit donc de prouver que $Im.J'm' = IE.J'E$.

Or les triangles AmI, $m'BJ'$, sont semblables. Donc

$$\frac{Im}{AI} = \frac{BJ'}{J'm'}, \quad \text{ou bien} \quad Im.J'm' = AI.BJ'.$$

Et comme $AI = BJ' = IE = J'E$, il en résulte

$$Im.J'm' = IE.J'E.$$

Donc, etc.

Observation. On trouverait de même que si le point M était pris sur la demi-circonférence AEB, l'équation deviendrait

$$Im'.J'm + IJ'.mm' = IE.J'E.$$

Elle répondrait donc à un Porisme exprimé par la formule

$$Im'.J'm + \mu.mm' = \nu.$$

Mais cette formule ne se trouve pas dans les énoncés de Pappus. Nous en dirons plus loin la raison (à la suite du Porisme CXCIX).

Porisme CXCI. — *Un trapèze* PiQj *est inscrit dans un cercle, et une droite* AL *parallèle à ses côtés* Pj, Qi, *est prise au dehors du cercle; le point* A *étant donné sur cette droite : on pourra trouver un autre point* B', *un rectangle* ν *et une ligne* μ, *tels, que si de chaque point* M *de l'arc* iPj, *on mène les droites* MP, MQ, *qui coupent* LA *en* m *et* m', *on aura toujours la relation*

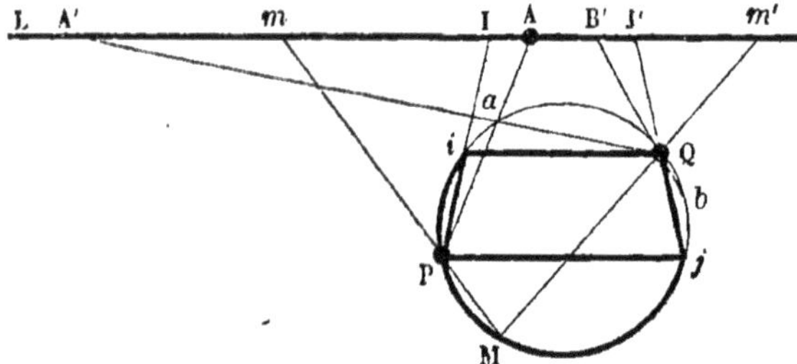

$$Am.B'm' = \nu + \mu.mm'.$$

Qu'on mène PA qui rencontre le cercle en a, et Qa qui

détermine le point A'. Puis, Pi et Qj qui coupent AL en I et J' On prendra $J'B' = AI$, $\nu = AI.A'A$ et $\mu = AI$.

En effet, d'après le Porisme CLXXXIX, on a l'égalité

$$Am.J'm' = A'm'.AI,$$

et l'on en conclut, comme au Porisme CXXIII, l'équation

$$Am.B'm' = AI.A'A + AI.mm';$$

ce qui démontre le Porisme.

Observation. Si l'on cherche ce que devient l'équation quand le point M est pris sur l'arc $iaQbj$ qui avec iPj complète la circonférence, on trouve qu'il y a deux cas à considérer :

Pour les points des arcs ia, jb contigus à iPj, l'équation est

$$Am.B'm' + AI.AA' = AI.mm'.$$

Et pour les points de l'arc aQb, elle devient

$$Am.B'm' + IA.mm' = IA.A'A.$$

Ainsi la circonférence est partagée en quatre arcs consécutifs jPi, ia, aQb, bj dont le premier et le troisième donnent lieu à deux équations différentes, et les deux autres à une seule équation.

XIIe Genre. (Voir p. 152.)

Porisme CXCII. — *Un segment de cercle* AmB *étant donné, ainsi qu'une raison* λ : *on peut trouver un point* C *et une raison* μ, *tels, que les distances de chaque point* m *de l'arc de cercle* AmB *aux trois points* A, B, C *auront entre elles la relation constante*

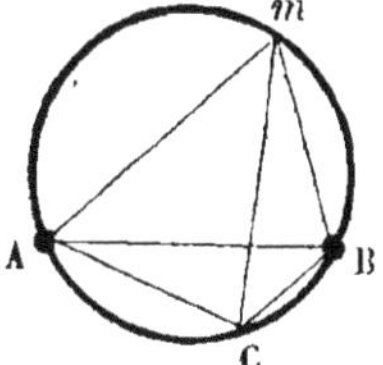

$$\frac{Am + \lambda.Bm}{Cm} = \mu.$$

Qu'on prenne sur l'arc ACB, qui complète la circonférence du cercle, le point C déterminé par le rapport $\frac{AC}{CB} = \lambda$; ce qu'on fait par le Lemme XXIX; puis $\mu = \frac{AB}{BC}$: on aura

$$\frac{Am + \frac{AC}{CB} \cdot Bm}{Cm} = \frac{AB}{BC}.$$

En effet, les quatre points A, B, C, m sont les sommets d'un quadrilatère inscrit au cercle, dans lequel, d'après le théorème connu des Anciens et qui fait la base de leur trigonométrie, le produit des diagonales est égal à la somme des produits des côtés opposés; c'est-à-dire que

$$AB.Cm = Am.BC + Bm.AC,$$

ou

$$\frac{Am + \frac{AC}{BC} Bm}{Cm} = \frac{AB}{BC}.$$

C. Q. F. D.

Observation. Si la raison donnée est égale à l'unité, le point C sera le milieu de l'arc ACB, et l'équation satisfera à l'énoncé du XIVe Genre (voir p. 172).

XVe Genre. (Voir p. 174.)

Porisme CXCIII. — *Deux droites* OA, OB' *étant données, si l'on mène une droite* mm' *qui fasse soit avec* AO *et* OB, *soit avec* OA *et le prolongement de* OB, *un triangle* mOm' *égal à un espace donné* ν : *le rectangle des deux segments* Om, Om' *est donné.*

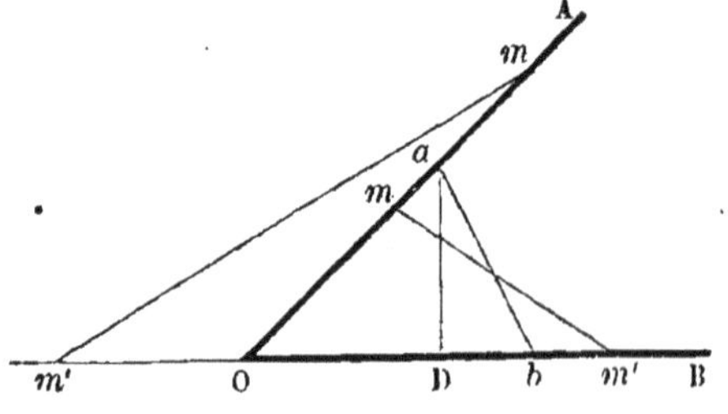

Cela résulte des Lemmes XX et XXI. En effet, soit ab une position de la droite mm'. Les deux triangles aOb, mOm' sont égaux par hypothèse. Leurs angles en O sont égaux ou supplémentaires; par conséquent, d'après le Lemme XX dans le premier cas et le Lemme XXI dans le second, leurs surfaces sont entre elles comme les rectangles $Oa.Ob$ et $Om.Om'$. Donc ces rectangles sont égaux.

Soit aD perpendiculaire sur OB; on a

$$\text{triangle } bOa = \frac{Ob.aD}{2} = \nu,$$

d'où

$$Ob = \frac{2\nu}{aD} \quad \text{et} \quad Oa.Ob = 2\nu.\frac{Oa}{aD}.$$

Le rapport $\frac{Oa}{aD}$ est constant, quel que soit le point a pris sur OA. Le rectangle $Oa.Ob$, et par conséquent $Om.Om'$, qui lui est égal, est donc déterminé.

Ce qui démontre le Porisme.

Porisme CXCIV. — *Si d'un point* P *pris sur le diamètre* AB *d'un demi-cercle, on mène une droite à chaque point* M *de la circonférence, et que par ce point on mène à cette droite une perpendiculaire qui rencontrera en deux points* m, m', *les tangentes en* A *et* B : *le rectangle* Am.Bm' *sera donné.*

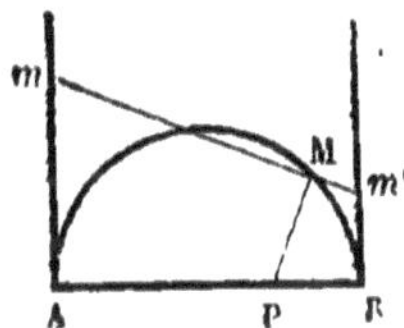

Cela résulte du Lemme XXXI (proposition 157) d'après lequel

$$Am.Bm' = PA.PB.$$

Porisme CXCV. — *Si autour d'un point fixe on fait tourner un côté d'un angle de grandeur donnée dont le sommet glisse sur une circonférence de cercle : l'autre côté de l'angle forme sur deux certaines droites données de position deux segments dont le rectangle est donné.*

Soient D le point donné sur le diamètre A'B', et DNK une position de l'angle mobile. Qu'on mène A'X faisant l'angle XA'D égal à DNK, et B'Y parallèle à A'X; puis par le point D une perpendiculaire à ces droites, qui les rencontre en A et B. Le côté NK de l'angle N fait sur ces droites les segments A*m*, B'*m'* dont le rectangle est égal à DA.DB.

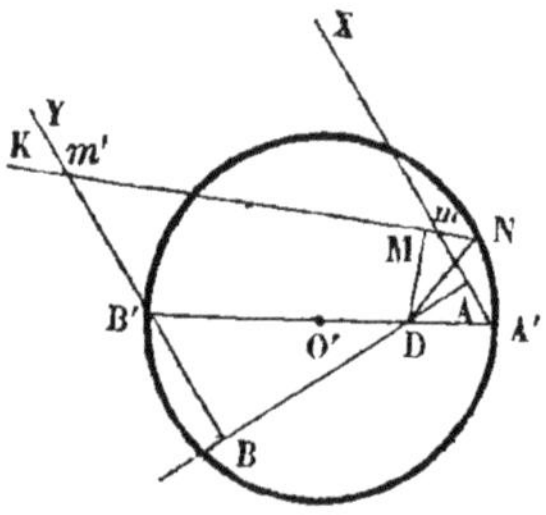

Cela résulte du Porisme précédent; car si l'on mène DM perpendiculaire sur le côté NK de l'angle mobile, le point M sera sur le cercle décrit sur AB comme diamètre (ce qu'on démontre par le raisonnement déjà employé au Porisme CLXXVI). Donc, d'après le Porisme précédent,

$$A m . B m' = DA . DB.$$

C. Q. F. D.

Porisme CXCVI. — *Si autour de deux points fixes* D, D' *pris sur le diamètre* AB *d'un demi-cercle à égale distance du centre, on fait tourner deux droites parallèles qui rencontrent la circonférence en deux points*, E, E' : *la droite* EE' *forme sur les tangentes en* A *et* B *deux segments* Am, Am' *dont le rectangle est donné.*

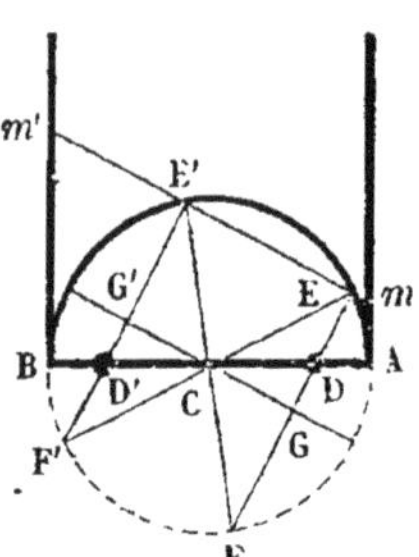

Ce rectangle est égal à DA.DB.

En effet, les deux droites DE, D'E' étant parallèles et également éloignées du centre, l'angle DEE' est nécessairement droit. Car si l'on mène le diamètre perpendiculaire à ces droites, qui les rencontre en G et G', on a CG = CG'; par suite, d'après le Lemme XXXVI, la corde EE' est parallèle à GG'. L'angle DEE' est donc droit; et conséquemment, d'après le Porisme CXCIV, le rectangle A*m*.A*m'* est égal à DA.DB. C. Q. F. D.

Autrement. Sans invoquer le Lemme XXXVI, les cordes EF, EF′ sont égales, comme parallèles également éloignées du centre; et comme le diamètre qui leur est perpendiculaire passe par leurs milieux, GE = GE′ : donc EE′ est parallèle à GG′; et l'angle DEE′ est droit. Donc, etc.

Porisme CXCVII. — *Étant donné un demi-cercle* ACB, *une tangente quelconque* mm′ *fait sur les tangentes aux extrémités du diamètre* AB, *deux segments* Am, Bm' *dont le rectangle est donné.*

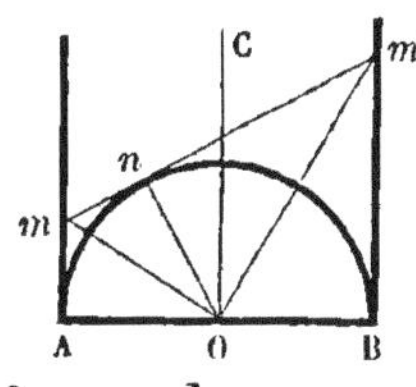

Ce rectangle est égal au carré du rayon du cercle.

En effet, soient n le point de contact de la tangente, et O le centre du cercle. Les deux droites Om, Om' sont rectangulaires, parce qu'elles sont perpendiculaires respectivement aux cordes An, Bn. Le triangle mOm' est donc rectangle en O, et par conséquent on a $mn \cdot m'n = \overline{On}^2 = R^2$. Mais $mn = Am$, et $m'n = Bm'$.

Donc

$$Am \cdot Am' = R^2.$$

C. Q. F. D.

Ce Porisme pourrait être considéré simplement comme un cas particulier du précédent.

Porisme CXCVIII. — *Quand un losange* AIBJ′ *est circonscrit à un cercle, toute tangente au cercle fait sur les côtés* AI, AJ′ *deux segments* Im, J′m′, *dont le rectangle est donné.*

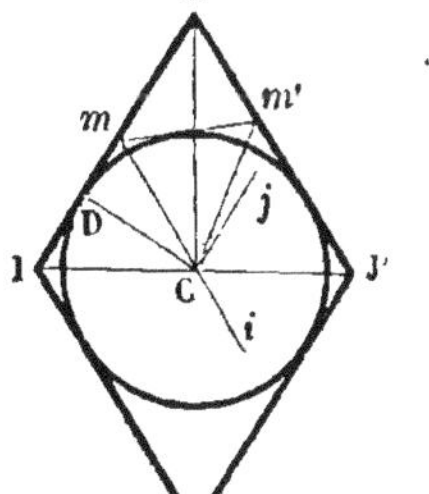

Soit D le point de contact du côté IA, on aura

$$Im \cdot J'm' = ID \cdot J'A.$$

En effet, soit C le centre du cercle, et Ci, Cj parallèles à AJ′ et AI, respectivement. Les quatre droites CD, Cm, CI, Cj, font entre elles deux à deux, des angles égaux à ceux des droites CA, Cm', Ci et CJ$'$.

On en conclut par le raisonnement employé pour la démonstration du Porisme XCVII, qu'il existe entre les deux systèmes de points D, m, I, et A, m', J$'$ la relation

$$\frac{\mathrm{I}m}{\mathrm{ID}} = \frac{\mathrm{J'A}}{\mathrm{J'}m'}, \quad \text{ou} \quad \mathrm{I}m.\mathrm{J'}m' = \mathrm{ID}.\mathrm{J'A}.$$

C. Q. F. D.

Autrement. Les deux triangles ICm, J$'m'$C sont semblables, parce que les côtés IC, Cm, mI du premier sont également inclinés sur les côtés respectifs J$'m'$, m'C, CJ$'$ du second. On a donc la proportion

$$\frac{\mathrm{I}m}{\mathrm{IC}} = \frac{\mathrm{CJ'}}{\mathrm{J'}m'}; \quad \text{et} \quad \mathrm{I}m.\mathrm{J'}m' = \mathrm{IC}.\mathrm{CJ'} = \overline{\mathrm{IC}}^2.$$

Ainsi le rectangle Im.J$'m'$ est donné.

C. Q. F. D.

Cette seconde expression du rectangle Im.J$'m'$ se ramène immédiatement à la première. Car dans le triangle ICA,

$$\overline{\mathrm{IC}}^2 = \mathrm{ID}.\mathrm{IA} = \mathrm{ID}.\mathrm{J'A}.$$

XVIe Genre. (Voir p. 177.)

Porisme CXCIX. — *Si autour de deux points* P, Q *d'un cercle, on fait tourner deux droites qui se coupent en* M *sur la circonférence, et qui rencontrent une corde* EF *en deux points* m, m'; *un point* A *étant donné sur cette corde : on pourra trouver un second point* B$'$, *un rectangle* ν *et une ligne* μ, *tels, que pour des points* M *du cercle, en nombre infini, on aura toujours la rela-*

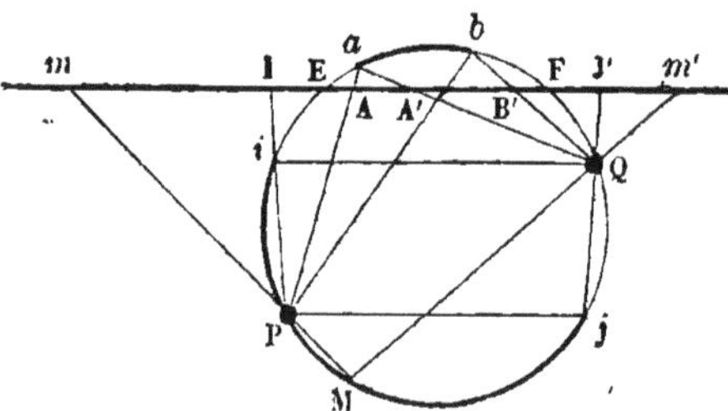

tion

$$\frac{Am.B'm' + \nu}{mm'} = \mu.$$

Qu'on mène Pj et Qi parallèles à EF; puis Pi, Qj qui rencontrent EF en I et J'. Qu'on prenne J'B' = AI; B' sera le point cherché. La droite PA rencontre la circonférence en a; et Qa rencontre EF en A'. On fera $\nu =$ AI.AA', et $\mu =$ AI.

Enfin, le point M devra se trouver sur l'arc iPj, ou sur l'arc ab déterminé par les lignes PA et QB'.

En effet, supposons-le sur l'arc iPj; les deux points m, m' ont, avec deux autres points C, C' déterminés de la même manière, la relation

$$\frac{Am}{Cm} = \lambda\frac{A'm'}{C'm'}, \text{ (Porisme CXXIX.)}$$

qui entraîne, comme au Porisme LXXVIII, la suivante

$$\frac{Am.B'm' + AI.AA'}{mm'} = AI.$$

Le Porisme est donc établi.

Si le point donné A est sur la circonférence, en E par exemple, le rectangle ν est nul et la relation entre les deux points m, m', qui alors convient à tous les points M de la circonférence, devient

$$\frac{Em.B'm'}{mm'} = EI.$$

C'est le cas prévu dans l'énoncé du XVIe Genre.

Observations. Si dans la figure sur laquelle nous venons de démontrer le Porisme, le point M est pris sur l'arc iE, ou sur jF, on trouve que l'équation devient

$$Am.B'm' = AI.A'A + AI.mm'.$$

Pour les points de l'arc Ea ou de l'arc Fb, elle prend

une troisième forme

$$Am.B'm' + AI.mm' = AI.AA'.$$

Ainsi la circonférence est divisée en six arcs, iE, Ea, ab, bF, Fj, ij. Deux de ces arcs, ab, ij, qui sont opposés, se correspondent; des quatre autres, ceux qui se correspondent sont d'une part aE, bF, qui sont contigus à ab; de l'autre, iE, jF, qui sont contigus à ij : et chacune des trois équations se rapporte à l'un de ces couples d'arcs correspondants.

Il n'en était pas entièrement de même dans la figure du Porisme CXCI, qui appartient au Xe Genre, et qui ne se distingue de celle dont nous venons de nous occuper que par la position de la droite AA' en dehors du cercle. Les différentes positions du point M exigeaient aussi trois équations : mais la circonférence n'était divisée qu'en quatre parties. A deux parties opposées répondait une seule des trois équations. Chacune des deux dernières parties employait seule une des deux équations restantes.

Mais on voit que les équations qui expriment les Xe et XVIe Genres se présentent ensemble dans une même question.

Toutefois dans l'ouvrage d'Euclide les questions relatives à ces deux Genres n'ont pas été les mêmes. Ce géomètre, guidé par une considération théorique importante qui tient aux imaginaires, comme nous allons le dire, a dû introduire dans les énoncés des Porismes dont Pappus a formé le XVIe Genre une condition d'après laquelle ils s'appliquaient nécessairement à des questions, ou du moins à des figures, différentes des questions ou des figures qui ont fourni à Pappus son Xe Genre. Cette condition, c'est que le rectangle ν puisse devenir nul par suite de la position du point A, condition qui n'existe pas dans le texte du Xe Genre.

On reconnaît immédiatement dans la géométrie moderne, que cette distinction revient au cas où les *points doubles* des deux divisions homographiques formées par les couples des points m, m' sont imaginaires.

Ce sont sans doute ces cas d'imaginarité dont Euclide a voulu montrer les conséquences, en distinguant avec précision des questions qui conduisent aux mêmes relations entre les points variables que l'on considère, et il les a caractérisées si nettement, que Pappus en a fait deux Genres séparés.

Les Livres de la *section de raison*, de la *section de l'espace* et de la *section déterminée*, nous apprennent que ces cas d'imaginarité avaient frappé vivement l'imagination des géomètres grecs. Apollonius y a trouvé le sujet de belles questions de *maximum* qui nous ont été conservées par Pappus, et qui suffiraient pour montrer la sagacité et le génie de celui que les Anciens avaient surnommé le grand géomètre.

La comparaison de ces trois ouvrages de la section de raison, de la section de l'espace et de la section déterminée, met aussi en évidence toute la hardiesse d'Euclide dans la conception de ses Porismes. Elle fait sentir combien il a eu à surmonter de difficultés pour donner toujours aux énoncés une rigoureuse exactitude.

Ces difficultés naissent pour la plupart de la diversité des positions relatives des points dans une figure, en d'autres termes, de la direction des segments ; elles ont disparu dans la géométrie moderne par l'introduction des signes + et —.

Si le seul problème de la section de raison, le plus simple qu'on puisse imaginer, puisqu'il s'exprime par l'équation à deux termes $\mathrm{A}m = \lambda . \mathrm{B}'m'$, la plus simple aussi de toutes celles qui se trouvent dans les Porismes, si ce problème, dis-je, à raison de ces différences de positions relatives des points et des lignes, a demandé à Apollonius 87 cas; celui de la section de l'espace 84, et celui de la section déterminée 83, on doit être effrayé des obstacles multipliés qu'a dû rencontrer Euclide en introduisant dans la géométrie les équations à trois et à quatre termes qui font le sujet d'un grande partie des Genres indiqués par Pappus.

Sans doute la nature et le vaste ensemble des propositions variées auxquelles s'appliquent ces équations qui se rattachent à une théorie unique, celle des divisions homographiques, forment le mérite principal de l'ouvrage d'Euclide. Mais on peut croire que la nouveauté hardie que présentaient les Porismes, à raison des difficultés que nous avons signalées, a été aussi un des motifs de l'admiration de Pappus pour ce grand ouvrage, en tout si original et si profond.

Peut-être s'étonnera-t-on qu'Euclide n'ait pas donné de Porismes susceptibles de former un Genre exprimé par la troisième des équations renfermées dans la formule algébrique

$$Am.B'm' + \nu = \mu.mm',$$

savoir

$$Am.B'm' + IA.mm' = IA.AA',$$

équation qui se présente dans les mêmes questions que les deux premières, comme on l'a vu ci-dessus (Porismes CXC, CXCI et CXCIX).

Cette abstention s'explique naturellement; car cette équation répond précisément aux positions des points m, m' qui ne satisfont pas aux deux autres équations. Il aura donc suffi à Euclide d'en faire la remarque dans quelque scolie, pour éviter de multiplier inutilement les exemples de Porismes. Une réserve de ce genre est bien dans l'esprit du grand géomètre et dans le caractère de son ouvrage, où il n'a voulu donner que des principes et les germes d'une foule de conséquences importantes.

XVIIe Genre. (Voir p. 184.)

Porisme CC. — *Si autour de deux points* P, Q *d'un cercle on fait tourner deux droites qui se coupent en* M *sur la circonférence et rencontrent en* m *et* m' *une tangente fixe* AI : *le rapport du rectangle* Am.Am' *à l'abscissè* mm' *sera donné.*

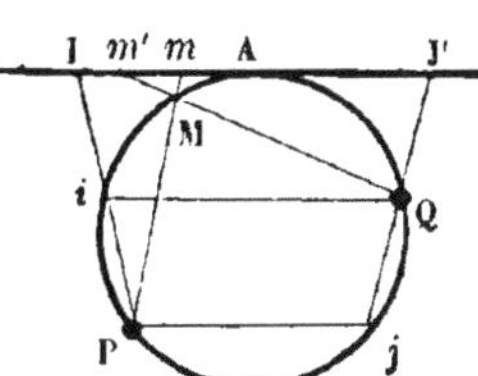

Qu'on mène Qi parallèle à la tangente AI; et Pi qui coupe cette tangente en I; on aura

$$\frac{Am.Am'}{mm'} = AI.$$

En effet, soit Pj parallèle à la tangente, et Qj qui coupe cette droite en J'. On a, d'après le Porisme CXXXIX,

$$Am'.Im = Am.AJ'.$$

Or $AJ' = IA$. Donc

$$Am'.Im = Am.IA, \quad \text{ou} \quad \frac{Am'}{Am} = \frac{AI}{mI}.$$

Par suite,

$$\frac{Am'}{Am' - Am} = \frac{AI}{AI - mI},$$

$$\frac{Am'}{mm'} = \frac{AI}{Am}, \quad \frac{Am.Am'}{mm'} = AI.$$

C. Q. F. D.

Porisme CCI. — *Quand un cercle est circonscrit à un triangle* ABC, *si autour des deux sommets* A, B, *on fait tourner deux droites qui se coupent en chaque point* M *de la circonférence, et qui rencontrent une corde* ef *en* m *et* m' :

le rectangle em.fm′ *est à l'abscisse* mm′ *dans une raison donnée.*

Qu'on mène la corde Bi parallèle à ef, et Ai qui rencontre ef en I, on aura

$$\frac{em.fm'}{mm'} = e\mathrm{I}.$$

En effet, nous avons vu (Porisme CXXVI) que

$$\frac{em.fm'}{em'.fm} = \frac{e\mathrm{D}.f\mathrm{D}'}{e\mathrm{D}'.f\mathrm{D}'} \quad \text{ou} \quad \frac{em}{fm} = \lambda \frac{em'}{fm'}.$$

Par conséquent, d'après le Porisme LXXXII,

$$\frac{em.fm'}{mm'} = e\mathrm{I}.$$

C. Q. F. D.

XXIe Genre. (Voir p. 201.)

Porisme CCII. — *Un cercle et une droite* DE *étant donnés, si de l'extrémité* A *du diamètre perpendiculaire à* DE *on mène une droite qui rencontre le cercle en* m *et* DE *en* n : *le rectangle* Am.An *est donné.*

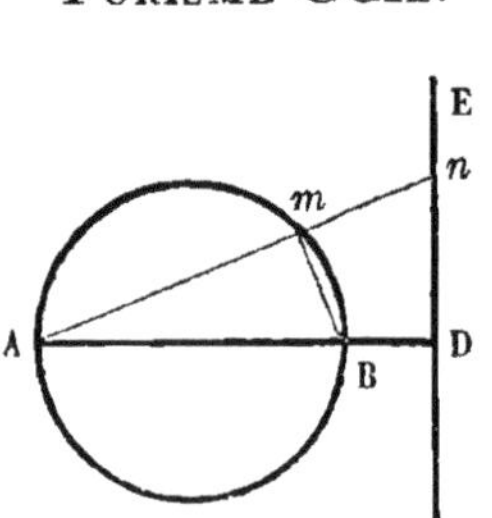

En effet, les deux triangles AmB, ADn sont semblables, comme étant rectangles et ayant l'angle A commun. Par conséquent, on a

$$\frac{\mathrm{A}m}{\mathrm{AB}} = \frac{\mathrm{AD}}{\mathrm{A}n}, \quad \text{ou} \quad \mathrm{A}m.\mathrm{A}n = \mathrm{AB}.\mathrm{AD}.$$

Ce qui démontre le Porisme.

Porisme CCIII. — *Étant donnés deux cercles dont l'un a pour centre un point* A *de la circonférence de l'autre; si une tangente au premier rencontre le second en deux points* m, m′ : *le rectangle des distances de ces points au centre du premier cercle est donné.*

Soit AB le diamètre du second cercle ; AM le rayon du premier. On a

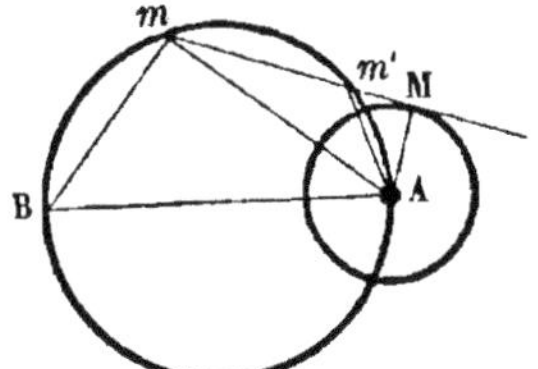

$$Am.Am' = AB.AM.$$

En effet, les deux triangles rectangles AmB, AMm' sont semblables, parce que les deux angles ABm et $Am'M$ sont égaux comme étant l'un et l'autre suppléments de l'angle $mm'A$. Par conséquent,

$$\frac{Am}{AB} = \frac{AM}{Am'}, \quad \text{ou} \quad Am.Am' = AB.AM.$$

Donc, etc.

Porisme CCIV. — *Deux points* O, A *étant donnés sur une droite, si l'on prend sur cette droite, d'un même côté du point* O, *deux points variables* m, m', *tels, que l'on ait*

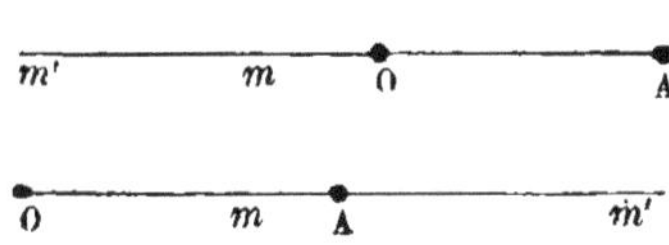

$$\frac{Om}{Om'} = \frac{\overline{Am}^2}{\overline{Am'}^2} :$$

le rectangle Om.Om' *est donné.*

En effet, $Om.Om' = \overline{OA}^2$.

Ce Porisme n'est que la traduction du Lemme XXVI, quand les deux points m, m' sont pris du côté opposé au point A, à partir du point O ; et du Lemme XXVII, quand m et m' sont pris du même côté que le point A.

Porisme CCV. — *Étant donnés un cercle et la tangente en un point* A, *si l'on mène deux tangentes parallèles entre elles qui rencontrent la tangente fixe en deux points* m, m' : *le rectangle* Am.Am' *est donné.*

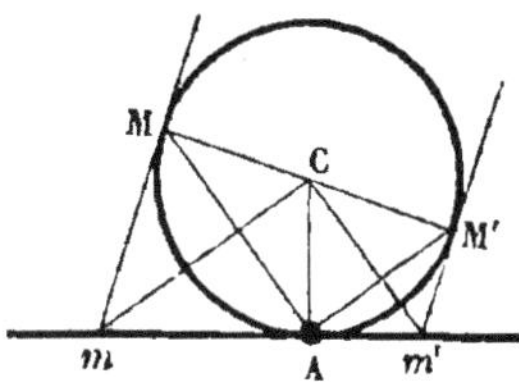

Ce rectangle est égal au carré du rayon du cercle.

En effet, soient M, M′, les points de contact des deux tangentes parallèles; l'angle MAM′ est droit; par suite l'angle mCm', dont les côtés sont perpendiculaires aux cordes AM, AM′, est aussi droit. Le triangle mCm' est donc rectangle en C; et conséquemment $Am.Am' = \overline{CA}^2$.

C. Q. F. D.

Porisme CCVI. — *Si par deux points* D, D′ *pris sur le diamètre d'un demi-cercle, à égale distance du centre, on mène deux droites parallèles* Dm, D′m′ *terminées à la circonférence : le rectangle construit sur ces deux droites est donné.*

Concevons que la circonférence entière soit décrite, et prolongeons la droite Dm jusqu'à la circonférence, en n. Je dis que Dn est égale à $D'm'$. En effet, joignons Cn et Cm'. Les deux triangles CDn, $CD'm'$ sont égaux, parce qu'ils ont des angles égaux en D et D′, et deux côtés égaux chacun à chacun. Donc

$$Dn = D'm'.$$

D'ailleurs $\qquad Dm.Dn = DA.DB.$

Donc $\qquad Dm.D'm' = DA.DB.$

Ce qui démontre le Porisme.

Porisme CCVII. — *Un triangle* ACB *étant donné, si on mène deux droites parallèles* MN, M′N′ *qui forment l'une avec les deux côtés* CA, CB *et l'autre avec les prolongements de ces côtés au delà*

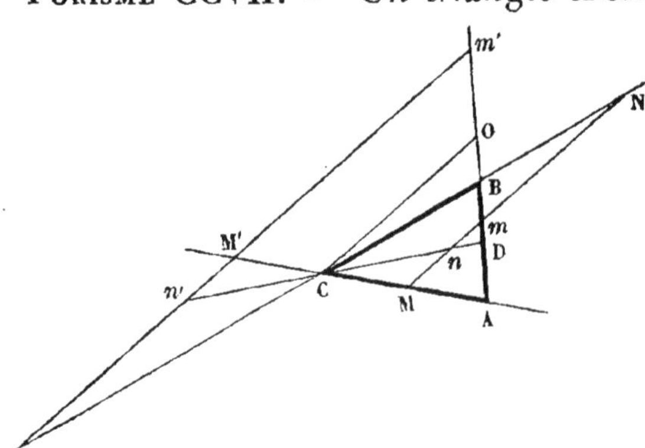

du sommet C, *les triangles* MCN, M'CN' *égaux en surface au triangle* ACB : *ces droites rencontrent la base* AB *du triangle en deux points* m, m', *et le rectangle des distances de ces points au milieu de* AB *est donné.*

Ce Porisme se conclut du Lemme XXXII (proposition 158), pris dans l'état de généralité qu'il comporte, comme nous l'avons dit précédemment (p. 96). Soient D le milieu de AB, et n le point où MN coupe CD; on a, d'après le Lemme,

$$\overline{Dm}^2 = \overline{DB}^2 \cdot \frac{Dn}{DC + Cn}, \quad \text{ou} \quad \overline{Dm}^2 = \overline{DB}^2 \cdot \frac{Dn}{Dn'}.$$

Par conséquent,

$$\overline{Dm}^2 = \overline{DB}^2 \cdot \frac{Dm}{Dm'}, \quad \text{ou} \quad Dm.Dm' = \overline{DB}^2.$$

Ce qui démontre le Porisme.

Observation. La démonstration du Lemme donnée par Pappus est assez pénible. Voici une démonstration directe du Porisme. Elle est fort simple, et la démonstration du Lemme en résulte immédiatement.

On a d'après le Lemme XX (proposition 145),

$$CA.CB = CM.CN \quad \text{ou} \quad \frac{CA}{CM} = \frac{CN}{CB}.$$

Soit O le milieu de mm'; CO est parallèle à MN, et les triangles semblables ainsi formés donnent

$$\frac{CA}{CM} = \frac{OA}{Om} \quad \text{et} \quad \frac{CN}{CB} = \frac{Om}{OB}.$$

Donc

$$\frac{OA}{Om} = \frac{Om}{OB}, \quad \text{ou} \quad \overline{Om}^2 = OA.OB.$$

Cette équation, en vertu du Lemme XXXIV dont on peut

invoquer la réciproque, entraîne celle-ci :

$$\frac{m\mathrm{A}}{m\mathrm{B}} = \frac{m'\mathrm{A}}{m'\mathrm{B}}.$$

Et de cette dernière, en vertu du même Lemme, on conclut

$$\overline{\mathrm{DB}}^2 = \mathrm{D}m . \mathrm{D}m'.$$

C. Q. F. D.

PORISME CCVIII. — *De chaque point* M *d'une tangente à un cercle, on mène une seconde tangente et une droite passant par un point donné* P; *cette tangente et cette droite rencontrent une autre tangente* HG *en deux points* m, m' : *on peut trouver deux points* I, J' *sur* HG, *et un espace* ν, *tels, que le rectangle* Im.J'm' *sera toujours égal à* ν.

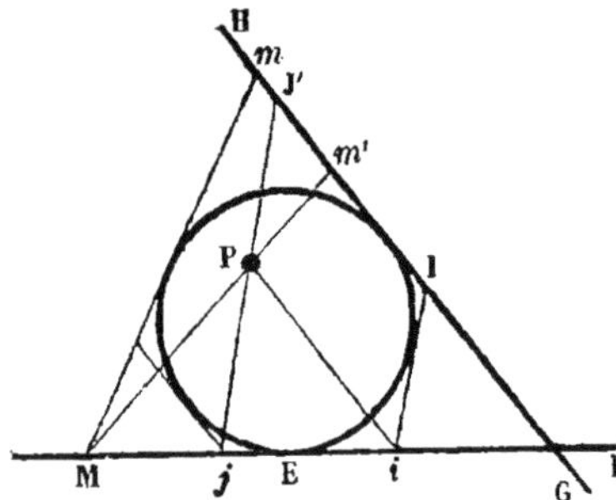

En effet, concevons les points M, A, B, C de la droite EF. Les tangentes menées par ces points rencontrent la tangente HG, en m, a, b, c, et les droites menées des mêmes points au point P rencontrent cette même tangente en m', a', b', c'.

On a, d'une part,

$$\frac{\mathrm{MA}}{\mathrm{MB}} : \frac{\mathrm{CA}}{\mathrm{CB}} = \frac{ma}{mb} : \frac{ca}{cb}, \quad \text{(Porisme CXXXI, Corollaire.)}$$

et d'autre part,

$$\frac{\mathrm{MA}}{\mathrm{MB}} : \frac{\mathrm{CA}}{\mathrm{CB}} = \frac{m'a'}{m'b'} : \frac{c'a'}{c'b'}. \quad \text{(Lemme III, Corollaire I, p. 82.)}$$

Donc

$$\frac{ma}{mb} : \frac{ca}{cb} = \frac{m'a'}{m'b'} : \frac{c'a'}{c'b'}, \quad \text{ou} \quad \frac{ma . m'b'}{mb . m'a'} = \frac{ca . c'b'}{cb . c'a'}.$$

Cette équation prouve d'après le Porisme XCIII (1), qu'il existe deux points I, J' tels, que l'on ait

$$Im.J'm' = \text{constante} = \nu.$$

Pour déterminer ces points, on fait d'abord passer par le point P, parallèlement à GH, une droite qui rencontre EF en i; la tangente menée par ce point i coupe GH en I. Ensuite on obtient le point J', en menant la tangente parallèle à GH, et par le point j où elle rencontre EF, la droite jP; cette droite coupe GH au point cherché J'. On détermine l'espace ν en prenant la tangente Mm dans une position particulière. Par exemple, qu'on suppose le point M en E, et soit E' le point où la droite EP rencontre HG; on aura $\nu = IG.J'e'$. Si l'on place le point M en G, et qu'on appelle g le point de contact de la tangente HG, on aura $\nu = Ig.J'G$.

Porisme CCIX. — *Si autour d'un point* ρ *on fait tourner une corde* MM' *d'un cercle, et que d'un point* P *de la circonférence on mène* PM, PM' *qui rencontrent une droite fixe* DX *en deux points* m, m' : *il existera sur cette droite un point* O, *tel, que le rectangle* Om.Om' *sera constant.*

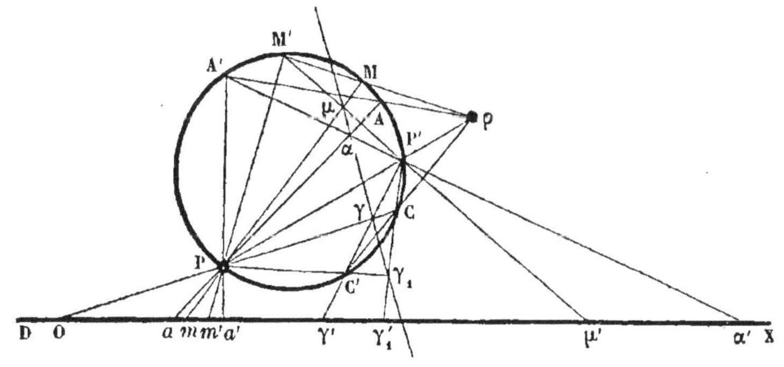

(1) Dans ce Porisme XCIII, les deux séries de points m, a, b,.. , m', a', b',... sont supposées sur deux droites différentes; mais il est évident que la relation démontrée subsiste quelle que soit la position relative des deux droites, et conséquemment quand elles coïncident, comme cela a lieu ici.

En effet, soient les trois cordes ρMM', ρAA', ρCC', dont la troisième est menée de manière que PC' soit parallèle à DX. Soit P' le point où la droite ρP rencontre la circonférence. Les quatre droites PM, PA, PC, PC' rencontrent respectivement les quatre P'M', P'A', P'C', P'C en quatre points μ, α, γ, γ_1 situés sur une même droite (Porisme CLXXII).

Désignons par m, a, O, les points où les trois droites PM, PA, PC coupent DX ; il existe entre ces points et les quatre μ, α, γ, γ_1, la relation

$$\frac{\mathrm{O}m}{\mathrm{O}a} = \frac{\gamma\mu}{\gamma\alpha} : \frac{\gamma_1\mu}{\gamma_1\alpha}. \quad \text{(Lemme XI.)}$$

Appelons pareillement μ', α', γ', γ'_1 les points où les quatre droites qui partent du point P' coupent DX ; il existe encore entre ces points et les quatre μ, α, γ, γ_1 la relation

$$\frac{\gamma\mu}{\gamma\alpha} : \frac{\gamma_1\mu}{\gamma_1\alpha} = \frac{\gamma'\mu'}{\gamma'\alpha'} : \frac{\gamma'_1\mu'}{\gamma'_1\alpha'}. \quad \text{(Coroll. I du Lemme III, p. 82.)}$$

Enfin les quatre droites PM', PA', PC', PC font entre elles les mêmes angles que les quatre P'M', P'A', P'C', P'C qu'elles rencontrent sur la circonférence ; et l'on en conclut, d'après les Corollaires II et III du Lemme XI (p. 83), que les points déterminés sur DX par ces deux systèmes de quatre droites ont entre eux la relation

$$\frac{\gamma'\mu'}{\gamma'\alpha'} : \frac{\gamma'_1\mu'}{\gamma'_1\alpha'} = \frac{\mathrm{O}a'}{\mathrm{O}m'}.$$

Il résulte de ces trois égalités que

$$\frac{\mathrm{O}m}{\mathrm{O}a} = \frac{\mathrm{O}a'}{\mathrm{O}m'}, \quad \text{ou} \quad \mathrm{O}m.\mathrm{O}m' = \mathrm{O}a.\mathrm{O}a'.$$

Ce qui démontre le Porisme.

Porisme CCX. — *Un cercle est circonscrit à un triangle* PQR ; *et autour des deux sommets* P, Q *on fait tour-*

ner deux droites PM, QM *qui se coupent sur la circonférence et rencontrent, respectivement, deux droites fixes* AX, A'X' *en deux points* m, m'; *si les parallèles à ces droites menées par les points* P *et* Q *ne se coupent pas sur la circonférence : on pourra trouver sur ces droites deux points* I *et* J', *tels, que le rectangle* Im.J'm' *sera donné.*

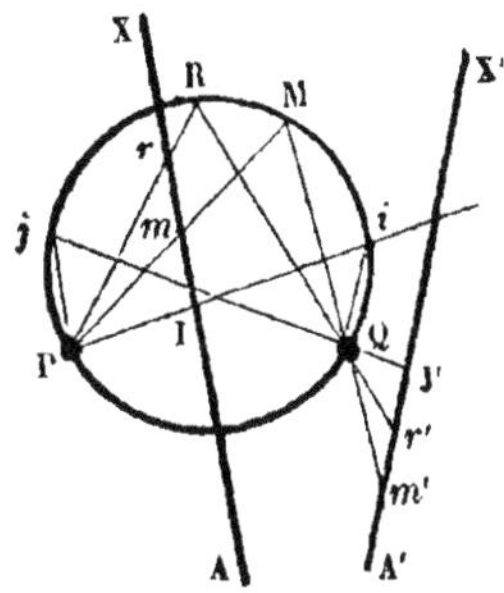

Qu'on mène la corde Qi parallèle à A'X', et Pi qui rencontre AX en I; puis la corde Pj parallèle à AX, et Qj qui rencontre A'X' en J'; ces deux points I et J' sont les points cherchés. r, r' étant les points d'intersection des droites AX, A'X' et des côtés PR, QR du triangle, respectivement, on aura

$$\mathrm{I}m.\mathrm{J}'m' = \mathrm{I}r.\mathrm{J}'r'.$$

En effet, les quatre droites PM, PR, Pi et Pj font entre elles des angles égaux à ceux des droites QM, QR, Qi et Qj. Par conséquent, si l'on conçoit que ces deux systèmes de quatre droites coupent une transversale menée arbitrairement en deux systèmes de quatre points m_1, r_1, I_1, J_1 et m'_1, r'_1, I'_1, J'_1, on aura entre ces points l'équation

$$\frac{\mathrm{I}_1 m_1}{\mathrm{I}_1 r_1} : \frac{\mathrm{J}_1 m_1}{\mathrm{J}_1 r_1} = \frac{\mathrm{I}'_1 m'_1}{\mathrm{I}'_1 r'_1} : \frac{\mathrm{J}'_1 m'_1}{\mathrm{J}'_1 r'_1}. \quad \text{(Coroll. III, p. 84.)}$$

Mais d'après le Corollaire II (p. 83), le premier membre de cette équation est égal à $\frac{\mathrm{I}m}{\mathrm{I}r}$, et le second à $\frac{\mathrm{J}'r'}{\mathrm{J}'m'}$.

Donc

$$\frac{\mathrm{I}m}{\mathrm{I}r} = \frac{\mathrm{J}'r'}{\mathrm{J}'m'}, \quad \text{ou} \quad \mathrm{I}m.\mathrm{J}'m' = \mathrm{I}r.\mathrm{J}'r'.$$

Ce qu'il fallait démontrer.

Observation. Si les parallèles à AX et A'X', menées par

les points P et Q, se coupaient sur la circonférence, le Porisme n'aurait pas lieu, parce que les deux points I et J′ n'existeraient plus ; les droites qui les déterminent se trouvant alors parallèles, respectivement, aux droites AX, A′X′. Ce qu'on exprime dans la Géométrie moderne en disant que les points I et J′ sont à l'infini. Ce cas a été le sujet du Porisme CLXXXVI.

XXIIe Genre. (Voir p. 229.)

Porisme CCXI. — *Étant donnés deux droites* SX, SX′ *non rectangulaires, dans le plan d'un cercle, et deux points* A, B *sur la première* SX ; *si de chaque point* m *de* SX *on mène deux tangentes au cercle, et qu'on joigne les deux points de contact par une droite qui rencontrera* SX′ *en un point* m′ : *on pourra trouver deux points* A′, B′ *sur cette seconde droite donnée, tels, que le rectangle* Am.B′m′ *sera au rectangle* A′m′.Bm *dans une raison donnée.*

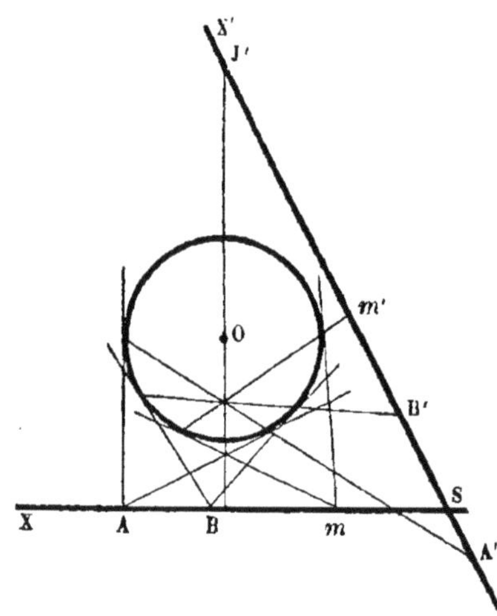

Que par chacun des points A, B on mène deux tangentes au cercle, les cordes de contact rencontreront SX′ aux points demandés A′, B′. Soit J′ le point où le diamètre du cercle perpendiculaire à SX coupe cette même droite SX′ ; la raison constante est $\frac{B'J'}{A'J'}$; c'est-à-dire qu'on aura

$$\frac{Am.B'm'}{Bm.A'm'} = \frac{B'J'}{A'J'}.$$

En effet, les cordes de contact des tangentes menées par les trois points A, B, m et le diamètre perpendiculaire à SX, qu'on peut regarder comme la corde de contact des tangentes parallèles à SX, passent par un même point (Porisme CLXXVII). Or ces droites sont perpendiculaires respectivement aux droites menées du centre du cercle aux points A, B, m, et parallèlement à SX. On a donc deux faisceaux de quatre droites, dont les quatre dernières font entre elles, deux à deux, les mêmes angles que les premières. Ces deux faisceaux sont coupés, respectivement, par les deux droites SX, SX', en des points qui, d'après les Corollaires du Lemme III, p. 83, ont entre eux la relation

$$\frac{\mathrm{A}m}{\mathrm{B}m} = \frac{\mathrm{A}'m'}{\mathrm{B}'m'} : \frac{\mathrm{A}'\mathrm{J}'}{\mathrm{B}'\mathrm{J}'}$$

ou

$$\frac{\mathrm{A}m.\mathrm{B}'m'}{\mathrm{B}m.\mathrm{A}'m'} = \frac{\mathrm{B}'\mathrm{J}'}{\mathrm{A}'\mathrm{J}'}.$$

Ainsi le Porisme est démontré.

Observation. On conçoit que la considération des deux points m et m' peut donner lieu à beaucoup d'autres Porismes qui se rapportent à la plupart des Genres du premier et du second Livre. Les deux points variables m, m' peuvent être pris sur une même droite, car il est permis de supposer que SX' coïncide avec SX. Il nous suffit d'indiquer ces Porismes, dont les démonstrations n'offriront aucune difficulté, et qui néanmoins pourront faire le sujet d'exercices intéressants.

Ve Genre. (Voir p. 136.)

PORISME CCXII. — *Autour de deux points* P, Q *d'un cercle on fait tourner deux droites qui se coupent sur la circonférence, et rencontrent une tangente fixe en* m *et* m'; *un point* O *étant donné ainsi qu'une ligne* α : *il existera une droite donnée de position, telle, que le segment* $\mu\mu'$ *formé sur cette droite par celles qui joignent le point donné* O *et les points* m, m', *sera toujours de la longueur donnée* α.

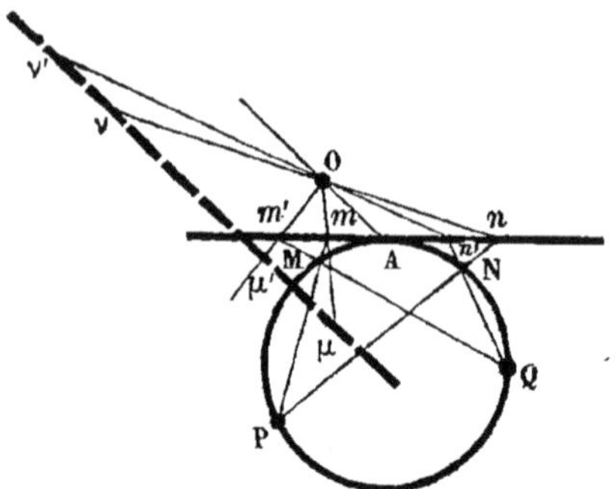

En effet, on sait (Porisme CC) que l'on a

$$\frac{\mathrm{A}m.\mathrm{A}m'}{mm'} = \text{const.} = \frac{\mathrm{A}n.\mathrm{A}n'}{nn'},$$

ou

$$\frac{\mathrm{A}m}{\mathrm{A}n} : \frac{m'm}{m'n} = \frac{\mathrm{A}n'}{\mathrm{A}m'} : \frac{nn'}{nm'}.$$

Si d'un point donné O on mène des droites aux cinq points A, m, m', n et n', et qu'une droite parallèle à la première OA les coupe aux points μ, μ', ν, ν', on aura (en vertu du Corollaire II, p. 83) les deux égalités

$$\frac{\mathrm{A}m}{\mathrm{A}n} : \frac{m'm}{m'n} = \frac{\mu'\nu}{\mu'\mu},$$

$$\frac{\mathrm{A}n'}{\mathrm{A}m'} : \frac{nn'}{nm'} = \frac{\nu\mu'}{\nu\nu'}.$$

Il suit de là que

$$\frac{\mu'\nu}{\mu'\mu} = \frac{\nu\mu'}{\nu\nu'}, \quad \text{ou} \quad \mu\mu' = \nu\nu'.$$

Il faut donc inscrire dans l'angle $m\mathrm{O}m'$ une droite de la longueur donnée α et parallèle à la droite OA. Cette droite satisfera à l'énoncé du Porisme.

Donc, etc.

Porisme CCXIII. — *Si par le centre de similitude de deux cercles on mène une droite qui les rencontre en quatre points : les tangentes en ces points forment un pa-*

rallélogramme dont la diagonale ee' est sur une droite donnée de position.

En effet, les tangentes en a et a' sont parallèles, puisque le point S est le *centre de similitude* des deux cercles (Porisme CLXXXIII, *Remarque*); les angles cab et $c'a'b'$ sont donc égaux. Or l'angle $c'b'a'$ est égal à l'angle $c'a'b'$. Donc les angles en a et b' du triangle eab' sont égaux, et, par conséquent, ce triangle est isocèle. Ainsi $ca = eb'$, et pareillement $e'a' = e'b$. De sorte que la diagonale ee' coïncide avec la droite lieu des points d'où l'on peut mener aux deux cercles des tangentes égales (Porisme CLXIII). Ce qui démontre le Porisme.

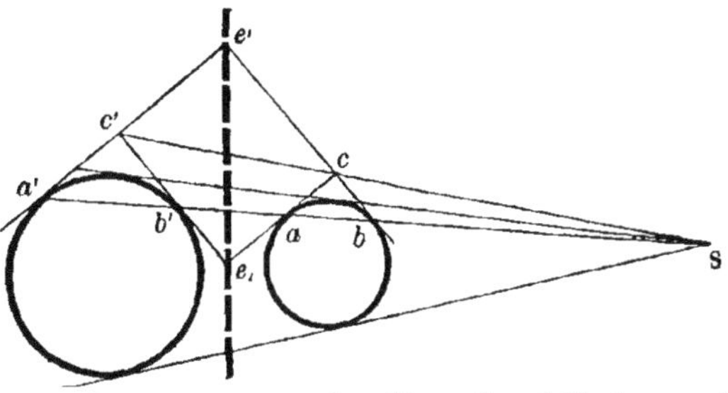

VIe Genre. (Voir p. 139.)

Porisme CCXIV. — *Étant données dans un cercle deux cordes* SC, SC' *qui partent d'un même point* S *de la circonférence, on mène de chaque point* m *pris sur le prolongement de* SC *deux tangentes au cercle; la corde de contact rencontre* SC' *en un point* m' : *la droite* mm' *passe par un point donné.*

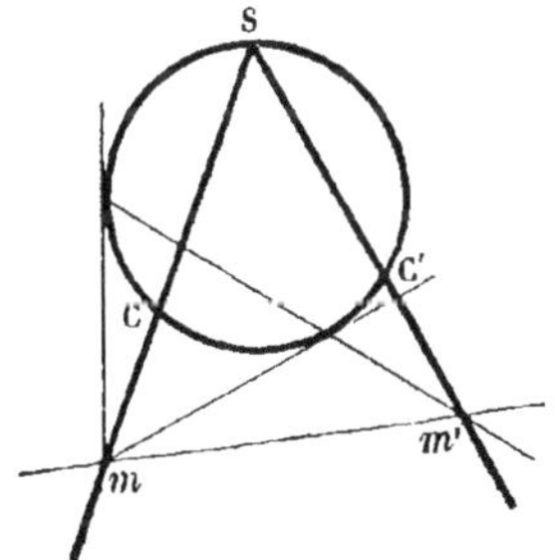

En effet, concevons que le point m prenne deux positions A, B sur la corde SC, puis vienne en S; les quatre cordes de contact, dont la dernière sera la tangente en S, passeront par un même point (Porisme CLXXVII) et seront perpendiculaires aux droites menées du centre du cercle aux quatre points m, A, B, S. On aura donc deux faisceaux de quatre droites, dont les dernières qui partent du centre du cercle font entre elles, deux à deux, des angles égaux à ceux des premières. Par conséquent, ces deux faisceaux de quatre droites rencontrent, respectivement, les deux droites SC′ et SC en deux systèmes de quatre points m', A′, B′, S et m, A, B, S, entre lesquels a lieu l'équation suivante :

$$\frac{SA}{SB} : \frac{mA}{mB} = \frac{SA'}{SB'} : \frac{m'A'}{m'B'}. \quad \text{(Corollaire III, p, 84.)}$$

On conclut de là, d'après le Corollaire I du Porisme XXIV, que les trois droites AA′, BB′ et mm' passent par un même point. C. Q. F. D.

VIIe Genre. (Voir p. 144.)

Porisme CCXV. — *Étant donnés deux droites rectangulaires* SX, SX′ *dans le plan d'un cercle, et un point* A *sur la première, si l'on mène de chaque point* m *de celle-ci deux tangentes au cercle, puis la corde de contact qui rencontrera la seconde droite en un point* m′ : *on pourra trouver sur cette droite un point* A′, *tel, que le rapport des segments* Am, A′m′ *sera donné.*

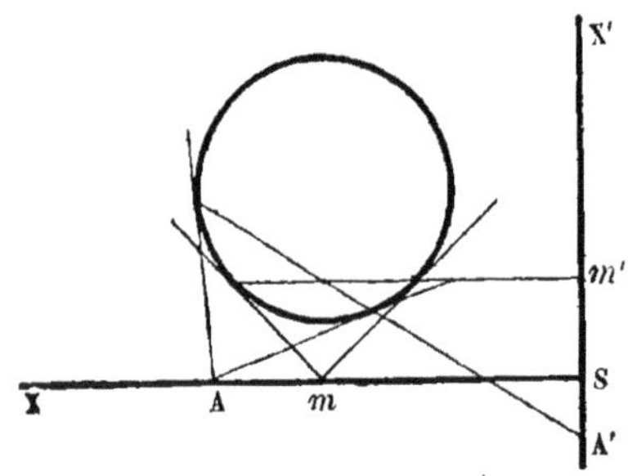

La corde de contact des tangentes menées par le point A coupe SX′ en A′ qui est le point demandé. Soit S′ le point où la corde de contact des tangentes menées par le point S coupe SX′ : on aura

$$\frac{Am}{A'm'} = \frac{AS}{A'S'}.$$

En effet, les cordes de contact des tangentes au cercle menées par les trois points A, m, S passent par un même point (Porisme CLXXVII), et rencontrent SX′ en A′, m', S′. Mais les droites menées du centre du cercle aux points A, m, S sont perpendiculaires à ces cordes, respectivement. On a donc deux systèmes de droites passant par deux points fixes, et faisant entre elles, deux à deux, des angles droits. Or les deux droites SX, SX′ sont elles-mêmes à angle droit; et il en résulte, d'après le Porisme CLXXXVI, que les points A, m, S et A′, m', S′ divisent les deux droites SX, SX′ en parties proportionnelles, c'est-à-dire que l'on a

$$\frac{\mathrm{A}m}{\mathrm{AS}} = \frac{\mathrm{A}'m'}{\mathrm{A}'\mathrm{S}'}, \quad \text{ou} \quad \frac{\mathrm{A}m}{\mathrm{A}'m'} = \frac{\mathrm{AS}}{\mathrm{A}'\mathrm{S}'}.$$

C. Q. F. D.

IXe Genre. (Voir p. 149.)

Porisme CCXVI. — *Si de chaque point* m *pris sur le prolongement d'une corde* EF *d'un cercle on mène deux tangentes, et qu'on joigne les points de contact par une droite qui rencontre la corde* EF *en un point* m′, *le milieu du segment* mm′ *étant* n : *le rectangle* Em.Em′ *sera au segment* En *dans une raison donnée* μ.

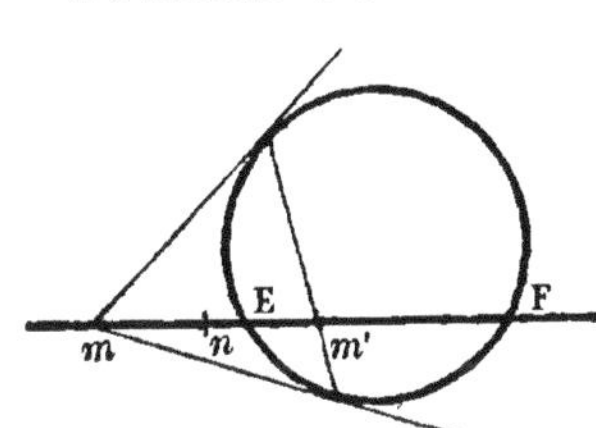

Cela résulte des Lemmes XXVIII et XXXIV; car, d'après le premier de ces Lemmes, on a l'équation

$$\frac{\mathrm{E}m}{\mathrm{E}m'} = \frac{\mathrm{F}m}{\mathrm{F}m'};$$

et par conséquent, d'après le second,

$$\mathrm{E}m.\mathrm{E}m' = \mathrm{E}n.\mathrm{EF},$$

ou

$$\frac{\mathrm{E}m.\mathrm{E}m'}{\mathrm{E}n} = \mathrm{EF}.$$

Donc, etc.

XXIXe Genre. (Voir p. 257.)

Porisme CCXVII. — *Deux droites rectangulaires* SX, SX' *étant données dans le plan d'un cercle, si de chaque point* m *de la première on mène des tangentes au cercle, et qu'on joigne les points de contact par une droite qui rencontrera la seconde droite* SX' *en un point* m' : *il existera un point* O, *tel, que chaque droite* mm' *fera un angle donné avec la droite menée du point* m *à ce point* O.

Et si le point de concours S *des deux droites données* SX, SX' *est situé sur la circonférence du cercle, la droite* mm' *sera parallèle à une droite donnée de direction.*

Cette Proposition est une conséquence du Porisme CCXV et du CLV^e. Car, d'après le CCXV^e, les deux points *m*, *m'* forment deux divisions semblables et par conséquent le Porisme devient le même que le CLV^e.

IIe Genre. (Voir p. 117.)

Porisme CCXVIII. — *Étant pris deux points* P, Q *sur une tangente à un cercle, on fait tourner autour du premier une droite* Pn *qui rencontre le cercle en deux points, et l'on mène les tangentes en ces points, lesquelles se coupent en* n' : *le point de concours* m *des droites* Pn, Qn *est sur une droite donnée de position.*

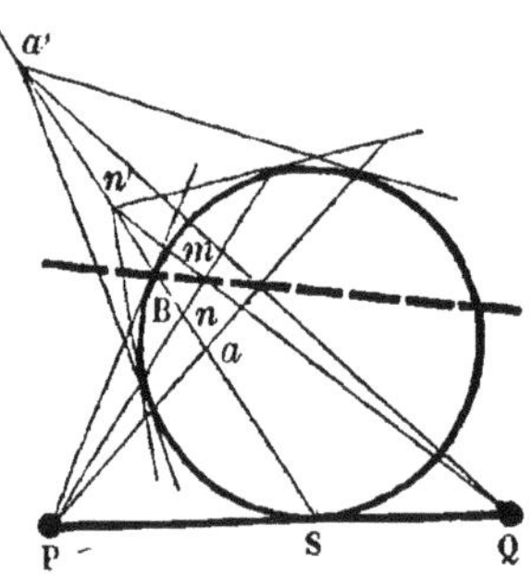

Soient S le point de contact de la tangente sur laquelle sont pris les points P, Q ; B le point de contact de la seconde tangente issue du point P. Le point *n'* est situé sur la corde SB (Corollaire du Porisme CLXXVII). Supposons le point *n* de la droite P*n* situé aussi sur SB : d'après le Porisme CLX, les points n et n' seront liés par la relation

$$\frac{Sn}{nB} = \frac{Sn'}{n'B};$$

puisque le point n est situé sur la corde de contact des tangentes menées par le point n'.

Soient a, a' les points analogues à n et n', pour une autre droite menée par le point P. On a, de même,

$$\frac{Sa}{aB} = \frac{Sa'}{a'B}.$$

Ces deux équations donnent

$$\frac{Sn}{nB} : \frac{Sa}{aB} = \frac{Sn'}{n'B} : \frac{Sa'}{a'B}.$$

Et cette relation prouve, d'après le Corollaire III du Porisme XXIV, que les points d'intersection des trois droites Pa, PB, Pn, par les trois Qa', QB, Qn', une à une, respectivement, sont en ligne droite. C'est-à-dire que le lieu du point m est une droite qui passe par le point B.

Donc, etc.

Porisme CCXIX. — *Étant donnés un cercle et deux droites* RA, RP, *dont l'une rencontre le cercle en deux points* A, B, *et dont l'autre passe par le point de concours* P *des tangentes en ces points; une autre tangente quelconque* aM *rencontre ces deux droites en deux points* M, N *par lesquels on mène les tangentes* M a', N a'' : *le point de con-*

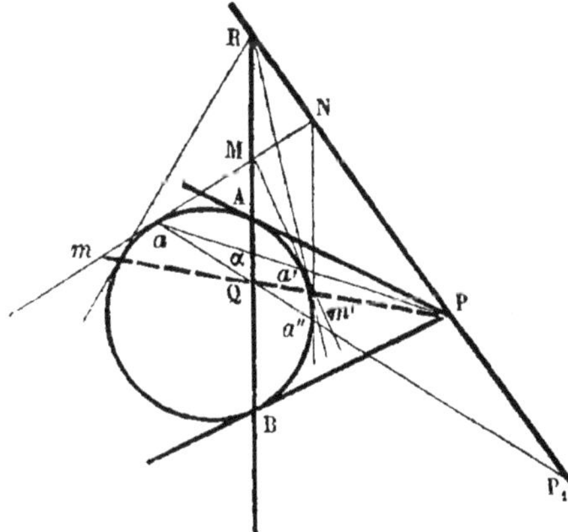

cours de ces tangentes est sur une droite donnée de position.

Cette droite est la corde de contact des tangentes au cercle menées par le point R.

En effet, cette corde passe par le point P (Porisme CLXXVII, Corollaire), et rencontre la droite AB en un point Q. La corde aa' passe de même par le point P et rencontre la corde AB en un point α : et l'on a

$$\frac{Pa}{Pa'} = \frac{\alpha a}{\alpha a'}. \quad \text{(Porisme CLX.)}$$

Les deux tangentes Ma, Ma' rencontrent la droite PQ en deux points m, m' : et de la relation précédente, en vertu du Lemme XIX, on déduit celle-ci :

$$\frac{Pm}{Qm} = \frac{Pm'}{Qm'}.$$

D'autre part, la corde de contact aa'' passe par le point Q et rencontre RP en un point P_1, qui fournit la relation

$$\frac{P_1 a}{P_1 a''} = \frac{Qa}{Qa''}.$$

En appliquant encore le Lemme XIX, et en appelant m'' le point où la tangente Na'' rencontre PQ, on obtient

$$\frac{Pm}{Pm''} = \frac{Qm}{Qm''}.$$

Si maintenant on compare cette équation qui détermine le point m'', à celle qui a été établie tout à l'heure pour le point m', on en conclut que

$$\frac{Pm'}{Qm'} = \frac{Pm''}{Qm''}.$$

Ce qui prouve que les deux points m', m'' coïncident. Donc les deux tangentes Ma', Na'' se coupent sur la droite PQ.

Donc, etc.

PORISME CCXX. — *Si sur les rayons menés d'un point O aux différents points M d'une droite L, on construit des triangles OMm semblables à un triangle donné : leurs sommets m seront sur une droite donnée de position.*

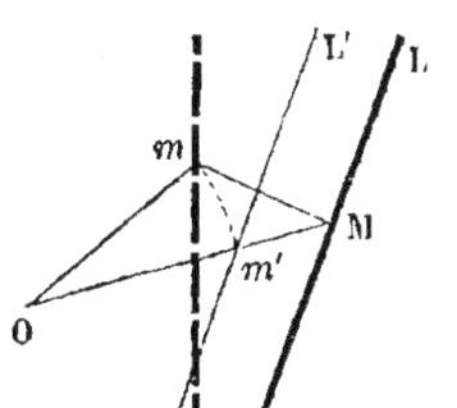

En effet, l'angle en O de chaque triangle OM*m* est de grandeur donnée Ω, et chaque côté O*m* est dans un rapport donné avec le côté OM. Il s'ensuit que si, autour du point O, on fait tourner tous les côtés O*m*, d'une même quantité angulaire égale à Ω, pour les amener en O*m'* sur les côtés OM, les points *m'* seront sur une droite L' parallèle à la droite L; puisque le rapport de OM à O*m'* sera constant. Or les côtés O*m* ont tourné de l'angle Ω en conservant leurs inclinaisons respectives, et comme une figure de forme constante : donc le lieu des points *m* est une droite qui est venue s'appliquer sur la droite L'. Cette droite fait avec celle-ci un angle égal à l'angle Ω; et sa distance au point O est à la distance de la droite L à ce point, dans le rapport connu des côtés O*m*, OM.

Ainsi le Porisme est démontré.

Remarque. Cette question est comprise dans l'énoncé général suivant, par lequel Pappus résume en grande partie, selon ce qu'il nous apprend, les Propositions du premier Livre des *lieux plans* d'Apollonius.

Si par un même point, ou par deux points différents, on mène deux droites qui soient coïncidentes ou parallèles, ou qui fassent entre elles un angle donné, et que ces droites soient dans un rapport donné, ou bien qu'elles comprennent un espace donné : lorsque l'extrémité de la première droite sera sur un lieu plan (une droite ou un cercle) donné de position, l'extrémité de la seconde droite sera aussi sur un autre lieu plan donné de position, qui sera tantôt du même genre que le premier, et tantôt de genre différent; tantôt placé semblablement au premier, par rapport à la droite (qui joint les deux points), et tantôt placé différemment. Ces divers résultats dépendront des différences des hypothèses.

Simson a développé cet énoncé général dans son Traité des Lieux plans d'Apollonius, et il en a fait le sujet de seize Propositions (IV-XIX). Ce nombre peut paraître, de nos jours, considérable. Cependant il est à croire, d'après les expressions de Pappus, et le grand nombre (cent quarante-sept) des Propositions des deux Livres des *lieux plans*, qu'Apollonius en avait employé bien plus de seize pour exposer avec sa rigueur habituelle toutes les circonstances résumées dans cet énoncé.

OMISSION.

XXIIIe Genre. (Voir p. 239.)

Porisme CXXXVI *bis*. — *Des cercles passent par un même point* Q, *et d'un point donné* P *on mène une tangente à chaque cercle; puis on prend sur* PQ *un segment* Pm *égal à cette tangente, et le point* m′ *milieu de la corde* Qn *que le cercle intercepte sur* PQ : *le carré de* Pm *est à l'abscisse* mm′ *dans un rapport donné.*

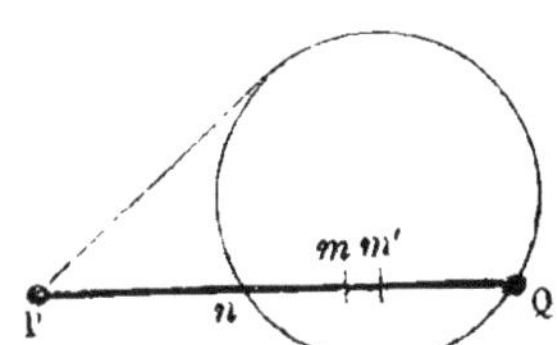

Ce rapport est 2 PQ; de sorte qu'on a

$$\frac{\overline{Qm}^2}{mm'} = 2\text{PQ}.$$

En effet, puisque Pm est égal à la tangente menée du point P, on a

$$\overline{Pm}^2 = \text{PQ}.\text{P}n = (\text{P}m' + m'\text{Q})(\text{P}m' - m'\text{Q})$$
$$= \overline{Pm'}^2 - \overline{Qm'}^2;$$

ou

$$\overline{Pm'}^2 = \overline{Pm}^2 + \overline{Qm'}^2;$$

Or, d'après le Lemme XXII (proposition 142, dans laquelle les lettres A, C, D, B correspondent à P, m, m', Q), on conclut de cette équation, que

$$\frac{\overline{Qm}^2}{mm'} = 2\text{PQ}.$$

C. Q. F. D.

Si le cercle auquel on mène la tangente rencontrait le prolongement de PQ, auquel cas le point m' serait aussi sur ce prolongement, c'est-à-dire au delà du point Q, ainsi que le point m, ce serait le Lemme XXIV que l'on invoquerait. Dans ce Lemme (proposition 150) ce sont les lettres A, D, B, C qui correspondent à P, m, m', Q (1).

(1) On peut penser qu'il y a eu, dans le texte de Pappus, transposition des Lemmes XXIII et XXIV, et que ce dernier devrait suivre immédiatement le XXIIe; d'autant plus qu'alors les deux Lemmes XXIII et XXV qui expriment aussi une même proposition dans deux états différents de la figure, se trouveraient l'un à la suite de l'autre, comme cela semble naturel; et il en est effectivement ainsi des deux Lemmes XXVI et XXVII qui expriment de même une seule proposition.

ERRATA.

Page 63, ligne 3; *après ces mots :* à tous les points de la circonférence, *ajoutez :* ou de certaines parties de la circonférence,

Page 66, ligne 3 en remontant; *au lieu de ces mots :* n'ont pour la plupart, les deux premiers notamment, *lisez :* n'ont pour la plupart, sauf le troisième qui se représente souvent,

Page 67, ligne 2; *après ces mots :* les dix cas de la proposition des quatre droites; *ajoutez :* ou du moins une partie de ces dix cas,

Page 215, à la suite du Corollaire; *ajoutez ce qui suit :*

Observation. La première partie du Porisme précédent est le Lemme XXIII du Ier Livre des *Principes mathématiques de la Philosophie naturelle,* de Newton; et il n'est pas hors de propos de remarquer ici que l'illustre auteur énonce cette proposition sous la forme même des Porismes, en ces termes :

LEMMA XXIII. — *Si rectæ duæ positione datæ* AC, BD *ad data puncta* A, B *terminentur, datamque habeant rationem ad invicem, et recta* CD, *qua puncta indeterminata* C, D *junguntur, secetur in ratione data in* K : *dico quod punctum* K *locabitur in recta positione data.*

Page 223, ligne 14; *au lieu de* VIIIe Genre; *lisez :* IXe Genre.

Page 233, avant-dernière ligne; *au lieu de* $\frac{AC \,.\, A'C'}{A'C' \,.\, BC}$, *lisez* $\frac{AC \,.\, B'C'}{A'C' \,.\, BC}$.

FIN.

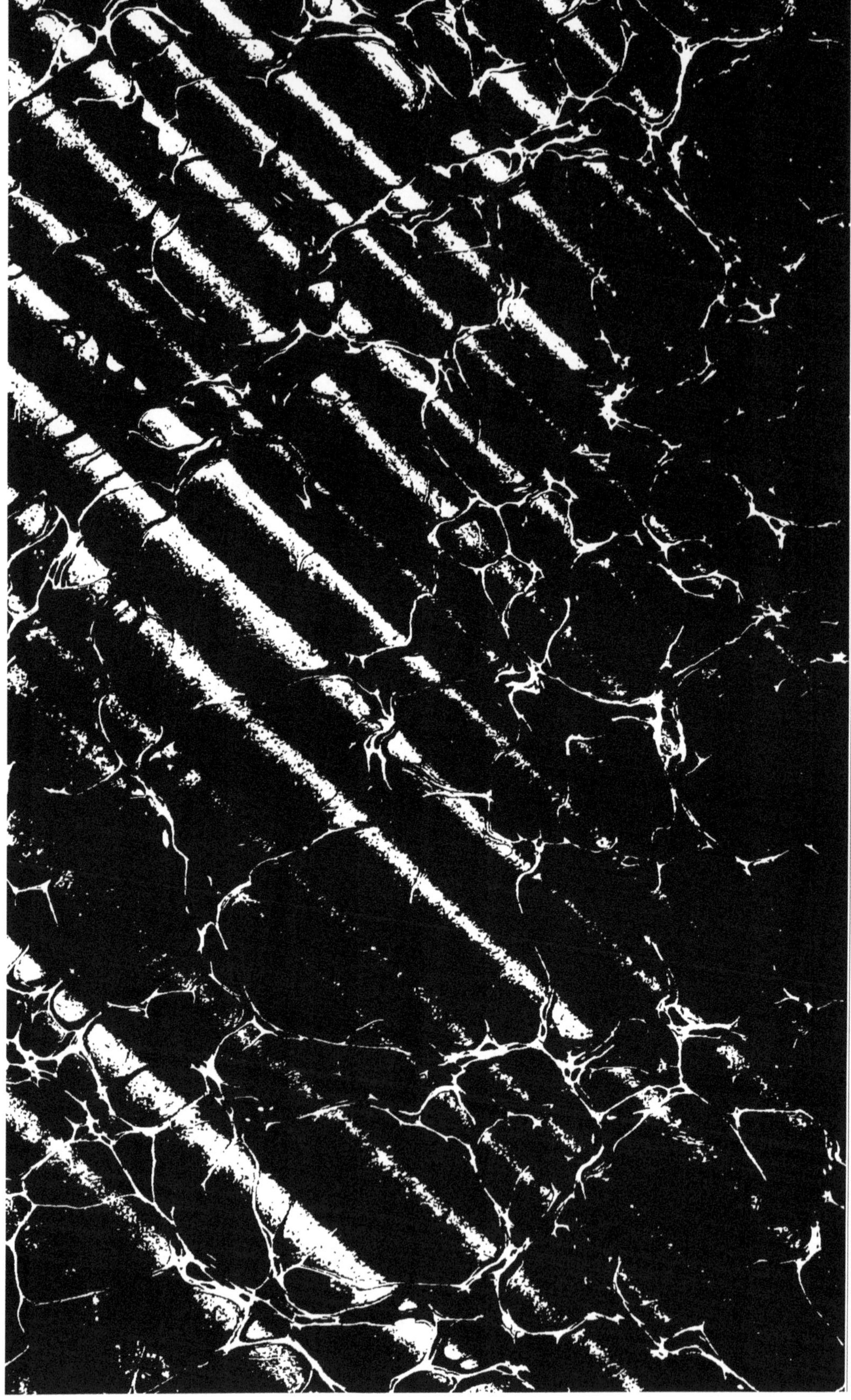

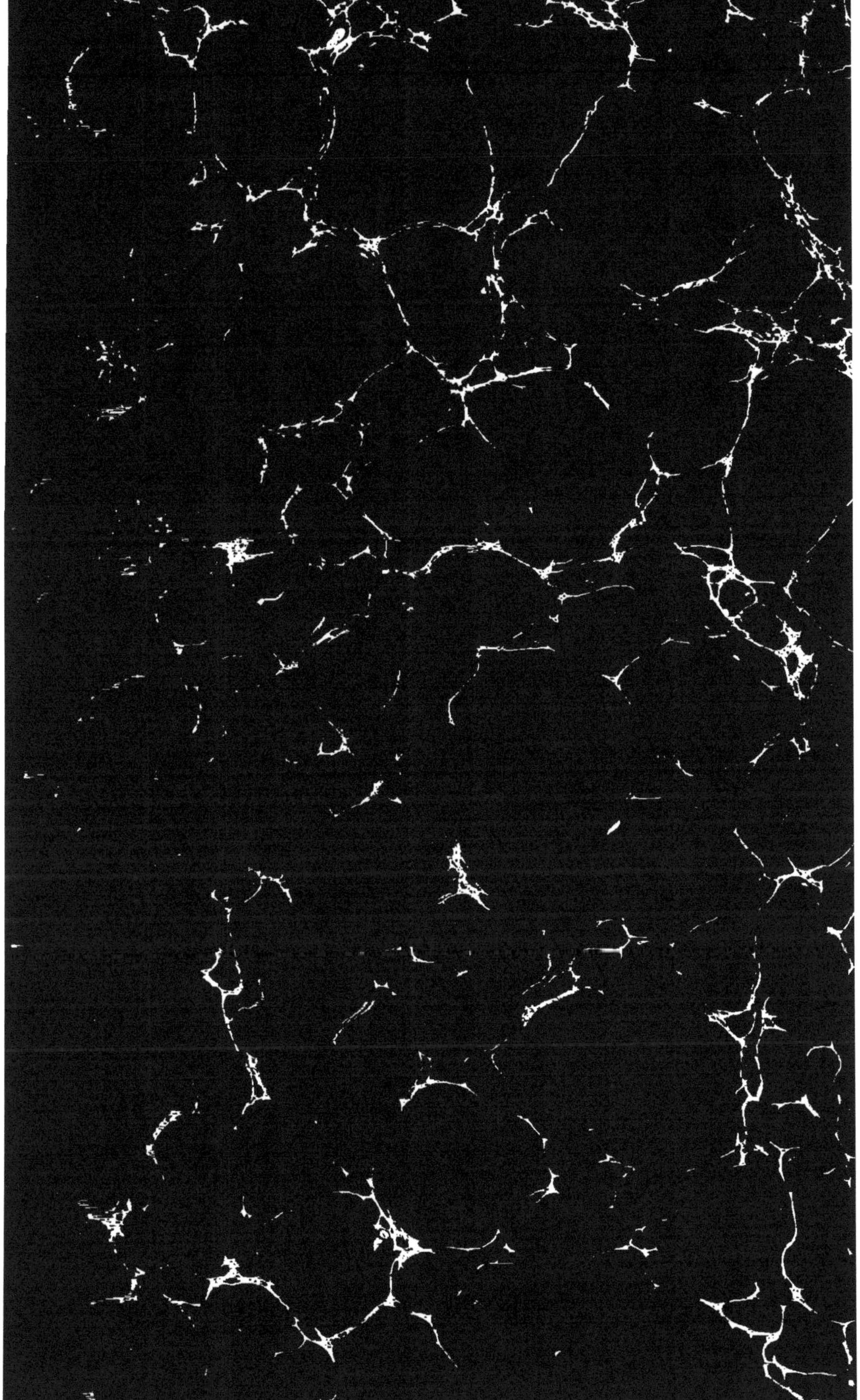

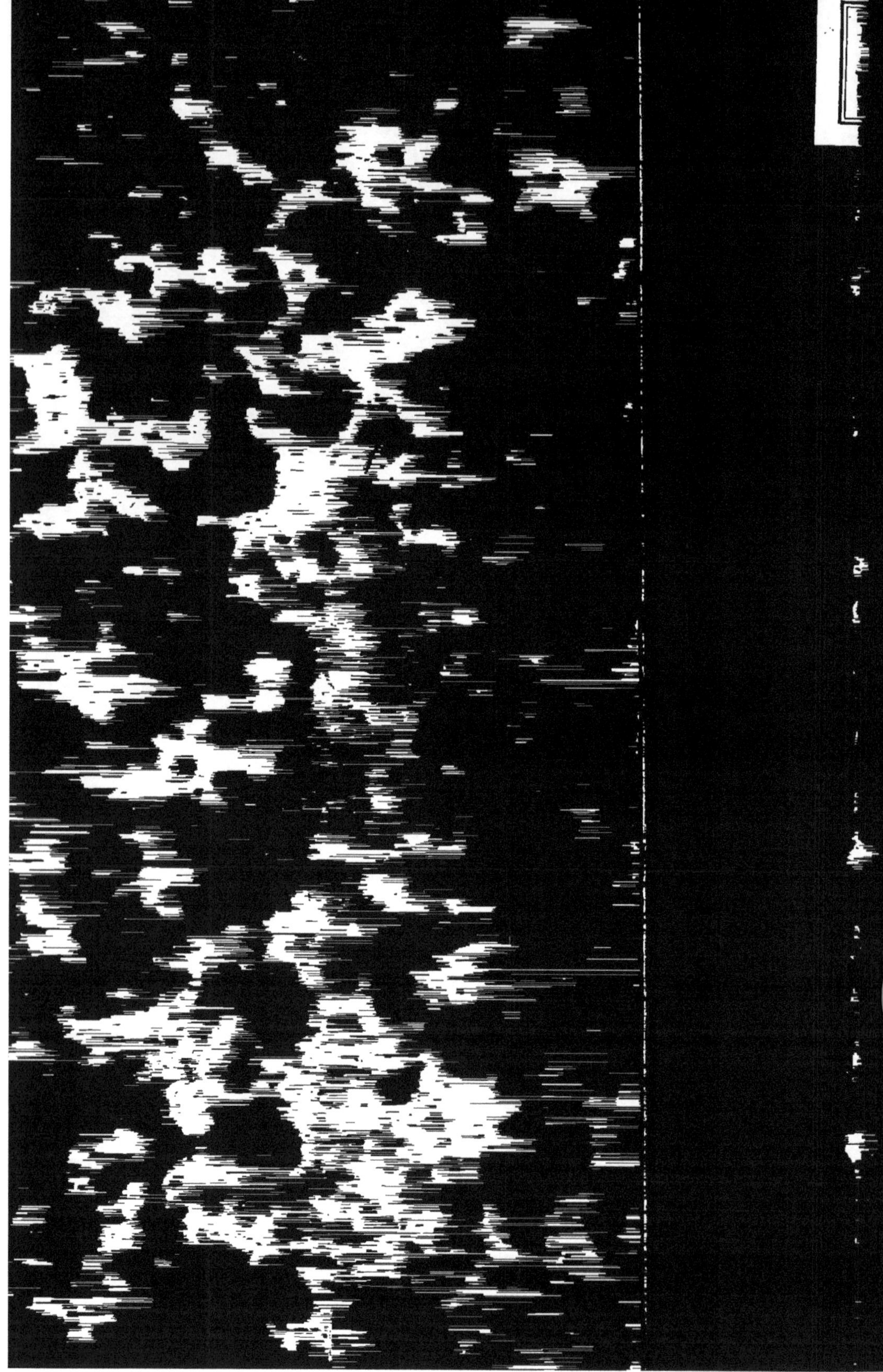

www.ingramcontent.com/pod-product-compliance
Ingram Content Group UK Ltd.
Pitfield, Milton Keynes, MK11 3LW, UK
UKHW021847190726
13855UKWH00001B/197

9 782012 999466